电池标准汇编

原电池卷 2015

中国标准出版社 编

中国标准出版社
北京

图书在版编目(CIP)数据

电池标准汇编.原电池卷.2015/中国标准出版社编.
—北京:中国标准出版社,2015.9
ISBN 978-7-5066-8019-6

Ⅰ.①电… Ⅱ.①中… Ⅲ.①电池—标准—汇编—中国②原电池—标准—汇编—中国 Ⅳ.①TM91-65

中国版本图书馆 CIP 数据核字(2015)第 191943 号

中国标准出版社出版发行
北京市朝阳区和平里西街甲 2 号(100029)
北京市西城区三里河北街 16 号(100045)
网址 www.spc.net.cn
总编室:(010)68533533 发行中心:(010)51780238
读者服务部:(010)68523946
中国标准出版社秦皇岛印刷厂印刷
各地新华书店经销
*
开本 880×1230 1/16 印张 19.5 字数 596 千字
2015 年 9 月第一版 2015 年 9 月第一次印刷
*
定价 100.00 元

如有印装差错 由本社发行中心调换
版权专有 侵权必究
举报电话:(010)68510107

出 版 说 明

随着我国经济的快速发展，各类电池在国民经济、社会发展和国家信息化建设中发挥着日益重要的作用。有关电池标准化的工作也取得了很大成绩，这些标准为我国各类电池的生产、产品开发、设计制造、技术引进和质量检验提供了重要的技术依据，也对推动企业技术进步，促进企业改进产品质量，维护消费者利益以及加强行业管理均起到了重要的作用。为帮助生产、检测、使用人员更好地了解电池方面的标准，满足有关人员对电池标准的需求，我社组织有关人员对各类电池标准按专业进行系统整理，编辑了《电池标准汇编》系列，旨在为电池行业的技术人员及相关科技人员提供系统的、实用的标准技术资料。《电池标准汇编》拟分为以下五卷：铅酸蓄电池卷、太阳电池卷、原电池卷、碱性蓄电池卷、燃料电池卷。

本汇编为《电池标准汇编　原电池卷　2015》，收集了截至2015年7月底发布的原电池方面的国家标准共13项。

编　者

2015年7月

目　　录

GB/T 1919—2014　工业氢氧化钾 …… 1
GB/T 2900.41—2008　电工术语　原电池和蓄电池 …… 17
GB/T 2946—2008　氯化铵 …… 57
GB/T 3610—2010　电池锌饼 …… 75
GB/T 8897.1—2013　原电池　第1部分:总则 …… 85
GB/T 8897.2—2013　原电池　第2部分:外形尺寸和电性能要求 …… 121
GB/T 8897.3—2013　原电池　第3部分:手表电池 …… 176
GB 8897.4—2008　原电池　第4部分:锂电池的安全要求 …… 198
GB 8897.5—2013　原电池　第5部分:水溶液电解质电池的安全要求 …… 223
GB/T 10077—2008　锂原电池分类、型号命名及基本特性 …… 255
GB/T 20155—2006　电池中汞、镉、铅含量的测定 …… 265
GB 21966—2008　锂原电池和蓄电池在运输中的安全要求 …… 272
GB 24462—2009　民用原电池安全通用要求 …… 289

ICS 71.060.40
G 11

中华人民共和国国家标准

GB/T 1919—2014
代替 GB/T 1919—2000

工业氢氧化钾

Potassium hydroxide for industrial use

2014-07-08 发布　　　　2014-12-01 实施

中华人民共和国国家质量监督检验检疫总局
中国国家标准化管理委员会　发布

前　言

本标准按照 GB/T 1.1—2009 给出的规则起草。

本标准代替 GB/T 1919—2000《工业氢氧化钾》，与 GB/T 1919—2000 相比，除编辑性修改外主要技术变化如下：

——删除了产品等级，增加了产品分型(见第 4 章，2000 年版的第 3 章)；

——删除了氯酸钾含量技术指标(见 5.2，2000 年版的 4.2)；

——修改了氢氧化钾含量的分析方法，增加了酸碱滴定法，四苯硼钠重量法设为仲裁法(见 6.3，2000 年版的 5.1)；

——修改了碳酸钾含量的分析方法(见 6.3，2000 年版的 5.2)；

——氯化物的含量的测定将汞量法作为仲裁法，增加了目视比浊法(见 6.4，2000 年版的 5.3)；

——增加了铁、钠含量的测定方法电感耦合等离子体光谱法(见 6.9)。

本标准由全国化学标准化技术委员会无机化工分技术委员会(SAC/TC 63/SC 1)归口。

本标准起草单位：成都化工股份有限公司、中海油天津化工研究设计院、内蒙古瑞达泰丰化工有限责任公司、上海哈勃化学技术有限公司、国家无机盐产品质量监督检验中心。

本标准主要起草人：汪琦、夏俊玲、弓创周、封海林、孙宏华、王惠玲。

本标准所代替标准的历次版本发布情况为：

——GB/T 1919—1994、GB/T 1919—2000。

工业氢氧化钾

警告:本标准中的氢氧化钾试样具有腐蚀性,可引起灼伤,操作应小心谨慎。在试验方法中使用的部分试剂具有毒性或腐蚀性,操作时应小心谨慎!如溅到皮肤上应立即用水冲洗,严重者应立即就医。

1 范围

本标准规定了工业氢氧化钾的要求、试验方法、检验规则、标志、标签、包装、运输、贮存和安全。

本标准适用于工业氢氧化钾。该产品主要用于合成纤维、染料、塑料和各种钾盐的工业生产。

2 规范性引用文件

下列文件对于本文件的应用是必不可少的。凡是注日期的引用文件,仅注日期的版本适用于本文件。凡是不注日期的引用文件,其最新版本(包括所有的修改单)适用于本文件。

GB 190 危险货物包装标志

GB/T 191—2008 包装储运图示标志

GB/T 325.2—2010 包装容器 钢桶 第2部分:最小总容量208 L、210 L和216.5 L全开口钢桶

GB/T 3049—2006 工业用化工产品 铁含量测定的通用方法 1,10-菲啰啉分光光度法

GB/T 3051—2000 无机化工产品中氯化物含量测定的通用方法 汞量法

GB/T 6678 化工产品采样总则

GB/T 6682—2008 分析实验室用水规格和试验方法

GB/T 8170 数值修约规则与极限数值的表示和判定

HG/T 3696.1 无机化工产品 化学分析用标准溶液、制剂及制品的制备 第1部分:标准滴定溶液的制备

HG/T 3696.2 无机化工产品 化学分析用标准溶液、制剂及制品的制备 第2部分:杂质标准溶液的制备

HG/T 3696.3 无机化工产品 化学分析用标准溶液、制剂及制品的制备 第3部分:制剂及制品的制备

3 分子式和相对分子质量

分子式:KOH。

相对分子质量:56.10(按2011年国际相对原子质量)。

4 分类、分型

按生产工艺不同,将工业氢氧化钾分为两类:离子膜法生产的工业氢氧化钾为LM类,隔膜法生产的工业氢氧化钾为GM类。

LM类工业氢氧化钾固体分为三种型号:Ⅰ型(95%规格),Ⅱ型(90%规格),Ⅲ型(75%规格)。

工业氢氧化钾溶液分为两种型号：Ⅰ型(48%规格)，Ⅱ型(45%规格)。

5 要求

5.1 工业氢氧化钾的外观应符合以下要求：

——固体中LM类为白色片状、粉状或块状，GM类为灰白、蓝绿或淡紫色片状或块状；

——溶液中LM类为无色透明液体，GM类为无色或浅黄色透明液体。

5.2 工业氢氧化钾按本标准的试验方法检测，各类别应符合表1和表2中相应的技术要求。

表1 工业氢氧化钾固体技术要求

项目		指标			
		LM			GM
		Ⅰ型	Ⅱ型	Ⅲ型	
氢氧化钾(KOH)w/%	≥	95.0	90.0	75.0	90.0
碳酸钾(K_2CO_3)w/%	≤	1.0	1.0	1.0	2.5
氯化物(以Cl计)w/%	≤	0.01	0.02	0.01	1.0
硫酸盐(以SO_4计)w/%	≤	0.02	0.02	0.01	—
硝酸盐及亚硝酸盐(以N计)w/%	≤	0.001	0.001	0.001	—
铁(Fe)w/%	≤	0.001 0	0.001 5	0.001 0	0.05
钠(Na)w/%	≤	1.0	1.0	1.0	2.0
注：用户对硫酸盐和钠二项指标无要求时可不控制。					

表2 工业氢氧化钾溶液技术要求

项目		指标			
		LM		GM	
		Ⅰ型	Ⅱ型	Ⅰ型	Ⅱ型
氢氧化钾(KOH)w/%	≥	48.0	45.0	48.0	45.0
碳酸钾(K_2CO_3)w/%	≤	0.5	0.5	1.2	1.5
氯化物(以Cl计)w/%	≤	0.005	0.005	0.5	0.7
铁(Fe)w/%	≤	0.000 5	0.000 5	—	—
钠(Na)w/%	≤	0.5	0.5	1.5	1.5
注：用户对钠指标无要求时可不控制。					

6 试验方法

6.1 一般规定

所用试剂和水在没有注明其他要求时，均指分析纯试剂和GB/T 6682—2008中规定的三级水。试验中所用标准滴定溶液、杂质标准溶液、制剂及制品，在没有注明其他要求时，均按HG/T 3696.1、

HG/T 3696.2、HG/T 3696.3 的规定制备。

6.2 外观检验

在自然光下，工业氢氧化钾固体于白色衬底的表面皿或白瓷板上用目视法判定外观；工业氢氧化钾溶液置于比色管中，于白瓷板上用目视法判定外观。

6.3 氢氧化钾和碳酸钾含量的测定

6.3.1 四苯硼钠重量法（仲裁法）

6.3.1.1 方法提要

在弱酸性条件下，钾离子与四苯硼钠生成四苯硼钾沉淀。过滤，烘干，称量。

6.3.1.2 试剂

6.3.1.2.1 无水乙醇。

6.3.1.2.2 乙酸溶液：100 g/L。

6.3.1.2.3 四苯硼钠乙醇溶液：34 g/L。

6.3.1.2.4 四苯硼钾乙醇饱和溶液。

6.3.1.2.5 甲基红指示液：1 g/L。

6.3.1.3 仪器、设备

6.3.1.3.1 玻璃砂坩埚：滤板孔径 5 μm～15 μm。

6.3.1.3.2 电热恒温干燥箱：温度能控制在 120 ℃±5 ℃。

6.3.1.4 分析步骤

6.3.1.4.1 试验溶液 A 的制备

用称量瓶迅速称取约 40 g（固体）或 80 g（溶液）试样，精确至 0.01 g，置于 250 mL 烧杯中，加适量无二氧化碳的水溶解，冷却至室温后全部移入 1 000 mL（V_2）容量瓶中，用无二氧化碳的水稀释至刻度，摇匀。立即置于 1 000 mL 清洁干燥的塑料瓶中保存。此溶液为试验溶液 A，用于氢氧化钾含量、碳酸钾含量、氯化物含量（汞量法）及钠含量（原子发射光谱法）的测定。

6.3.1.4.2 测定

移取 20 mL（V_1）试验溶液 A 置于 500 mL（V_3）容量瓶中，用无二氧化碳的水稀释至刻度，摇匀。必要时干过滤。移取 20 mL（V_4）此溶液，置于 100 mL 烧杯中，加 1 滴甲基红指示液，用乙酸溶液调至微红色。加热至 40 ℃取下，搅拌下逐滴加入四苯硼钠乙醇溶液 8 mL～9 mL，约 5 min 加完。放置 10 min。用已于 120 ℃±5 ℃条件下干燥至质量恒定的玻璃砂坩埚过滤，用 40 mL～50 mL 四苯硼钾乙醇饱和溶液洗涤沉淀，每次用 5 mL，每次都应抽干。停止抽滤，用 2 mL 无水乙醇洗一次，再抽干。置于电热恒温干燥箱中，于 120 ℃±5 ℃干燥至质量恒定。

注：配制的氢氧化钾溶液具腐蚀性，不得存放在玻璃瓶中；所用的定量玻璃仪器均需要及时洗涤。

6.3.1.5 结果计算

氢氧化钾含量以氢氧化钾（KOH）的质量分数 w_1 计，按式（1）计算：

$$w_1 = \frac{m_1 \times 0.156\,6}{m \times V_1/V_2 \times V_3/V_4} \times 100\% - (w_2 \times 0.811\,9 + w_3 \times 1.582\,5) \qquad \cdots\cdots(1)$$

式中：

m_1 ——四苯硼钾沉淀的质量的数值，单位为克(g)；

m ——试料质量的数值，单位为克(g)；

V_1 ——移取试验溶液 A(见 6.3.1.4.2)的体积的数值($V_1=20$)，单位为毫升(mL)；

V_2 ——配制试验溶液 A(见 6.3.1.4.1)的体积的数值($V_2=1\ 000$)，单位为毫升(mL)；

V_3 ——移取试验溶液(见 6.3.1.4.2)的体积的数值($V_3=20$)，单位为毫升(mL)；

V_4 ——配制试验溶液(见 6.3.1.4.2)的体积的数值($V_4=500$)，单位为毫升(mL)；

w_2 ——由 6.3.2 测得的碳酸钾的质量分数；

w_3 ——由 6.4 测得的氯化物的质量分数；

0.156 6——四苯硼钾换算为氢氧化钾的系数；

0.811 9——碳酸钾换算为氢氧化钾的系数；

1.582 5——氯换算为氢氧化钾的系数。

取平行测定结果的算术平均值为测定结果，两次平行测定结果的绝对差值不大于 0.3%。

6.3.2 酸碱滴定法

6.3.2.1 方法提要

取一份试液，加入氯化钡与试液中的碳酸钾生成碳酸钡沉淀。以酚酞为指示剂，用盐酸标准滴定溶液滴定氢氧化钾。再以甲基橙为指示剂，用盐酸标准滴定溶液滴定碳酸盐。以两次滴定消耗的滴定剂的量计算氢氧化钾的含量和碳酸钾的含量。

6.3.2.2 试剂

6.3.2.2.1 氯化钡溶液：100 g/L(加入酚酞指示剂，用氢氧化钠溶液调节至变粉红色)。

6.3.2.2.2 盐酸标准滴定溶液：$c(HCl)\approx 1$ mol/L。

6.3.2.2.3 甲基橙指示液：1 g/L。

6.3.2.2.4 酚酞指示液：10 g/L。

6.3.2.3 分析步骤

移取 50 mL(V_2)试验溶液 A(见 6.3.1.4.1)置于 250 mL 锥形瓶中。加入 10 mL 氯化钡溶液，摇匀，加入 2 滴～3 滴酚酞指示液，用盐酸标准滴定溶液滴定至溶液无色，消耗盐酸标准滴定溶液的体积为 V_1；向此溶液中加入 1 滴～2 滴甲基橙指示液，用盐酸标准滴定溶液继续滴定至橙红色，消耗盐酸标准滴定溶液的体积为 V_4。

6.3.2.4 结果计算

氢氧化钾含量以氢氧化钾(KOH)的质量分数 w_1 计，按式(2)计算：

$$w_1=\frac{V_1cM_1\times 10^{-3}}{m\times V_2/V_3}\times 100\%-(w_5\times 2.440\ 5) \quad \cdots\cdots(2)$$

碳酸钾含量以碳酸钾(K_2CO_3)的质量分数 w_2 计，按式(3)计算：

$$w_2=\frac{V_4\times cM_2\times 1/2\times 10^{-3}}{m\times V_2/V_3}\times 100\% \quad \cdots\cdots(3)$$

式中：

V_1 ——以酚酞为指示液滴定消耗的盐酸标准滴定溶液体积的数值，单位为毫升(mL)；

V_2 ——移取试验溶液 A(见 6.3.2.3)的体积的数值($V_2=50$)，单位为毫升(mL)；

V_3 ——配制试验溶液 A(见 6.3.1.4.1)的体积的数值(V_3=1 000),单位为毫升(mL);
V_4 ——以甲基橙为指示液滴定消耗的盐酸标准滴定溶液体积的数值,单位为毫升(mL);
c ——盐酸标准滴定溶液浓度的准确数值,单位为摩尔每升(mol/L);
m ——试料(见 6.3.1.4.1)质量的数值,单位为克(g);
w_5 ——由 6.8 或 6.9 测得的钠的质量分数;
M_1 ——氢氧化钾(KOH)摩尔质量的数值(M_1=56.10),单位为克每摩尔(g/moL);
M_2 ——碳酸钾(K_2CO_3)摩尔质量的数值(M_2=138.20),单位为克每摩尔(g/moL);
2.440 5——钠(Na)换算为氢氧化钾的系数。

取平行测定结果的算术平均值为测定结果,两次平行测定结果的绝对差值氢氧化钾为不大于 0.3%,碳酸钾为不大于 0.1%。

6.4 氯化物含量的测定

6.4.1 汞量法(仲裁法)

6.4.1.1 方法提要

同 GB/T 3051—2000 第 3 章。

6.4.1.2 试剂和材料

同 GB/T 3051—2000 第 4 章。

6.4.1.3 仪器、设备

同 GB/T 3051—2000 第 5 章。

6.4.1.4 分析步骤

移取试验溶液 A(见 6.3.1.4.1)(LM 类固体取 20 mL,溶液取 50 mL;GM 类取 10 mL)置于 250 mL 锥形瓶中,加水至约 100 mL,加 3 滴溴酚蓝指示液,滴加硝酸溶液(1+1)至试液呈黄色,再用氢氧化钠溶液调至恰呈蓝色,然后滴加硝酸溶液(1+15)至黄色,过量 2 滴,加入 1 mL 二苯偶氮碳酰肼指示液,用 0.05 mol/L 硝酸汞标准滴定溶液滴定至与标准终点比对溶液相同的紫红色。

标准终点比对溶液的制备:于 250 mL 锥形瓶中加入 100 mL 水和 3 滴溴酚蓝指示液,滴加硝酸溶液(1+1)至黄色,再滴加氢氧化钠溶液至恰呈蓝色,滴加硝酸溶液(1+15)至黄色,过量 2 滴。加入 1 mL 二苯基偶氮碳酰肼指示液,用 0.05 mol/L 硝酸汞标准滴定溶液滴定至溶液呈紫红色。

注:将滴定后的含汞废液收集保留,参见附录 A 给出的方法进行处理。

6.4.1.5 结果计算

氯化物含量以氯(Cl)的质量分数 w_3 计,按式(4)计算:

$$w_3=\frac{(V-V_0)\times 10^{-3}\times cM}{m\times V_1/V_2}\times 100\% \qquad \cdots\cdots(4)$$

式中:
V ——试验溶液消耗硝酸汞标准滴定溶液的体积的数值,单位为毫升(mL);
V_0 ——标准终点比对溶液消耗硝酸汞标准滴定溶液的体积的数值,单位为毫升(mL);
V_1 ——移取试验溶液 A 的体积的数值,单位为毫升(mL);
V_2 ——配制试验溶液 A(见 6.3.1.4.1)体积的数值(V_2=1 000),单位为毫升(mL);
c ——硝酸汞标准滴定溶液的浓度的准确数值,单位为摩尔每升(mol/L);

m ——试料(见 6.3.1.4.1)质量的数值,单位为克(g);

M ——氯(Cl)的摩尔质量的数值(M=35.45),单位为克每摩尔(g/moL)。

取平行测定结果的算术平均值为测定结果,两次平行测定结果的绝对差值 LM 类固体不大于0.001%,LM 类溶液不大于 0.000 5%,GM 类不大于 0.01%。

6.4.2 目视比浊法(LM 产品)

6.4.2.1 方法提要

在硝酸介质中,氯离子与银离子生成难溶的氯化银。当氯离子含量较低时,在一定时间内氯化银呈悬浮体,使溶液浑浊,可用于氯化物的目视比浊法测定。

6.4.2.2 试剂

6.4.2.2.1 硝酸溶液:1+3。

6.4.2.2.2 硝酸银溶液:17 g/L。

6.4.2.2.3 氯标准溶液:1 mL 溶液含氯(Cl)0.01 mg,用移液管移取 10 mL 按 HG/T 3696.2 配制的氯标准溶液,置于 1 000 mL 容量瓶中,用水稀释至刻度,摇匀。此溶液使用期为一周。

6.4.2.3 仪器

比色管:50 mL。

6.4.2.4 分析步骤

称取 1.00 g±0.01 g 试样,置于比色管中,加 20 mL 水溶解,用硝酸溶液中和,加 1 mL 硝酸银溶液,加水至刻度,摇匀,于暗处放置 10 min。溶液所呈浊度不得大于氯标准比浊溶液。

标准比浊溶液是按下列要求移取氯标准溶液,与试料同时同样处理:固体产品的Ⅰ型、Ⅲ型为10.0 mL,Ⅱ型为 20 mL,溶液产品为 5.0 mL。

6.5 硫酸盐含量的测定

6.5.1 方法提要

盐酸介质中,硫酸根与钡离子生成白色细微的硫酸钡沉淀,悬浮在溶液中,与标准比浊溶液比对。

6.5.2 试剂

6.5.2.1 盐酸溶液:1+3。

6.5.2.2 混合溶液:称取 70 g 氯化钠置于 1 000 mL 烧杯中,加 500 mL 水溶解,加 10 mL 盐酸,500 mL 丙三醇,加入 50 g 氯化钡,混匀。

6.5.2.3 硫酸盐标准溶液:1 mL 溶液含 0.1 mg SO_4,用移液管移取 10 mL 按 HG/T 3696.2 要求配制的硫酸盐标准溶液,置于 100 mL 容量瓶中,用水稀释至刻度,摇匀。此溶液使用期为一周。

6.5.3 仪器

比色管:100 mL。

6.5.4 分析步骤

称取 2.00 g±0.01 g 试样,置于 100 mL 烧杯中,加 10 mL 水溶解后,全部转移至比色管中。用盐酸溶液中和至 pH 3~4(用 pH 试纸检验)。加入 10 mL 混合溶液,加水至刻度,摇动 1 min,放置 5 min。溶液所呈浊度不得大于标准比浊溶液。

标准比浊溶液的制备：Ⅰ型、Ⅱ型移取硫酸盐标准溶液 4.0 mL，Ⅲ型移取硫酸盐标准溶液 2.0 mL，与试验溶液同时同样处理。

6.6 硝酸盐和亚硝酸盐含量的测定

6.6.1 方法提要

在碱性条件下，试验溶液中的硝酸盐和亚硝酸盐与定氮合金反应，生成的氨经蒸馏用硫酸溶液吸收。加入纳氏试剂生成红色络合物，与标准比色溶液进行比对。

6.6.2 试剂和材料

6.6.2.1 定氮合金。
6.6.2.2 硫酸溶液：1＋333。
6.6.2.3 氢氧化钠溶液：250 g/L，无氨。
6.6.2.4 氮标准溶液：1 mL 溶液含氮(N) 0.01 mg，用移液管移取 1 mL 按 HG/T 3696.2 配制的氮标准溶液，置于 100 mL 容量瓶中，用水稀释至刻度，摇匀。该溶液现用现配。
6.6.2.5 无氨的水。
6.6.2.6 纳氏试剂。

6.6.3 仪器、设备

定氮蒸馏装置如图 1 所示。也可使用具有同样效果的其他蒸馏装置。

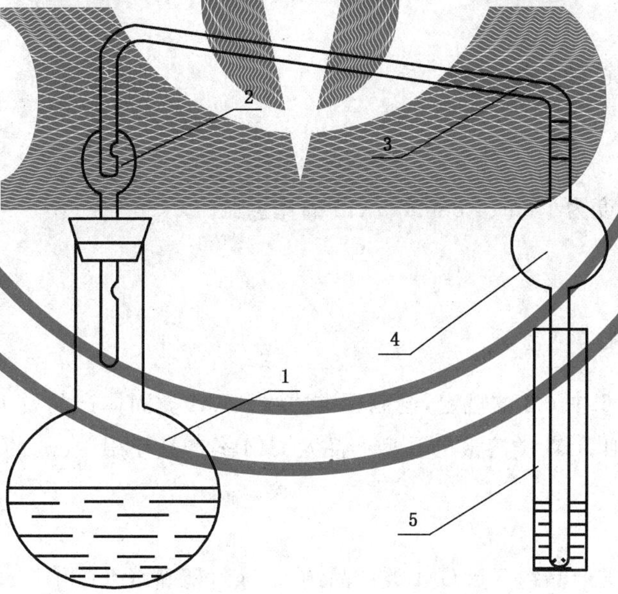

说明：

1——蒸馏瓶；

2——气液分离器；

3——导管；

4——带有缓冲球的氨吸收管（插入比色管底部的管端处有 6 个直径为 ϕ1 mm 的小孔，均匀分布）；

5——比色管。

图 1 定氮蒸馏装置

6.6.4 分析步骤

6.6.4.1 分析准备

在蒸馏瓶中注入适量水，加热至沸。用沸腾产生的蒸汽清洗装置，至蒸馏液不再析出氮为止(用纳氏试剂检验：取相同体积的吸收液和水，分别加入等量纳氏试剂，比较二者颜色)。

6.6.4.2 测定

用移液管移取 2 mL 氮标准溶液，置于蒸馏瓶中，加 65 mL 无氨水、5 mL 氢氧化钠溶液，摇匀。称取 2.00 g±0.01 g 试样，置于另一个蒸馏瓶中，加 25 mL 无氨水、5 mL 氢氧化钠溶液，摇匀。各加 1 g 定氮合金，迅速将蒸馏装置连接好。于两个比色管中，各加入 2 mL 硫酸溶液，加少量水使导管末端气孔淹没于溶液中。混匀蒸馏瓶内的溶液，放置 1 h，期间定时摇动。逐渐加热蒸馏瓶使溶液沸腾，至蒸馏出约 40 mL 溶液为止。取出导管，停止加热。用少量水冲洗导管，洗液收集于比色管中。再分别加入 1 mL 氢氧化钠溶液、2mL 纳氏试剂，加水至刻度，摇匀，放置 10 min。试验溶液所呈颜色应不深于标准比色溶液。

6.7 铁含量的测定

6.7.1 方法提要

同 GB/T 3049—2006 第 3 章。

6.7.2 试剂

同 GB/T 3049—2006 第 4 章。

6.7.3 仪器

分光光度计：带有厚度为 1 cm、4 cm 或 5 cm 的比色皿。

6.7.4 分析步骤

6.7.4.1 标准曲线的绘制

按 GB/T 3049—2006 中 6.3 的规定，绘制标准曲线。LM 类固体产品及 LM 类溶液的Ⅰ型产品使用 4 cm 或 5 cm 的比色皿；LM 类溶液的Ⅱ型产品及 GM 类产品使用 1 cm 的比色皿。

6.7.4.2 测定

称取适量试样(LM 类产品约 5 g，GM 类产品约 0.5 g)，精确至 0.000 2 g，置于 100 mL 烧杯中，加 50 mL 水溶解。以下按 GB/T 3049—2006 中 6.4 的规定从“必要时，加水至 60 mL……”开始进行操作。

同时进行空白试验，空白试验溶液除不加试样外，其他加入试剂的种类和量与试验溶液相同。

6.7.4.3 结果计算

铁含量以铁(Fe)的质量分数 w_4 计，按式(5)计算：

$$w_4=\frac{(m_1-m_0)\times 10^{-3}}{m}\times 100\% \qquad (5)$$

式中：

m_1——从标准曲线上查出的试验溶液中铁的质量的数值，单位为毫克(mg)；

m_0——从标准曲线上查出的空白试验溶液中铁的质量的数值，单位为毫克(mg)；

m——试料的质量的数值，单位为克(g)。

取平行测定结果的算术平均值为测定结果，两次平行测定结果的绝对差值不大于0.000 1%。

6.8 钠含量的测定——原子发射光谱法

在酸性条件下，用火焰发射分光光度计于波长589.0 nm处，测定辐射强度，采用标准曲线法测定试样中钠含量。

6.8.1 试剂

6.8.1.1 盐酸溶液：1+5。

6.8.1.2 氯化钾溶液：5 g/L。

6.8.1.3 钠标准溶液Ⅰ：1 mL溶液含钠(Na)0.1 mg，移取10 mL按HG/T 3696.2配制的钠标准溶液，置于100 mL容量瓶中，用水稀释至刻度，摇匀。

6.8.1.4 钠标准溶液Ⅱ：1 mL溶液含钠(Na)0.01 mg，移取10 mL钠标准溶液Ⅰ(见6.8.1.3)，置于100 mL容量瓶中，用水稀释至刻度，摇匀。用于调节火焰发射分光光度计。

6.8.1.5 甲基橙指示液：1 g/L。

6.8.2 仪器、设备

火焰发射分光光度计。

6.8.3 分析步骤

6.8.3.1 标准曲线的绘制

于6个100 mL容量瓶中，分别加入0.00 mL、2.00 mL、4.00 mL、6.00 mL、8.00 mL、10.00 mL钠标准溶液Ⅰ(见6.8.1.3)，各加10 mL氯化钾溶液、5 mL盐酸溶液，用水稀释至刻度，摇匀。在火焰发射分光光度计，于波长589.0 nm处，用水调零，用钠标准溶液Ⅱ(见6.8.1.4)调刻度为100。依次测量上述溶液的辐射强度。将所测定的辐射强度减去标准空白溶液的辐射强度，以钠的质量(mg)为横坐标，对应的辐射强度为纵坐标，绘制标准曲线。

6.8.3.2 测定

移取10.00 mL(V_1)试验溶液A(见6.3.1.4.1)，置于100 mL(V_4)容量瓶中，加水溶解，用水稀释至刻度，摇匀。再移取10 mL(V_3)此溶液和10 mL水(空白试验溶液)，分别置于100 mL容量瓶中，各加20 mL水、2滴甲基橙指示液。滴加盐酸溶液至指示剂变色，过量5 mL，用水稀释至刻度，摇匀。在火焰发射分光光度计，于波长589.0 nm处，用水调零，用钠标准溶液Ⅱ(见6.8.1.4)调刻度为100。依次测量试剂空白溶液和试验溶液的辐射强度。从标准曲线上查出对应的钠的质量。

6.8.4 结果计算

钠含量以钠(Na)的质量分数w_5计，按式(6)计算：

$$w_5=\frac{(m_1-m_0)\times 10^{-3}}{m\times V_1/V_2\times V_3/V_4}\times 100\% \qquad \cdots\cdots(6)$$

式中：

m_1——从标准曲线上查出的试验溶液中钠质量的数值，单位为毫克(mg)；

m_0——从标准曲线上查出的空白试验溶液中钠质量的数值，单位为毫克(mg)；

m ——试料(见 6.3.1.4.1)质量的数值，单位为克(g)；

V_1——移取试验溶液 A 的体积的数值($V_1=10$)，单位为毫升(mL)；

V_2——配制试验溶液 A(见 6.3.1.4.1)的体积的数值($V_2=1\ 000$)，单位为毫升(mL)；

V_3——移取试验溶液 A(见 6.8.3.2)的体积的数值($V_3=10$)，单位为毫升(mL)；

V_4——配制试验溶液(见 6.8.3.2)的体积的数值($V_4=100$)，单位为毫升(mL)。

取平行测定结果的算术平均值为测定结果，两次平行测定结果的绝对差值不大于 0.1%。

6.9 铁含量、钠含量——电感耦合等离子体原子发射光谱法

6.9.1 方法提要

试样经盐酸溶解后，将试验溶液以气溶胶形式导入等离子体炬焰中，样品被蒸发和激发，发射出所含元素的特征波长光，测量其光谱强度并采用标准加入法计算元素的含量。

6.9.2 试剂

6.9.2.1 盐酸：光谱纯。

6.9.2.2 铁标准溶液：1 mL 溶液含铁(Fe)0.02 mg，移取 2.00 mL 按 HG/T 3696.2 配制的铁标准溶液于 100 mL 容量瓶中，用水稀释至刻度，摇匀。

6.9.2.3 钠标准溶液：1 mL 溶液含钠(Na)1 mg。

6.9.2.4 二级水：符合 GB/T 6682—2008 的规定。

6.9.3 仪器、设备

电感耦合等离子体原子发射光谱仪。

6.9.4 分析步骤

6.9.4.1 试验溶液 B 的制备

用称量瓶迅速称取约 40 g 试样，精确至 0.01 g，用水溶解，冷却至室温后全部移入 1 000 mL 容量瓶中，用水稀释至刻度，摇匀。立即置于 1 000 mL 清洁干燥的塑料瓶中保存。

6.9.4.2 铁、钠含量的测定

6.9.4.2.1 铁测试液的制备

移取试验溶液 B(LM 类 50.00 mL，GM 类 5.00 mL)，分别置于 4 个 100 mL 容量瓶中，各加 5 mL 盐酸，再分别加入 0.00 mL、2.00 mL、4.00 mL、8.00 mL 铁标准溶液，用水稀释至刻度，摇匀。

6.9.4.2.2 钠测试液的制备

移取 10.00 mL 试验溶液 B，分别置于 4 个 100 mL 容量瓶中，各加 5 mL 盐酸，再分别加入 0.00 mL、3.00 mL、6.00 mL、12.00 mL 钠标准溶液，用水稀释至刻度，摇匀。

6.9.4.2.3 测定

在仪器最佳的测定条件下，按表 3 给出的元素测定波长，利用标准加入法测定铁、钠元素的光谱强

度。根据所输入的相关数据，仪器给出铁、钠元素的质量。

表 3 铁、钠元素测定波长

杂质元素	铁	钠
测定波长 /nm	259.940	589.592

6.9.5 结果计算

待测元素含量以待测元素(Fe、Na)的质量分数 w_6 计，按式(7)计算：

$$w_6 = \frac{m_1 \times 10^{-6}}{m \times V/V_1} \times 100\% \qquad \cdots\cdots(7)$$

式中：

m_1——仪器给出被测溶液中待测元素(Fe、Na)质量的数值，单位为微克(μg)；

V ——移取试验溶液 B 的体积的数值，单位为毫升(mL)；

V_1——配制试验溶液 B(见 6.9.4.1)的体积的数值(V_1=1 000)，单位为毫升(mL)；

m ——试料质量的数值，单位为克(g)。

取平行测定结果的算术平均值为测定结果，两次平行测定结果的绝对差值：铁含量 LM 类不大于 0.000 1%，GM 类不大于 0.005%，钠含量不大于 0.05%。

7 检验规则

7.1 检验采用型式检验和出厂检验。

7.2 所有指标项目均为型式检验项目，在正常生产情况下每 6 个月至少进行一次型式检验。在下列情况时应进行型式检验：

a) 更换关键设备和生产工艺；

b) 主要原料有变化；

c) 停产后恢复生产；

d) 与上次型式检验有较大差异；

e) 合同规定。

7.3 本标准规定的氢氧化钾含量、碳酸钾含量、氯化物含量、铁含量为出厂检验项目，应逐批检验。

7.4 生产企业用相同材料，基本相同的生产条件，连续生产或同一班组生产的同一级别的工业氢氧化钾为一批，工业氢氧化钾固体每批不超过 120 t，工业氢氧化钾溶液每批不超过 500 t。

7.4 按 GB/T 6678 规定的采样单元数随机抽样。固体产品采样时，将采样器自袋的中心垂直插入至料层深度的 3/4 处采样。将采出的样品混匀，用四分法缩分至不少于 500 g。将样品分装于两个清洁、干燥的塑料容器中，密封。溶液样品采样时，将采样玻璃管插入至容器深度的 2/3 处采样，将采得的样品混匀，总量不少于 500 mL，分装于两个清洁干燥的塑料瓶中，密封。并粘贴标签，注明生产厂名、产品名称、批号、采样日期和采样者姓名。一份供检验用，另一份保存备查，保存时间由生产企业根据需要确定。

7.5 检验结果如有指标不符合本标准要求，应重新自两倍量的包装中采样进行复验，复验结果即使只有一项指标不符合本标准的要求，则整批产品为不合格。

7.6 采用 GB/T 8170 规定的修约值比较法判定检验结果是否符合标准。

8 标志标签

8.1 出厂产品包装容器上应有牢固清晰的标志，内容包括生产厂名、厂址、产品名称、类别、型号、净含量、批号或生产日期、本标准编号及 GB 190 规定的“腐蚀性物质”标签和 GB/T 191—2008 中规定的“怕晒”“怕雨”标志。

8.2 每批出厂的工业氢氧化钾都应附有质量证明书。内容包括生产厂名、厂址、产品名称、类别、型号、净含量、批号或生产日期和本标准编号。

9 包装、运输和贮存

9.1 工业氢氧化钾采用五种包装方式，各种包装方式为：

a) 固体块状氢氧化钾采用 GB/T 325.2—2010 中的直开口钢桶包装，其规格尺寸符合 GB/T 325.2—2010 中规定，钢桶厚度符合 GB/T 325.2—2010 中轻型桶的规定。每桶净含量为 50 kg、100 kg、150 kg 和 200 kg。

b) 固体片状氢氧化钾采用两层包装。内包装采用聚乙烯塑料薄膜袋，外包装为聚丙烯涂膜编织袋。每袋净含量 25 kg、40 kg、50 kg。也可采用吨包装，集装箱的尺寸和每袋净含量可根据用户的要求进行协商。包装时，内层用尼龙绳或其他质量相当的绳扎口，外层编织袋用缝包机缝口，缝口牢固，不得有跳线漏线现象。

c) 固体片状氢氧化钾也可采用双层包装。内包装采用聚乙烯塑料薄膜袋，厚度不小于 0.1 mm；外包装采用 GB/T 325.2—2010 中的全开口钢桶中的直开口钢桶包装，其规格尺寸符合 GB/T 325.2—2010 中的规定，钢桶厚度符合 GB/T 325.2—2010 中轻型桶的规定。每桶净含量为 50 kg 或 100 kg。包装时，内袋用维尼龙绳或其他质量相当的绳扎口，将铁桶与桶盖用桶圈固定，保证桶盖不松动，整体牢固。

d) 溶液氢氧化钾采用专用铁路槽车或公路槽车及铁桶装运。槽车上口用铁盖盖严、卡牢。

e) 也可采用吨包装，集装箱的尺寸和每袋净含量可根据用户的要求进行协商。

9.2 工业氢氧化钾在运输过程中应有遮盖物，防止日晒、雨淋、包装破损，不得倒置。

9.3 工业氢氧化钾应贮存在通风、干燥的库房内，防止日晒、受潮、撞击，远离易燃物。

9.4 在符合本标准贮存运输条件下，工业氢氧化钾产品保质期为 12 个月。

10 安全

10.1 氢氧化钾具有强腐蚀性，操作场所应防腐，安装送、排风设备，操作人员应穿耐酸碱服，戴橡胶耐酸碱手套。工作现场配制 3% 的稀硼酸溶液备用。

10.2 皮肤接触应立即脱去被污染的衣着，用大量流动清水冲洗至少 15 min。就医。

10.3 眼睛接触应立即提起眼睑，用大量流动清水或生理盐水彻底冲洗至少 15 min。就医。

10.4 吸入粉尘应迅速脱离现场至新鲜空气处。保持呼吸道通畅。如呼吸困难，给输氧。如呼吸停止，立即进行人工呼吸。

附 录 A
（资料性附录）
含汞废液处理方法

A.1 方法提要

在碱性介质中，用过量的硫化钠沉淀汞，用过氧化氢氧化过量的硫化钠，防止汞以多硫化物的形式溶解。

A.2 处理步骤

将废液收集于约 50 L 的容器中，当废液达约 40 L 时依次加入 400 g/L 氢氧化钠溶液 400 mL，100 g 硫化钠（$Na_2S \cdot 9H_2O$），摇匀。10 min 后缓慢加入 30％过氧化氢溶液 400 mL，充分混合，放置 24 h 后将上部清液排入废水中，沉淀物转入另一容器中，由专人进行汞的回收。

上述操作中所用试剂均为工业级。

ICS 01.040.29;29.220.10;29.220.20
K 04

中华人民共和国国家标准

GB/T 2900.41—2008/IEC 60050(482):2003
代替 GB/T 2900.11—1988 和 GB/T 2900.62—2003

电工术语 原电池和蓄电池

Electrotechnical terminology Primary and secondary cells and batteries

(IEC 60050(482):2003, International Electrotechnical Vocabulary Part 482:Primary and secondary cells and batteries, IDT)

2008-06-18 发布　　2009-05-01 实施

中华人民共和国国家质量监督检验检疫总局
中国国家标准化管理委员会　发布

前　言

本部分为GB/T 2900的第41部分。

本部分等同采用国际电工委员会IEC 60050(482):2003《国际电工词汇　第482部分　原电池和蓄电池》。

本部分中术语条目编号与IEC 60050(482):2003保持一致。

本部分代替GB/T 2900.11—1988《蓄电池名词术语》和GB/T 2900.62—2003《电工术语　原电池》。

本部分与GB/T 2900.11—1988和GB/T 2900.62—2003相比，标准结构变化较大，删除了一些术语，增加了一些新的术语。

本部分由全国电工术语标准化技术委员会(SAC/TC 232)提出并归口。

本部分起草单位：机械科学研究总院中机生产力促进中心、轻工业化学电源研究所、沈阳蓄电池研究所、中国电子科技集团公司第十八研究所、上海复旦大学。

本部分主要起草人：杨芙、林佩云、陈玉松、沈景平、刘浩杰、李诚芳、王琰。

本部分所代替标准的历次版本发布情况：GB/T 2900.11—1988和GB/T 2900.62—2003。

电工术语
原电池和蓄电池

1 范围

本部分规定了用于原电池和蓄电池领域的一般术语。

2 规范性引用文件

下列文件中的条款通过本部分的引用而成为本部分的条款。凡是注日期的引用文件,其随后所有的修改单(不包括勘误的内容)或修订版均不适用于本部分,然而,鼓励根据本部分达成协议的各方研究是否可使用这些文件的最新版本。凡是不注日期的引用文件,其最新版本适用于本部分。

IEC 60027-1:1992　电气技术用字母符号　第1部分　一般符号及第一次修改单:1997

IEC 60027-2:2000　电气技术的字母符号　第2部分　电信和电子学

IEC 60050-151:2001　国际电工词汇　电的和磁的器件

3 术语和定义

3.1 基本概念

482-01-01

[单体]电池　cell

直接把化学能转变为电能的一种电源,是由电极、电解质、容器、极端、通常还有隔离层组成的基本功能单元。

注:见原电池和蓄电池。

482-01-02

原电池　primary cell

按不可以充电设计的电池。

482-01-03

蓄电池　secondary cell

按可以再充电设计的电池。

注:通过可逆的化学反应实现再充电。

482-01-04

电池　battery

电池组

装配有使用所必需的装置(如外壳、端子、标志及保护装置)的一个或多个单体电池。

482-01-05

燃料电池　fuel cell

通过一个电化学过程,将连续供应的反应物的化学能转变为电能的电池。

482-01-06

锂电池　lithium cell

含非水电解质,负极为锂或含锂的电池。

注:锂电池可以是原电池或蓄电池,取决于设计所选择的特征。

482-01-07

熔融盐电池 molten salt cell

其电解质含一种或多种无水熔融盐的电池。

注:熔融盐可以是固态的(未激活的)、须通过加热而激活。

482-01-08

碱性电池 alkaline cell

含碱性电解质的电池。

482-01-09

固体电解质电池 solid electrolyte cell

以离子导电的固体作电解质的电池。

注:例如该电解质可以是碘化银或聚合物盐。

482-01-10

非水电解质电池 non aqueous cell

其液体电解质中既不含水也无其他活性质子(H+)来源的电池。

482-01-11

指示电池 pilot cell

在电池组中所选择的用来评估或表征电池组参数平均状态的电池。

482-01-12

OEM 电池 OEM battery

原始设备配套电池

提供给原始设备制造商(OEM)仅用于新设备的电池。

482-01-13

替换电池 replacement battery

用来取代原有电池,具有和原有电池相同或类似的工作及性能特征的电池。

482-01-14

储备电池 reserve cell

以干态贮存的电池,其所需的电解质与电池分开,在电池使用前立即通过注入或其他方式将电解质导入以激活电池。

482-01-15

应急电池 emergency battery

当电路的正常供电中断时向该电路提供电能的电池。

注:应急电池也称为备用电池。

482-01-16

缓冲电池 buffer battery; back-up battery

连接在直流电源上的,用以减缓该电源功率波动的电池。

482-01-17

电压标准电池 standard voltage cell

在特定温度下具有特定的、不变的开路电压,可作为参比电压的一种电池。

482-01-18

韦斯顿电压标准电池 Weston standard voltage cell

正极为纯汞和固体硫酸亚汞,负极为镉汞齐和固体硫酸镉,电解质为饱和硫酸镉溶液的电压标准电池。

482-01-19

激活　activation

使电池中的电化学活性成分具有产生电能之功能的最后步骤。

注：激活可包括通过引燃火工品或其他方式导入电解质、液体或气体活性物质等方式。

482-01-20

未激活的　inactivated

电池中的电化学活性成分尚未具有产生电能之功能时的状态。

3.2　部件、组件、附件和形状

482-02-01

全密封电池　hermetically sealed cell

无压力释放装置的永久气密性的密封电池。

482-02-02

极板　plate

由集流体和活性物质构成的电池的电极。

注：极板的集流体可以有金属条、栅、网、棒、丝或烧结的多孔金属等形式。

482-02-03

涂膏式极板　pasted plate

导电集流体上涂覆有膏状活性物质的极板。

482-02-04

极群　plate group

电连接在一起的一组相同极性的极板。

482-02-05

负极板　negative plate

通常指含有在放电时发生氧化反应活性物质的电池组件。

482-02-06

正极板　positive plate

通常指含有在放电时发生还原反应活性物质的电池组件。

482-02-07

管式极板　tubular plate

由中央带有集流芯子的多孔管状有孔金属或织物的套管组件构成的正极板；管内装有活性物质。

482-02-08

极群组　plate pack

带间隔插入的隔板、端子或连接条的正负极群的最终组件。

482-02-09

极板对　plate pair

由一片正极板、一片负极板以及其间的隔板(如果有的话)构成的组合。

482-02-10

隔离物　spacer

由绝缘材料制成，用以使相反极性的极板之间或极群与电池槽之间保持间距的电池组件。

482-02-11

隔板　(plate)separator

隔离层

隔膜

由可渗透离子的材料制成的，可防止电池内极性相反的极板之间接触的电池组件。

482-02-12

阀　valve

允许气体仅朝一个方向流动的电池组件。

注：阀具有特有的排气(即开启)压力和关闭压力。

482-02-13

电池外壳　cell can

电池的容器,通常由金属制成,一般是(但不全是)圆柱形的。

注：圆柱形锌-碳电池的锌筒是电池的外壳。

482-02-14

电池槽　case

外壳

由不渗漏电解质材料制成的用于容纳极群和电解质的容器。

482-02-15

电池盖　cell lid

用于封盖电池槽的零件,通常带有注液补液孔、逸气孔和端子引出孔。

注：它也可以作为小盖封闭整体槽的各个单格。

482-02-16

电池封口剂　lid sealing compound

用于密封电池盖与电池槽或端子的材料。

482-02-17

整体电池　monobloc battery

具有多个隔开的,但电连接的单格的蓄电池,每个单格可容纳电极、电解质、极柱或内连接件和可能存在的隔板。

注：整体电池中的单体电池可以串联或并联。

482-02-18

整体槽　monobloc container

内部具有多个隔开的单格的外壳。

482-02-19

边界绝缘体　edge insulator

用来保证极板边缘与邻近极板以及与容器侧壁之间绝缘的部件。

482-02-20

外套　jacket

电池的局部或完整的外部覆盖层。

注：可用金属(与电池的极端相绝缘)、塑料、纸或其他合适的材料制成。

482-02-21

[单体电池]电极　(cell)electrode

与单体电池的一个极端电连接并与该电池的电解质形成电接触,并在其上发生电极反应的电极。

注1：“电极”见 IEC 60050 151-13-01。

注2：活性物质可以是电极的组成部分。

482-02-22

端子　terminal

极端

器件、电路或电网的导电部件,用以使器件、电路或电网与一种或多种导体相连接。

482-02-23

端子保护套　terminal protector;terminal cover

极端保护套

用以避免与电池极端电接触的绝缘层。

482-02-24

负极端子　negative terminal

负极极端

便于外电路连接电池负极的导电部件。

482-02-25

正极端子　positive terminal

正极极端

便于外电路连接电池正极的导电部件。

482-02-26

电极的活性表面　active surface of an electrode

电解质与电极之间发生电极反应的界面。

482-02-27

阳极　anode

通常指发生氧化反应的电极。

注：阳极是放电时的负极、充电时的正极。

482-02-28

阴极　cathode

通常指发生还原反应的电极。

注：阴极是放电时的正极、充电时的负极。

482-02-29

电解质　electrolyte

含有可移动离子具有离子导电性的液体或固体物质。

注：电解质可以是液体、固体或凝胶体。

482-02-30

电解质爬渗　electrolyte creep

电解质膜在电池外表面的逐渐地缓慢地扩展。

注：爬渗有时表现为出现可见的固态沉积物或湿痕。

482-02-31

电解质保持能力　electrolyte containment

在规定的力学和环境条件下，电池保持电解质的能力。

482-02-32

泄漏　leakage

电解质、气体或其他物质从电池中意外逸出。

482-02-33

活性物质　active material

在电池放电时发生化学反应以产生电能的物质。

注：蓄电池中的活性物质在充电时能恢复到其初始的状态。

482-02-34

活性物质混合物　active material mix

能发生化学反应以产生电能的活性物质与其他组分和添加剂的混合物。

482-02-35

电池组合箱　battery tray

用于容纳多个单体电池或电池组的带底盘和侧壁的容器。

482-02-36

输出电缆　output cable

用于蓄电池端子与负载和/或充电器电连接的电缆。

482-02-37

连接件　connector

用于电路中各组件间承载电流的导体。

注：例如，两只单体电池之间或电池端子与电池组端子之间或电池组端子与外电路以及辅助装置之间电连接的连接件。

482-02-38

矩形(的)　prismatic

用于描述各面成直角的平行六面体形状电池的形容词。

482-02-39

圆柱形电池　cylindrical cell

总高度等于或大于直径的圆柱形状的电池。

482-02-40

扣式电池　button cell

硬币式电池　coin cell

总高度小于直径的圆柱形电池，形似硬币或钮扣。

注：实际上，术语“硬币式”专用于非水锂电池。

3.3　特性及运行

482-03-01

电化学反应　electrochemical reaction

伴有电子进出活性物质的转移、涉及化学组分氧化或还原的化学反应。

注：电极反应也涉及其他化学反应包括电池电极上的子反应。

482-03-02

电极极化　electrode polarization

有电流流过时的电极电位与无电流流过时的电极电位的差异。

482-03-03

反极　polarity reversal；cell reversal

电池电极的极性反向。通常是由串联电池中的一个低容量的电池过放电而造成。

482-03-04

结晶极化　crystallization polarization

由晶体成核作用和生长现象引起的电极极化。

482-03-05

活化极化　activation polarization

由电极反应中电荷传递步骤所引起的电极极化。

482-03-06

阳极极化　anodic polarization

伴随电化学氧化反应的电极极化。

482-03-07

阴极极化　cathodic polarization

伴随电化学还原反应的电极极化。

482-03-08

浓差极化　concentration polarization；mass transfer polarization

由电极中反应物和产物的浓度梯度而引起的电极极化。

482-03-09

欧姆极化　ohmic polarization

电流通过电极或电解质中的欧姆电阻时引起的电极极化。

482-03-10

反应极化　reaction polarization

由阻碍电极反应的化学反应引起的电极极化。

482-03-11

阳极反应　anodic reaction

涉及电化学氧化的电极反应。

482-03-12

阴极反应　cathodic reaction

涉及电化学还原的电极反应。

482-03-13

副反应　side reaction；secondary reaction；parasitic reation

电池中附加的多余的反应，会导致充电效率降低以及容量、寿命损失或性能下降。

482-03-14

容量（电池的）　capacity(for cells or batteries)

在规定的放电条件下电池输出的电荷。

注：电荷（或电量）的国际单位是库仑（1 C=1 As），但实际上电池容量通常用安时（Ah）来表示。

482-03-15

额定容量　rated capacity

在规定条件下测得的并由制造商宣称的电池的容量值。

482-03-16

剩余容量　residual capacity

在规定的试验条件下放电、使用或贮存后电池中余留的容量。

482-03-17

体积（比）容量　volumetric capacity

电池的容量与其体积之比。

注：体积比容量通常用安时每立方分米（Ah/dm^3）表示。

482-03-18

（容量）温度系数　temperature coefficient(of the capacity)

电池的容量变化与相应的温度变化之比。

482-03-19

质量(比)容量　gravimetric capacity

电池的容量与其质量之比。

注：质量比容量通常用安时每千克(Ah/kg)表示。

482-03-20

面积(比)容量　areic capacity

电池的容量与其平面面积之比。

注：面积比容量通常用安时每平方米(Ah/m^2)表示。

482-03-21

电池能量　battery energy

在规定的条件下电池输出的电能。

注：能量的国际单位是焦耳(1 J=1 Ws)，但实际上电池能量通常用瓦时(Wh)(1 Wh=3 600 J)来表示。

482-03-22

(电池)体积(比)能量　volumic energy(related to battery)

电池的能量与其体积之比。

注：体积比能量通常用瓦时每升(Wh/L)来表示。

482-03-23

(电池)放电　discharge(of a battery)

在规定的条件下电池向外电路输出所产生的电能的过程。

482-03-24

放电电流　discharge current

电池在放电时输出的电流。

482-03-25

放电率　discharge rate

电池放电的电流。

注：额定容量除以相应的放电时间得出的电流即放电率。

482-03-26

短路电流(电池的)　**short-circuit current**(related to cells or batteries)

电池向一个零电阻或将电池电压降低至接近零伏的外电路输出的最大电流。

注：零电阻是一个假想的条件，实际上，短路电流是在一个与电池内阻相比其电阻非常低的电路中流过的最大电流。

482-03-27

自放电　self discharge

电池的能量未通过放电进入外电路而是以其他方式损失的现象。

注：可参见荷电保持能力(482-03-35)。

482-03-28

放电电压(电池的)　**discharge voltage**(related to cells or batteries)

闭路电压　closed circuit voltage

负载电压(拒用)　on load voltage (deprecated)

电池在放电时两个端子间的电压。

482-03-29

初始放电电压　initial discharge voltage

初始闭路电压　initial closed circuit voltage

初始负载电压(拒用)　initial on load voltage(deprecated)

电池开始放电而暂态现象刚刚消失时的电压。

482-03-30

终止电压　end-of-discharge voltage；final voltage；cut-off voltage；end-point voltage

规定的放电终止时的电压。

482-03-31

标称电压　nominal voltage

用以标志或识别一种电池或一个电化学体系的适当的电压近似值。

482-03-32

开路电压(电池的)　**open-circuit voltage**(related to cells or batteries)

放电电流为零时电池的电压。

482-03-33

开路电压温度系数　temperature coefficient of the open-circuit voltage

电池开路电压变化与相应的温度变化之比。

482-03-34

比特性(电池的)　**specific characteristic**(relate to cells or batteries)

电池给出的电量与其质量、体积或平面面积之比。

注：比特性可用安时每立方分米(Ah/dm^3)、瓦时每千克(Wh/kg)等表示。

482-03-35

荷电保持能力　charge retention

容量保持能力　capacity retention

电池在规定条件的开路状态下保持容量的能力。

注：亦可见“自放电”。

482-03-36

表观内阻　internal apparent resistance

规定条件下的电池的电压变化与相应的放电电流变化之比。

注：表观内阻用欧姆表示。

482-03-37

剩余活性物质　residual active mass

电池放电至规定的终止电压后电池中余留的荷电活性物质。

482-03-38

使用质量　service mass

电池在使用条件下的总质量。

482-03-39

并联　parallel connection

将所有单体电池或电池的正极端子和负极端子各自连接在一起的连接方法。

482-03-40

并串联　parallel series connection

将并联的单体电池或电池再串联的连接方法。

482-03-41

串联　series connection

将单体电池或电池的正极端子依次与下一只单体电池或电池的负极端子相连接的方法。

482-03-42

串并联　series parallel connection

将串联的电池或单体电池再并联的连接方法。

482-03-43

标称值　nominal value

用以标志和识别一个部件、器件、设备或体系的量值。

注：标称值一般是大约值。

482-03-44

电池耐久性　battery endurance

电池在给定的模拟工作的试验条件下用数值表明的性能。

482-03-45

贮存试验　storage test

检测电池在规定的条件下贮存后的容量损失、开路电压、短路电流或其他参数的试验。

482-03-46

使用寿命　service life

放电时间

电池有效工作的总时间。

注1：原电池的使用寿命是指在规定条件下的总的放电时间或容量。

注2：蓄电池的使用寿命可用时间、充放电循环次数或安时(Ah)容量来表示。

482-03-47

贮存寿命　storage life; shelf life

规定条件下电池的贮存时间。在该贮存期结束时，电池仍具有规定的性能。

482-03-48

连续工作试验　continuous service test

不间断放电的试验。

3.4　常用原电池术语

482-04-01

金属-空气电池　air metal battery

以大气中的氧气为正极活性物质，以金属为负极活性物质，含碱性或盐类电解质的原电池。

482-04-02

碱性锌-空气电池　alkaline zinc air battery

含碱性电解质和锌负极的金属-空气电池。

482-04-03

碱性锌-二氧化锰电池　alkaline zinc manganese dioxide battery

含碱性电解质，正极为二氧化锰，负极为锌的原电池。

482-04-04

锌-氧化银电池　zinc silver oxide battery

含碱性电解质，正极为银的氧化物，负极为锌的原电池。

482-04-05

中性锌-空气电池　neutral electrolyte zinc air battery

含盐类电解质，负极为锌的金属-空气电池。

482-04-06

氯化锌电池　zinc chloride battery

含以氯化锌为主的盐类电解质，正极为二氧化锰，负极为锌的原电池。

482-04-07

锌-碳电池　zinc carbon battery

诸如勒克朗谢电池或氯化锌电池之类的原电池。

482-04-08

勒克朗谢电池　Leclanché battery

含以氯化铵和氯化锌为主的盐类电解质,正极为二氧化锰,负极为锌的原电池。

482-04-09

锂-氟化碳聚合物电池　lithium carbon monofluoride battery

含非水电解质,正极为一氟化碳,负极为锂的原电池。

482-04-10

锂-二氧化锰电池　lithium manganese dioxide battery

含非水电解质,正极为二氧化锰,负极为锂的原电池。

482-04-11

锂-氧化铜电池　lithium copper oxide battery

含非水电解质,正极为氧化铜,负极为锂的原电池。

482-04-12

锂-二硫化铁电池　lithium iron disulphide battery

含非水电解质,正极为二硫化铁,负极为锂的原电池。

482-04-13

锂-亚硫酰氯电池　lithium thionyl chloride battery

含非水无机电解质,正极为亚硫酰氯,负极为锂的原电池。

482-04-14

干电池　dry cell

含不流动电解质的原电池。

482-04-15

纸板电池　paper-lined cell

用浸透电解质的纸板作隔离层的原电池。

482-04-16

浆糊电池　paste-lined cell

用被电解质浸湿的淀粉凝胶作隔离层的原电池。

482-04-17

圆柱形(原)电池　round cell

具有圆柱形状的,其总高度等于或大于直径的原电池。

3.5　常用蓄电池术语

482-05-01

铅酸蓄电池　lead dioxide lead battery; lead acid battery

含以稀硫酸为主的电解质、二氧化铅正极和铅负极的蓄电池。

注:铅酸蓄电池通常叫作蓄电池(拒用)。

482-05-02

镉镍蓄电池　nickel oxide cadmium battery; nickel cadmium battery

含碱性电解质,正极含氧化镍,负极为镉的蓄电池。

482-05-03

铁镍蓄电池　nickel oxide iron battery; nickel iron battery

含碱性电解质,正极含氧化镍,负极为铁的蓄电池。

482-05-04

锌镍蓄电池　nickel oxide zinc battery; nickel zinc battery

含碱性电解质,正极含氧化镍,负极为锌的蓄电池。

482-05-05

镉银蓄电池　silver oxide cadmium battery

含碱性电解质,正极为氧化银,负极为镉的蓄电池。

482-05-06

锌银蓄电池　silver zinc battery

含碱性电解质,正极含银,负极为锌的蓄电池。

482-05-07

锂离子蓄电池　lithium ion battery

含有机溶剂电解质,利用储锂的层间化合物作正极和负极的蓄电池。

注:锂离子电池不含金属锂。

482-05-08

金属氢化物镍蓄电池　nickel-metal hydride battery

含氢氧化钾水溶液电解质,正极为氢氧化镍,负极为金属氢化物的蓄电池。

482-05-09

电池底垫　battery base

通常由绝缘材料构成的基垫,用于固定型蓄电池或整体槽电池。

482-05-10

电池组合框　battery crate

用于容纳多只电池的带条板壁的容器。

482-05-11

阻燃孔　flame arrestor vent;flame arrester vent

为防止火焰前沿进入蓄电池中或者从蓄电池中蔓延出来而特殊设计的孔。

注:火焰可能因火花或外部明火点燃可燃的电解气体而产生。

482-05-12

安全孔　safety vent

为能释放蓄电池中的气体以避免过大的内压破坏电池槽而特殊设计的排气孔。

482-05-13

电池保护板　cell baffle

为减少由于气体夹带和/或电解质的流动产生的电解质喷溅导致的电解质量损失而使用的内部组件。

注:电池保护板还有防止由注液孔进入的物体损坏极群组的功能。

482-05-14

排气式电池　vented cell

电池盖上具有通道,允许电解和蒸发产物自由地从电池逸出到大气中的蓄电池。

482-05-15

阀控式铅酸蓄电池　valve regulated lead acid battery

VRLA(缩写词)　**VRLA**(abbreviation)

带有阀的密封蓄电池,在电池内压超出预定值时允许气体逸出。

注:这种电池或电池组在正常情况下不能添加电解质。

482-05-16

不漏液电池　non-spillable cell

任意取向放置,电解质都不能从其中泄漏的电池。

注:一些排气式电池也可设计成在制造商规定的限度内运行时不漏液。

482-05-17

密封电池　sealed cell

保持密封，并且在制造商规定的限度内运行时既不释放气体也不泄漏液体的电池。

注：密封电池可以安装安全装置以免产生高内压的危险，并设计成在其寿命期间以原始的密封状态运行。

482-05-18

鞍子　mudribs

槽底部的支架，用以支持极群组，并由此形成容纳从极板上脱落的活性物质沉积的空间而不致引起极板之间短路。

注：仅在铅酸蓄电池中具有鞍子。

482-05-19

富尔极板　Faure plate

用于铅酸蓄电池的板栅带极耳的涂膏式平面极板。

482-05-20

形成式极板　Plante plate

普朗泰极板

用于铅酸蓄电池的，具有很大有效表面积的纯铅极板。

注：活性物质是由铅经电化学氧化形成的薄层。

482-05-21

袋式极板　pocket plate

由多孔钢袋组件构成的镉镍或铁镍电池极板，钢袋上可以镀镍，内含活性物质。

482-05-22

烧结式极板　sintered plate

碱性蓄电池极板，其骨架由金属粉末烧结制成，并将活性物质引入其中。

482-05-23

排气帽　vent cap

安装在电池注液孔内的组件，它可允许电解气体从电池中排出。

482-05-24

电池组架　battery rack

固定型电池中为安装电池或整体槽而设置的一层或多层的支架或栅栏。

482-05-25

免维护电池　maintenance-free battery

在满足规定的运行条件下，使用寿命期间不需提供维护的蓄电池。

482-05-26

起动能力　starting capability

电池在规定条件下给发动机的起动电机供电的能力。

482-05-27

电池充电　charging of a battery

外电路给蓄电池提供电能，使电池内发生化学变化，从而将电能转化为化学能而储存起来的操作。

482-05-28

循环(电池的)　cycling(of a cell or battery)

对蓄电池以相同的顺序有规律地反复进行的成组操作。

注：对于蓄电池，这些操作由在规定条件下放电继之以充电或充电继之以放电组成。这个顺序可包括间歇时间。

482-05-29

湿式荷电蓄电池　drained charged battery

单体电池的极板或隔板含有少量电解质的荷电态的蓄电池。

482-05-30

干式荷电蓄电池　dry charged battery

各个电池不含电解质，极板为干态且处于荷电状态的蓄电池。这是某些类型蓄电池的交货状态。

482-05-31

不带液非荷电蓄电池　discharged empty(cell or battery)；discharged unfilled(cell or battery)

不含电解质或将电解质抽出并密封电池以阻止氧气进入的非荷电的蓄电池。

482-05-32

带液荷电蓄电池　filled charged battery

各个电池含电解质、电池极板处于荷电状态的蓄电池。这是某些类型的蓄电池的交货状态。

482-05-33

带液非荷电蓄电池　filled discharged battery

各个电池含电解质、电池极板处于非荷电状态的蓄电池。这是某些类型蓄电池的交货状态。

482-05-34

未化成干态蓄电池　unformed dry cell

还没有注入电解质，活性物质还没有经受所谓"化成"过程的某些类型的蓄电池。

482-05-35

浮充态蓄电池　battery on float(charge)；floating battery(deprecated)

其端子永久地连接到足以维持电池接近完全充电的恒压电源上的蓄电池，用于在正常供电临时中断时给电路供电。

482-05-36

充电接受能力　charge acceptance

蓄电池在规定条件下提高荷电状态的能力。

482-05-37

快速充电　boost charge

在短时间内使用以比正常值大的电流或电压(对于特殊的设计)加速充电。

482-05-38

恒(电)流充电　constant current charge

不考虑电池的电压或温度，充电期间电流保持恒定值的充电。

482-05-39

充电效率　charge efficiency

输出的电量与前次充电期间输入电量之比。

482-05-40

均衡充电　equalization charge

为了保证电池组中的各单只电池荷电状态相同而延续的充电。

482-05-41

充电因数　charge factor

放电量必须乘以的一个因数，以确定使电池组恢复到其原来的荷电状态所要求的充电量。

注：充电因数是充电效率的倒数。

482-05-42

完全充电　full charge

充电的一种状态，即在选定条件下充电时所有可利用的活性物质不会显著增加容量的状态。

482-05-43

初充电　initial charge

新的蓄电池在其使用寿命开始时的第一次充电。

482-05-44

过充电　overcharge

完全充电的蓄电池或电池组的继续充电。

注：超过制造商规定的某一极限的充电行为亦为过充电。

482-05-45

充电率（蓄电池和蓄电池组的）　**charge rate**(relating to secondary cells and batteries)

给电池充电的电流。

注：这个电流用参考电流 I_t 表示，$I_t(A)=C_n(Ah)/n(h)$。其中，C_n 是制造商宣称的额定容量，n 是与所宣称的额定容量对应的以小时计的时基。

482-05-46

终止充电率　finishing charge rate

电池即将结束充电时的电流。

482-05-47

涓流充电　trickle charge

使电池组保持连续、长时间、调控下的小电流充电状态的充电方法。

注 1：涓流充电用以补偿自放电效应，使电池保持在近似完全充电的状态。

注 2：涓流充电不适用于某些蓄电池，如锂电池。

482-05-48

两阶段充电　two step charge

采用由反馈控制促使充电率从高向低转变的两级充电率恢复蓄电池能量。

482-05-49

恒(电)压充电　constant voltage charge

不考虑充电电流和温度，充电时使电压维持恒定值的充电。

482-05-50

改型恒(电)压充电　modified constant voltage charge

将电流限制到预定值的恒电压充电。

482-05-51

电池析气　gassing of a cell

由于电池电解质中水的电解而产生的气体的析出。

482-05-52

液位指示器　electrolyte level indicator

用于辅助测量电池中电解质液面高度所用的器件。

482-05-53

能量效率　energy efficiency

蓄电池放电时输出的能量与此前充电时输入的能量之比。

482-05-54

热失控　thermal runaway

充电时出现的一种临界状态，由蓄电池组热量产生的速率超过其散热能力导致温度连续升高引起，进而使电池组破坏。

恒电压充电时出现的一种不稳定情况,由蓄电池组热量产生的速率超过其散热能力导致温度连续升高引起,进而促使充电电流增大致使电池组破坏。

注:在锂电池中,热失控可能引起锂熔化。

482-05-55

充电终止电压　end-of-charge voltage

以规定的恒电流充电,在充电步骤结束时达到的电压。

注:充电终止电压可以用来确定充电过程的终止。

中 文 索 引

A

安全孔 …………………………… 482-05-12
鞍子 …………………………… 482-05-18

B

比特性(电池的) …………………………… 482-03-34
闭路电压 …………………………… 482-03-28
边界绝缘体 …………………………… 482-02-19
标称电压 …………………………… 482-03-31
标称值 …………………………… 482-03-43
表观内阻 …………………………… 482-03-36
并串联 …………………………… 482-03-40
并联 …………………………… 482-03-39
不带液非荷电蓄电池 …………………………… 482-05-31
不漏液电池 …………………………… 482-05-16

C

充电接受能力 …………………………… 482-05-36
充电率(蓄电池和蓄电池组的) …………………………… 482-05-45
充电效率 …………………………… 482-05-39
充电因数 …………………………… 482-05-41
充电终止电压 …………………………… 482-05-55
初充电 …………………………… 482-05-43
初始闭路电压 …………………………… 482-03-29
初始放电电压 …………………………… 482-03-29
初始负载电压(拒用) …………………………… 482-03-29
储备电池 …………………………… 482-01-14
串并联 …………………………… 482-03-42
串联 …………………………… 482-03-41

D

带液非荷电蓄电池 …………………………… 482-05-33
带液荷电蓄电池 …………………………… 482-05-32
袋式极板 …………………………… 482-05-21
[单体]电池 …………………………… 482-01-01
[单体电池]电极 …………………………… 482-02-21
(电池)放电 …………………………… 482-03-23
(电池)体积(比)能量 …………………………… 482-03-22
电池 …………………………… 482-01-04
电池保护板 …………………………… 482-05-13
电池槽 …………………………… 482-02-14
电池充电 …………………………… 482-05-27
电池底垫 …………………………… 482-05-09
电池封口剂 …………………………… 482-02-16
电池盖 …………………………… 482-02-15
电池耐久性 …………………………… 482-03-44
电池能量 …………………………… 482-03-21
电池外壳 …………………………… 482-02-13
电池析气 …………………………… 482-05-51
电池组 …………………………… 482-01-04
电池组合框 …………………………… 482-05-10
电池组合箱 …………………………… 482-02-35
电池组架 …………………………… 482-05-24
电化学反应 …………………………… 482-03-01
电极的活性表面 …………………………… 482-02-26
电极极化 …………………………… 482-03-02
电解质 …………………………… 482-02-29
电解质保持能力 …………………………… 482-02-31
电解质爬渗 …………………………… 482-02-30
电压标准电池 …………………………… 482-01-17
端子 …………………………… 482-02-22
端子保护套 …………………………… 482-02-23
短路电流(电池的) …………………………… 482-03-26

E

额定容量 …………………………… 482-03-15

F

阀 …………………………… 482-02-12
阀控式铅酸蓄电池 …………………………… 482-05-15
反极 …………………………… 482-03-03
反应极化 …………………………… 482-03-10
放电电流 …………………………… 482-03-24
放电电压(电池的) …………………………… 482-03-28
放电率 …………………………… 482-03-25
放电时间 …………………………… 482-03-46
非水电解质电池 …………………………… 482-01-10
浮充态蓄电池 …………………………… 482-05-35
负极板 …………………………… 482-02-05

负极端子 …………………………… 482-02-24
负极极端 …………………………… 482-02-24
副反应 ……………………………… 482-03-13
富尔极板 …………………………… 482-05-19
负载电压(拒用) …………………… 482-03-28

G

改型恒(电)压充电 ………………… 482-05-50
干电池 ……………………………… 482-04-14
干式荷电蓄电池 …………………… 482-05-30
隔板 ………………………………… 482-02-11
隔离层 ……………………………… 482-02-11
隔离物 ……………………………… 482-02-10
隔膜 ………………………………… 482-02-11
镉镍蓄电池 ………………………… 482-05-02
镉银蓄电池 ………………………… 482-05-05
固体电解质电池 …………………… 482-01-09
管式极板 …………………………… 482-02-07
过充电 ……………………………… 482-05-44

H

荷电保持能力 ……………………… 482-03-35
恒(电)流充电 ……………………… 482-05-38
恒(电)压充电 ……………………… 482-05-49
缓冲电池 …………………………… 482-01-16
活化极化 …………………………… 482-03-05
活性物质 …………………………… 482-02-33
活性物质混合物 …………………… 482-02-34

J

激活 ………………………………… 482-01-19
极板 ………………………………… 482-02-02
极板对 ……………………………… 482-02-09
极端 ………………………………… 482-02-22
极群 ………………………………… 482-02-04
极群组 ……………………………… 482-02-08
碱性电池 …………………………… 482-01-08
碱性锌-二氧化锰电池 ……………… 482-04-03
碱性锌-空气电池 …………………… 482-04-02
浆糊电池 …………………………… 482-04-16
结晶极化 …………………………… 482-03-04
金属-空气电池 ……………………… 482-04-01
金属氢化物镍蓄电池 ……………… 482-05-08
矩形(的) …………………………… 482-02-38
涓流充电 …………………………… 482-05-47
均衡充电 …………………………… 482-05-40

K

开路电压(电池的) ………………… 482-03-32
开路电压温度系数 ………………… 482-03-33
扣式电池 …………………………… 482-02-40
快速充电 …………………………… 482-05-37

L

勒克朗谢电池 ……………………… 482-04-08
锂电池 ……………………………… 482-01-06
锂-二硫化铁电池 …………………… 482-04-12
锂-二氧化锰电池 …………………… 482-04-10
锂离子蓄电池 ……………………… 482-05-07
锂-亚硫酰氯电池 …………………… 482-04-13
锂-氧化铜电池 ……………………… 482-04-11
锂-一氟化碳聚合物电池 …………… 482-04-09
连接件 ……………………………… 482-02-37
连续工作试验 ……………………… 482-03-48
两阶段充电 ………………………… 482-05-48
氯化锌电池 ………………………… 482-04-06

M

密封电池 …………………………… 482-05-17
免维护电池 ………………………… 482-05-25
面积(比)容量 ……………………… 482-03-20

N

能量效率 …………………………… 482-05-53
浓差极化 …………………………… 482-03-08

O

欧姆极化 …………………………… 482-03-09

P

排气帽 ……………………………… 482-05-23
排气式电池 ………………………… 482-05-14
普朗泰极板 ………………………… 482-05-20

Q

起动能力 …………………………… 482-05-26

铅酸蓄电池 …… 482-05-01
全密封电池 …… 482-02-01

R

燃料电池 …… 482-01-05
热失控 …… 482-05-54
容量(电池的) …… 482-03-14
(容量)温度系数 …… 482-03-18
容量保持能力 …… 482-03-35
熔融盐电池 …… 482-01-07

S

烧结式极板 …… 482-05-22
剩余活性物质 …… 482-03-37
剩余容量 …… 482-03-16
湿式荷电蓄电池 …… 482-05-29
使用寿命 …… 482-03-46
使用质量 …… 482-03-38
输出电缆 …… 482-02-36

T

体积(比)容量 …… 482-03-17
替换电池 …… 482-01-13
铁镍蓄电池 …… 482-05-03
涂膏式极板 …… 482-02-03

W

外壳 …… 482-02-14
外套 …… 482-02-20
完全充电 …… 482-05-42
韦斯顿电压标准电池 …… 482-01-18
未化成干态蓄电池 …… 482-05-34
未激活的 …… 482-01-20

X

泄漏 …… 482-02-32
锌镍蓄电池 …… 482-05-04
锌-碳电池 …… 482-04-07
锌-氧化银电池 …… 482-04-04
锌银蓄电池 …… 482-05-06
形成式极板 …… 482-05-20
蓄电池 …… 482-01-03
循环(电池的) …… 482-05-28

Y

阳极 …… 482-02-27
阳极反应 …… 482-03-11
阳极极化 …… 482-03-06
液位指示器 …… 482-05-52
阴极 …… 482-02-28
阴极反应 …… 482-03-12
阴极极化 …… 482-03-07
硬币式电池 …… 482-02-40
应急电池 …… 482-01-15
原电池 …… 482-01-02
原始设备配套电池 …… 482-01-12
圆柱形(原)电池 …… 482-04-17
圆柱形电池 …… 482-02-39

Z

整体槽 …… 482-02-18
整体电池 …… 482-02-17
正极板 …… 482-02-06
正极端子 …… 482-02-25
正极极端 …… 482-02-25
纸板电池 …… 482-04-15
指示电池 …… 482-01-11
质量(比)容量 …… 482-03-19
中性锌-空气电池 …… 482-04-05
终止充电率 …… 482-05-46
终止电压 …… 482-03-30
贮存试验 …… 482-03-45
贮存寿命 …… 482-03-47
自放电 …… 482-03-27
阻燃孔 …… 482-05-11

OEM 电池 …… 482-01-12
VRLA(缩写词) …… 482-05-15

英 文 索 引

A

acceptance
charge acceptance ·· 482-05-36
acid
lead acid battery ·· 482-05-01
valve regulated lead acid battery ·· 482-05-15
activation
activation ·· 482-01-19
activation polarization ·· 482-03-05
active
active material ·· 482-02-33
active material mix ·· 482-02-34
active surface of an electrode ·· 482-02-26
residual active mass ·· 482-03-37
areic
areic capacity ·· 482-03-20
air
air metal battery ·· 482-04-01
alkaline zinc air battery ·· 482-04-02
neutral electrolyte zinc air battery ·· 482-04-05
alkaline
alkaline cell ·· 482-01-08
alkaline zinc air battery ·· 482-04-02
alkaline zinc manganese
dioxide battery ·· 482-04-03
anode
anode ·· 482-02-27
anodic
anodic polarization ·· 482-03-06
anodic reaction ·· 482-03-11
apparent
internal apparent resistance ·· 482-03-36
aqueous
non aqueous cell ·· 482-01-10
arrester
flame arrester vent ·· 482-05-11
arrestor
flame arrestor vent ·· 482-05-11

B

back-up
back-up battery ······ 482-01-16
baffle
cell baffle ······ 482-05-13
base
battery base ······ 482-05-09
battery (ies)
air metal battery ······ 482-04-01
alkaline zinc air battery ······ 482-04-02
alkaline zinc manganese
dioxide battery ······ 482-04-03
back-up battery ······ 482-01-16
battery ······ 482-01-04
battery base ······ 482-05-09
battery crate ······ 482-05-10
discharge (**of a battery**) ······ 482-03-23
battery endurance ······ 482-03-44
battery energy ······ 482-03-21
battery on float (**charge**) ······ 482-05-35
battery rack ······ 482-05-24
battery tray ······ 482-02-35
buffer battery ······ 482-01-16
capacity (for cells or batteries) ······ 482-03-14
charge rate (relating to secondary cells and batteries) ······ 482-05-45
charging of a battery ······ 482-05-27
cycling (of a cell or battery) ······ 482-05-28
discharge voltage (related to cells or batteries) ······ 482-03-28
discharged empty (cell or battery) ······ 482-05-31
discharged unfilled (cell or battery) ······ 482-05-31
drained charged battery ······ 482-05-29
dry charged battery ······ 482-05-30
emergency battery ······ 482-01-15
filled charged battery ······ 482-05-32
filled discharged battery ······ 482-05-33
floating battery (deprecated) ······ 482-05-35
lead acid battery ······ 482-05-01
lead dioxide lead battery ······ 482-05-01
Leclanché battery ······ 482-04-08
lithium carbon monofluoride battery ······ 482-04-09
lithium copper oxide battery ······ 482-04-11
lithium ion battery ······ 482-05-07

lithium iron disulphide battery ········ 482-04-12
lithium manganese dioxide battery ········ 482-04-10
lithium thionyl chloride battery ········ 482-04-13
maintenance-free battery ········ 482-05-25
monobloc battery ········ 482-02-17
neutral electrolyte zinc air battery ········ 482-04-05
nickel-metal hydride battery ········ 482-05-08
nickel cadmium battery ········ 482-05-02
nickel iron battery ········ 482-05-03
nickel oxide cadmium battery ········ 482-05-02
nickel oxide iron battery ········ 482-05-03
nickel oxide zinc battery ········ 482-05-04
nickel zinc battery ········ 482-05-04
OEM battery ········ 482-01-12
open-circuit voltage (related to cells or batteries) ········ 482-03-32
replacement battery ········ 482-01-13
short-circuit current (related to cells or batteries) ········ 482-03-26
silver oxide cadmium battery ········ 482-05-05
silver zinc battery ········ 482-05-06
specific characteristic(related to cells or batteries) ········ 482-03-34
valve regulated lead acid battery ········ 482-05-15
volumic energy (related to battery) ········ 482-03-22
zinc carbon battery ········ 482-04-07
zinc silver oxide battery ········ 482-04-04
boost
boost charge ········ 482-05-37
buffer
buffer battery ········ 482-01-16
button
button cell ········ 482-02-40

C

cable
output cable ········ 482-02-36
cadmium
nickel cadmium battery ········ 482-05-02
nickel oxide cadmium battery ········ 482-05-02
silver oxide cadmium battery ········ 482-05-05
can
cell can ········ 482-02-13
capability
starting capability ········ 482-05-26
capacity

areic capacity ······ 482-03-20
capacity (for cells or batteries) ······ 482-03-14
capacity retention ······ 482-03-35
gravimetric capacity ······ 482-03-19
rated capacity ······ 482-03-15
residual capacity ······ 482-03-16
temperature coefficient (of the capacity) ······ 482-03-18
volumetric capacity ······ 482-03-17
carbon
lithium carbon monofluoride battery ······ 482-04-09
zinc carbon battery ······ 482-04-07
case
case ······ 482-02-14
cathode
cathode ······ 482-02-28
cathodic
cathodic polarization ······ 482-03-07
cathodic reaction ······ 482-03-12
cell
alkaline cell ······ 482-01-08
button cell ······ 482-02-40
capacity (for cells or batteries) ······ 482-03-14
cell ······ 482-01-01
cell baffle ······ 482-05-13
cell can ······ 482-02-13
(cell) electrode ······ 482-02-21
cell lid ······ 482-02-15
cell reversal ······ 482-03-03
charge rate (relating to secondary cells and batteries) ······ 482-05-45
coin cell ······ 482-02-40
cycling (of a cell or battery) ······ 482-05-28
cylindrical cell ······ 482-02-39
discharge voltage (related to cells or batteries) ······ 482-03-28
discharged empty (cell) or battery ······ 482-05-31
discharged unfilled (cell or battery) ······ 482-05-31
fuel cell ······ 482-01-05
gassing of a cell ······ 482-05-51
hermetically sealed cell ······ 482-02-01
lithium cell ······ 482-01-06
molten salt cell ······ 482-01-07
non-spillable cell ······ 482-05-16
non aqueous cell ······ 482-01-10
open-circuit voltage (related to cells or batteries) ······ 482-03-32

paper-lined cell ······ 482-04-15
paste-lined cell ······ 482-04-16
pilot cell ······ 482-01-11
primary cell ······ 482-01-02
reserve cell ······ 482-01-14
round cell ······ 482-04-17
sealed cell ······ 482-05-17
secondary cell ······ 482-01-03
short-circuit current (related to cells or batteries) ······ 482-03-26
solid electrolyte cell ······ 482-01-09
specific characteristic (related to cells or batteries) ······ 482-03-34
standard voltage cell ······ 482-01-17
unformed dry cell ······ 482-05-34
vented cell ······ 482-05-14
Weston standard voltage cell ······ 482-01-18
characteristic
specific characteristic (related to cells or batteries) ······ 482-03-34
charge
battery on float (charge) ······ 482-05-35
boost charge ······ 482-05-37
charge acceptance ······ 482-05-36
charge efficiency ······ 482-05-39
charge factor ······ 482-05-41
charge rate (relating to secondary cells and batteries) ······ 482-05-45
charge retention ······ 482-03-35
constant current charge ······ 482-05-38
constant voltage charge ······ 482-05-49
end-of-charge voltage ······ 482-05-55
equalization charge ······ 482-05-40
finishing charge rate ······ 482-05-46
full charge ······ 482-05-42
initial charge ······ 482-05-43
modified constant voltage charge ······ 482-05-50
two step charge ······ 482-05-48
trickle charge ······ 482-05-47
charged
drained charged battery ······ 482-05-29
dry charged battery ······ 482-05-30
filled charged battery ······ 482-05-32
charging
charging of a battery ······ 482-05-27
zinc chloride battery ······ 482-04-06
chloride

lithium thionyl chloride battery ········ 482-04-13
zinc chloride battery ········ 482-04-06
circuit
closed circuit voltage ········ 482-03-28
initial closed circuit voltage ········ 482-03-29
closed
closed circuit voltage ········ 482-03-28
initial closed circuit voltage ········ 482-03-29
coefficient
temperature coefficient (of the capacity) ········ 482-03-18
temperature coefficient of
the open-circuit voltage ········ 482-03-33
coin
coin cell ········ 482-02-40
compound
lid sealing compound ········ 482-02-16
concentration
concentration polarization ········ 482-03-08
connection
parallel connection ········ 482-03-39
parallel series connection ········ 482-03-40
series connection ········ 482-03-41
series parallel connection ········ 482-03-42
connector
connector ········ 482-02-37
constant
constant current charge ········ 482-05-38
constant voltage charge ········ 482-05-49
modified constant voltage charge ········ 482-05-50
container
monobloc container ········ 482-02-18
containment
electrolyte containment ········ 482-02-31
continuous
continuous service test ········ 482-03-48
copper
lithium copper oxide battery ········ 482-04-11
cover
terminal cover ········ 482-02-23
crate
battery crate ········ 482-05-10
creep
electrolyte creep ········ 482-02-30

crystallization
crystallization polarization ······························· 482-03-04
current
constant current charge ······························· 482-05-38
discharge current ······························· 482-03-24
short-circuit current (related to cells or batteries) ······························· 482-03-26
cut-off
cut-off voltage ······························· 482-03-30
cycling
cycling (of a cell or battery) ······························· 482-05-28
cylindrical
cylindrical cell ······························· 482-02-39

D

dioxide
alkaline zinc manganese
dioxide battery ······························· 482-04-03
lead dioxide lead battery ······························· 482-05-01
lithium manganese dioxide battery ······························· 482-04-10
discharge
discharge (of a battery) ······························· 482-03-23
discharge current ······························· 482-03-24
discharge rate ······························· 482-03-25
discharge voltage (related to cells or batteries) ······························· 482-03-28
end-of-discharge voltage ······························· 482-03-30
end-point voltage ······························· 482-03-30
initial discharge voltage ······························· 482-03-29
self discharge ······························· 482-03-27
discharged
discharged empty (**cell**) **or battery** ······························· 482-05-31
discharged unfilled (**cell**) **or battery** ······························· 482-05-31
filled discharged battery ······························· 482-05-33
disulphide
lithium iron disulphide battery ······························· 482-04-12
drained
drained charged battery ······························· 482-05-29
dry-cell
dry-cell ······························· 482-04-14
dry
dry charged battery ······························· 482-05-30
unformed dry cell ······························· 482-05-34

E

edge

edge insulator 482-02-19
efficiency
charge efficiency 482-05-39
energy efficiency 482-05-53
electrochemical
electrochemical reaction 482-03-01
electrode
active surface of an electrode 482-02-26
(cell) electrode 482-02-21
electrode polarization 482-03-02
electrolyte
electrolyte 482-02-29
electrolyte containment 482-02-31
electrolyte creep 482-02-30
electrolyte level indicator 482-05-52
neutral electrolyte zinc air battery 482-04-05
solid electrolyte cell 482-01-09
emergency
emergency battery 482-01-15
empty
discharged empty (cell) or battery 482-05-31
end-end-of-discharge voltage 482-03-30
end-of-charge voltage 482-05-55
endurance
battery endurance 482-03-44
energy
battery energy 482-03-21
energy efficiency 482-05-53
volumic energy (related to battery) 482-03-22
equalization
equalization charge 482-05-40

F

factor
charge factor 482-05-41
Faure
Faure plate 482-05-19
filled
filled charged battery 482-05-32
filled discharged battery 482-05-33
final
final voltage 482-03-30
finishing

finishing charge rate ············ 482-05-46
flame
flame arrester vent ············ 482-05-11
flame arrestor vent ············ 482-05-11
float
battery on float (charge) ············ 482-05-35
floating
floating battery (deprecated) ············ 482-05-35
free
maintenance-free battery ············ 482-05-25
fuel
fuel cell ············ 482-01-05
full
full charge ············ 482-05-42

G

gassing
gassing of a cell ············ 482-05-51
gravimetric
gravimetric capacity ············ 482-03-19
group
plate group ············ 482-02-04

H

hermetically
hermetically sealed cell ············ 482-02-01
hydride
nickel-metal hydride battery ············ 482-05-08

I

inactivated
inactivated ············ 482-01-20
indicator
electrolyte level indicator ············ 482-05-52
initial
initial charge ············ 482-05-43
initial closed circuit voltage ············ 482-03-29
insulator
edge insulator ············ 482-02-19
internal
internal apparent resistance ············ 482-03-36
ion
lithium ion battery ············ 482-05-07

iron
lithium iron disulphide battery ······ 482-04-12
nickel iron battery ······ 482-05-03
nickel oxide iron battery ······ 482-05-03

J

jacket
jacket ······ 482-02-20

L

lead
lead acid battery ······ 482-05-01
lead dioxide lead battery ······ 482-05-01
valve regulated lead acid battery ······ 482-05-15
leakage
leakage ······ 482-02-32
Leclanché
Leclanché battery ······ 482-04-08
level
electrolyte level indicator ······ 482-05-52
lid
cell lid ······ 482-02-15
lid sealing compound ······ 482-02-16
life
service life ······ 482-03-46
shelf life ······ 482-03-47
storage life ······ 482-03-47
lithium
lithium carbon monofluoride battery ······ 482-04-09
lithium cell ······ 482-01-06
lithium copper oxide battery ······ 482-04-11
lithium ion battery ······ 482-05-07
lithium iron disulphide battery ······ 482-04-12
lithium manganese dioxide battery ······ 482-04-10
lithium thionyl chloride battery ······ 482-04-13
load
on load voltage (deprecated) ······ 482-03-28

M

maintenance
maintenance-free battery ······ 482-05-25
manganese
alkaline zinc manganese

dioxide battery ········· 482-04-03
lithium manganese dioxide battery ········· 482-04-10
mass
mass transfer polarization ········· 482-03-08
residual active mass ········· 482-03-37
service mass ········· 482-03-38
material
active material ········· 482-02-33
active material mix ········· 482-02-34
metal
air metal battery ········· 482-04-01
mix
active material mix ········· 482-02-34
modified
modified constant voltage charge ········· 482-05-50
molten
molten salt cell ········· 482-01-07
monobloc
monobloc battery ········· 482-02-17
monobloc container ········· 482-02-18
monofluoride
lithium carbon monofluoride battery ········· 482-04-09
mudribs
mudribs ········· 482-05-18

N

negative
negative plate ········· 482-02-05
negative terminal ········· 482-02-24
neutral
neutral electrolyte zinc air battery ········· 482-04-05
nickel-metal
nickel-metal hydride battery ········· 482-05-08
nickel
nickel cadmium battery ········· 482-05-02
nickel iron battery ········· 482-05-03
nickel oxide cadmium battery ········· 482-05-02
nickel oxide iron battery ········· 482-05-03
nickel oxide zinc battery ········· 482-05-04
nickel zinc battery ········· 482-05-04
nominal
nominal value ········· 482-03-43
nominal voltage ········· 482-03-31

non-spillable
non-spillable cell ······ 482-05-16
non
non aqueous cell ······ 482-01-10

O

OEM
OEM battery ······ 482-01-12
ohmic
ohmic polarization ······ 482-03-09
open-circuit
temperature coefficient of
the open-circuit voltage ······ 482-03-33
open-circuit voltage (related to cells or batteries) ······ 482-03-32
output
output cable ······ 482-02-36
overcharge
overcharge ······ 482-05-44
oxide
lithium copper oxide battery ······ 482-04-11
nickel oxide cadmium battery ······ 482-05-02
nickel oxide iron battery ······ 482-05-03
nickel oxide zinc battery ······ 482-05-04
silver oxide cadmium battery ······ 482-05-05
zinc silver oxide battery ······ 482-04-04

P

pack
plate pack ······ 482-02-08
pair
plate pair ······ 482-02-09
paper-lined
paper-lined cell ······ 482-04-15
parallel
parallel connection ······ 482-03-39
parallel series connection ······ 482-03-40
series parallel connection ······ 482-03-42
parasitic
parasitic reaction ······ 482-03-13
paste-lined
paste-lined cell ······ 482-04-16
pasted
pasted plate ······ 482-02-03

pilot
pilot cell ········· 482-01-11
Planté
Planté plate ········· 482-05-20
plate
Faure plate ········· 482-05-19
negative plate ········· 482-02-05
pasted plate ········· 482-02-03
Planté plate ········· 482-05-20
plate ········· 482-02-02
plate group ········· 482-02-04
plate pack ········· 482-02-08
plate pair ········· 482-02-09
(plate) separator ········· 482-02-11
pocket plate ········· 482-05-21
positive plate ········· 482-02-06
sintered plate ········· 482-05-22
tubular plate ········· 482-02-07
pocket
pocket plate ········· 482-05-21
polarity
polarity reversal ········· 482-03-03
polarization
activation polarization ········· 482-03-05
anodic polarization ········· 482-03-06
cathodic polarization ········· 482-03-07
concentration polarization ········· 482-03-08
crystallization polarization ········· 482-03-04
electrode polarization ········· 482-03-02
mass transfer polarization ········· 482-03-08
ohmic polarization ········· 482-03-09
reaction polarization ········· 482-03-10
positive
positive plate ········· 482-02-06
positive terminal ········· 482-02-25
primary
primary cell ········· 482-01-02
prismatic
prismatic ········· 482-02-38
protector
terminal protector ········· 482-02-23

R

rack
battery rack …… 482-05-24
rate
charge rate (relating to secondary cells and batteries) …… 482-05-45
discharge rate …… 482-03-25
finishing charge rate …… 482-05-46
rated
rated capacity …… 482-03-15
reaction
anodic reaction …… 482-03-11
cathodic reaction …… 482-03-12
482-03-13
reaction polarization …… 482-03-10
regulated
valve regulated lead acid battery …… 482-05-15
relating
charge rate (relating to secondary cells and batteries) …… 482-05-45
replacement
replacement battery …… 482-01-13
reserve
reserve cell …… 482-01-14
residual
residual active mass …… 482-03-37
residual capacity …… 482-03-16
resistance
internal apparent resistance …… 482-03-36
retention
capacity retention …… 482-03-35
charge retention …… 482-03-35
reversal
cell reversal …… 482-03-03
polarity reversal …… 482-03-03
round
round cell …… 482-04-17
runaway
thermal runaway …… 482-05-54

S

safety
safety vent …… 482-05-12
salt

molten salt cell ······ 482-01-07
sealed
hermetically sealed cell ······ 482-02-01
sealed cell ······ 482-05-17
sealing
lid sealing compound ······ 482-02-16
secondary
charge rate (relating to secondary cells and batteries) ······ 482-05-45
secondary cell ······ 482-01-03
secondary reaction ······ 482-03-13
self
self discharge ······ 482-03-27
separator
(plate) separator ······ 482-02-11
series
parallel series connection ······ 482-03-40
series connection ······ 482-03-41
series parallel connection ······ 482-03-42
service
continuous service test ······ 482-03-48
service life ······ 482-03-46
service mass ······ 482-03-38
shelf
shelf life ······ 482-03-47
short-circuit
short-circuit current (related to cells or batteries) ······ 482-03-26
side
side reaction ······ 482-03-13
silver
silver oxide cadmium battery ······ 482-05-05
silver zinc battery ······ 482-05-06
zinc silver oxide battery ······ 482-04-04
sintered
sintered plate ······ 482-05-22
solid
solid electrolyte cell ······ 482-01-09
spacer
spacer ······ 482-02-10
specific
specific characteristic (related to cells or batteries) ······ 482-03-34
standard
standard voltage cell ······ 482-01-17
Weston standard voltage cell ······ 482-01-18

starting
starting capability ······ 482-05-26
step
two step charge ······ 482-05-48
storage
storage life ······ 482-03-47
storage test ······ 482-03-45
surface
active surface of an electrode ······ 482-02-26

T

temperature
temperature coefficient (of the capacity) ······ 482-03-18
temperature coefficient of
the open-circuit voltage ······ 482-03-33
terminal
negative terminal ······ 482-02-24
positive terminal ······ 482-02-25
terminal ······ 482-02-22
terminal cover ······ 482-02-23
terminal protector ······ 482-02-23
test
continuous service test ······ 482-03-48
storage test ······ 482-03-45
thermal
thermal runaway ······ 482-05-54
thionyl
lithium thionyl chloride battery ······ 482-04-13
transfer
mass transfer polarization ······ 482-03-08
tray
battery tray ······ 482-02-35
trickle
trickle charge ······ 482-05-47
tubular
tubular plate ······ 482-02-07

U

unfilled
discharged unfilled (cell or battery) ······ 482-05-31
unformed
unformed dry cell ······ 482-05-34
secondary reaction ······ 482-03-13

side reaction ······ 482-03-13

V

value
nominal value ······ 482-03-43
valve
valve ······ 482-02-12
valve regulated lead acid battery ······ 482-05-15
vent
flame arrester vent ······ 482-05-11
flame arrestor vent ······ 482-05-11
safety vent ······ 482-05-12
vent cap ······ 482-05-23
vented
vented cell ······ 482-05-14
voltage
closed circuit voltage ······ 482-03-28
constant voltage charge ······ 482-05-49
cut-off voltage ······ 482-03-30
discharge voltage (related to cells or batteries) ······ 482-03-28
end-of-charge voltage ······ 482-05-55
end-of-discharge voltage ······ 482-03-30
end-of-discharge voltage ······ 482-03-30
end-point voltage ······ 482-03-30
final voltage ······ 482-03-30
initial closed circuit voltage ······ 482-03-29
initial discharge voltage ······ 482-03-29
initial on load voltage (deprecated) ······ 482-03-29
modified constant voltage charge ······ 482-05-50
nominal voltage ······ 482-03-31
open-circuit voltage (related to cells or batteries) ······ 482-03-32
standard voltage cell ······ 482-01-17
temperature coefficient of the open-circuit voltage ······ 482-03-33
Weston standard voltage cell ······ 482-01-18
volumetric
volumetric capacity ······ 482-03-17
volumic
volumic energy (related to battery) ······ 482-03-22
VRLA
VRLA (abbreviation) ······ 482-05-15

W

Weston
Weston standard voltage cell ······ 482-01-18

Z

zinc
alkaline zinc air battery ········ 482-04-02
alkaline zinc manganese
dioxide battery ········ 482-04-03
neutral electrolyte zinc air battery ········ 482-04-05
nickel oxide zinc battery ········ 482-05-04
nickel zinc battery ········ 482-05-04
silver zinc battery ········ 482-05-06
zinc carbon battery ········ 482-04-07
zinc chloride battery ········ 482-04-06
zinc silver oxide battery ········ 482-04-04

ICS 65.080
G 21

中华人民共和国国家标准

GB/T 2946—2008
代替 GB/T 2946—1992

2008-12-31 发布　　　　2009-08-01 实施

中华人民共和国国家质量监督检验检疫总局
中国国家标准化管理委员会　发布

前　言

本标准代替 GB/T 2946—1992《氯化铵》。

本标准与前版标准的主要差异为：

——取消干、湿氯化铵的分类方式；

——将产品分为三个等级：优等品、一等品、合格品；

——硫酸盐测定步骤中，对试剂溶液的加入顺序做了调整。

本标准的附录 A 至附录 H 为规范性附录，规定了产品的测定方法。

本标准实施之日起 HG/T 3281—1990《小联碱农业氯化铵》废止。

自标准实施之日起，出厂产品应执行新标准；标准实施之日六个月后，市场上的氯化铵产品外包装禁止标注 GB/T 2946—1992 或 HG/T 3281—1990。

本标准由中国石油和化学工业协会提出。

本标准由全国肥料和土壤调理剂标准化技术委员会(SAC/TC 105)归口。

本标准负责起草单位：国家化肥质量监督检验中心(上海)、大化集团有限责任公司。

本标准参加起草单位：建德市大洋化工有限公司、自贡鸿鹤化工股份有限公司、湖北双环科技股份有限公司、湖北新洋丰肥业股份有限公司、江苏华昌化工股份有限公司。

本标准主要起草人：商照聪、房朋、闫成华、陈平、王福航、金岚、郑钧、季敏、胡波、王建平、文俊斌、王宏。

本标准所代替标准的历次版本发布情况为：

——GB 2946—1992。

氯　化　铵

1　范围

本标准规定了工业用氯化铵、农业用氯化铵的分类、要求、试验方法、检验规则、标识、包装、运输和贮存。

本标准适用于采用各种工艺生产的工业用、农业用氯化铵。其主要用途:工业上用于干电池、电镀、染纺、精密铸造等方面;农业上用作肥料。

分子式:NH_4Cl

相对分子质量:53.49(按2007年国际原子量)

2　规范性引用文件

下列文件中的条款通过本标准的引用而成为本标准的条款。凡是注日期的引用文件,其随后所有的修改单(不包括勘误的内容)或修订版均不适用于本标准,然而,鼓励根据本标准达成协议的各方研究是否可使用这些文件的最新版本。凡是不注日期的引用文件,其最新版本适用于本标准。

GB/T 3600　肥料中氨态氮含量的测定　甲醛法

GB/T 6679　固体化工产品采样通则

GB/T 8170　数值修约规则与极限数值的表示和判定

GB 8569　固体化学肥料包装

GB/T 8572　复混肥料中总氮含量的测定　蒸馏后滴定法

GB/T 8577　复混肥料中游离水含量的测定　卡尔·费休法

GB/T 10209.4　磷酸一铵、磷酸二铵的测定　第4部分:粒度

GB 18382　肥料标识　内容和要求

HG/T 2843　化肥产品　化学分析常用标准滴定溶液、标准溶液、试剂溶液和指示剂溶液

3　分类

氯化铵按用途分为工业用氯化铵和农业用氯化铵两类。

4　要求

4.1　外观:工业用产品为白色结晶;农业用产品为白色(可呈微灰或微黄色)结晶或颗粒(造粒产品)。

4.2　工业用氯化铵应符合表1的要求,同时应符合包装袋标明值。

表1　工业用氯化铵的要求

项　目		优等品	一等品	合格品
氯化铵(NH_4Cl)的质量分数(以干基计)/%	≥	99.5	99.3	99.0
水分质量分数[a]/%	≤	0.5	0.7	1.0
灼烧残渣质量分数/%	≤	0.4	0.4	0.4
铁(Fe)的质量分数/%	≤	0.000 7	0.001 0	0.003 0
重金属(以Pb计)的质量分数/%	≤	0.000 5	0.000 5	0.001 0
硫酸盐(以SO_4计)的质量分数/%	≤	0.02	0.05	—
pH值(200 g/L溶液)		4.0~5.8		

[a] 水分质量分数指出厂检验结果。当需方对水分有特殊要求时,可由供需双方协商确定。

4.3 农业用氯化铵应符合表2要求,同时应符合包装袋标明值。

表2 农业用氯化铵的要求

项目		优等品	一等品	合格品
氮(N)的质量分数(以干基计)/%	≥	25.4	25.0	24.0
水分质量分数[a]/%	≤	0.5	1.0	7.0
钠盐的质量分数[b](以Na计)/%	≤	0.8	1.0	1.6
粒度[c](2.00 mm～4.00 mm)/%	≥	75	70	—

a 水分质量分数指出厂检验结果。

b 钠盐的质量分数以干基计。

c 结晶状产品无粒度要求,粒状产品至少要达到一等品的要求。

5 试验方法

警告——试剂中的部分溶液具有腐蚀性、易燃性和毒性,操作应在通风橱内进行,操作者应小心谨慎!如溅倒皮肤应立即用合适的方式进行处理,严重者应立即治疗。本标准并未指出所有可能的安全问题,使用者有责任采取适当的安全和健康措施,并保证符合国家有关法规规定的条件。

本标准中所用试剂、水和溶液的配制,在未注明规格和配制方法时,均应符合HG/T 2843的规定。

5.1 氯化铵或氮含量的测定

5.1.1 蒸馏后滴定法(仲裁法)

5.1.1.1 按GB/T 8572中氨态氮含量的测定进行。

5.1.1.2 分析结果的表示

5.1.1.2.1 氯化铵含量(以干基计),以氯化铵的质量分数 w_1 计,数值以%表示,按式(1)计算:

$$w_1=\frac{c(V_2-V_1)\times 0.053\ 49}{m(1-w_3)}\times 100 \qquad \cdots\cdots(1)$$

式中:

c——氢氧化钠标准滴定溶液浓度的数值,单位为摩尔每升(mol/L);

V_1——测定时,使用氢氧化钠标准滴定溶液体积的数值,单位为毫升(mL);

V_2——空白试验时,使用氢氧化钠标准滴定溶液体积的数值,单位为毫升(mL);

m——试料质量的数值,单位为克(g);

w_3——试样水分的质量分数,数值以%表示;

0.053 49——氯化铵的毫摩尔质量的数值,单位为克每毫摩尔(g/mmoL)。

计算结果应表示至两位小数。取平行测定结果的算术平均值为测定结果。

5.1.1.2.2 氮含量(以干基计),以氮(N)的质量分数 w_2 计,数值以%表示,按式(2)计算:

$$w_2=\frac{c(V_2-V_1)\times 0.014\ 01}{m(1-w_3)}\times 100 \qquad \cdots\cdots(2)$$

式中:

0.014 01——氮的毫摩尔质量的数值,单位为克每毫摩尔(g/mmoL)。

计算结果应表示至两位小数。取平行测定结果的算术平均值为测定结果。

5.1.1.3 允许差

平行测定结果的绝对差值,以氯化铵计不大于0.20%;以氮计不大于0.05%。

不同实验室测定结果的绝对差值,以氯化铵计不大于0.30%;以氮计不大于0.08%。

5.1.2 氯化铵或氮含量测定 甲醛法

5.1.2.1 测定

按 GB/T 3600 规定进行。

5.1.2.2 分析结果的表示

5.1.2.2.1 氯化铵含量(以干基计),以氯化铵(NH_4Cl)的质量分数 w_1 计,数值以(%)表示,按式(3)计算:

$$w_1 = \frac{c(V_2 - V_1) \times 0.053\ 49}{m(1 - w_3)} \times 100 \quad \cdots\cdots(3)$$

计算结果应表示至两位小数。取平行测定结果的算术平均值为测定结果。

5.1.2.2.2 氮含量(以干基计),以氮(N)的质量分数 w_2 计,数值以(%)表示,按式(4)计算:

$$w_2 = \frac{c(V_2 - V_1) \times 0.014\ 01}{m(1 - w_3)} \times 100 \quad \cdots\cdots(4)$$

计算结果应表示至两位小数。取平行测定结果的算术平均值为测定结果。

5.1.2.3 允许差

平行测定结果的绝对差值,以氯化铵计不大于 0.20%;以氮计不大于 0.10%。

不同实验室测定结果的绝对差值,以氯化铵计不大于 0.30%;以氮计不大于 0.15%。

5.2 水分的测定

5.2.1 卡尔·费休法(仲裁法)

按 GB/T 8577 中的规定进行。

5.2.2 干燥法

按附录 A 进行。

5.3 灼烧残渣的测定 重量法

按附录 B 进行。

5.4 铁含量的测定 邻菲啰啉分光光度法

按附录 C 进行。

5.5 重金属含量的测定 目视比浊法

按附录 D 进行。

5.6 硫酸盐含量的测定 目视比浊法

按附录 E 进行。

5.7 钠含量的测定

5.7.1 火焰光度法(仲裁法)

按附录 F 进行。

5.7.2 汞量法

按附录 G 进行。

5.8 pH 值的测定 酸度计法

按附录 H 进行。

5.9 粒度的测定 筛分法

选用 2.00 mm 和 4.00 mm 的试验筛,其余按 GB/T 10209.4 中的相应条款进行。

6 检验规则

6.1 检验类别及检验项目

产品检验为出厂检验,检验项目为第四章的全部内容。

6.2 组批

产品按批检验,以一天的产量为一批,最大批量为 500 t。

6.3 采样方案

6.3.1 袋装产品

不超过512袋时，按表3确定采样袋数；大于512袋时，按式(5)计算结果确定最少采样袋数，如遇小数，则进为整数。

$$最少采样袋数 = 3 \times \sqrt[3]{N} \quad \cdots\cdots\cdots(5)$$

式中：

N——每批产品总袋数。

表3 采样袋数的确定

总袋数	最少采样袋数	总袋数	最少采样袋数
1～10	全部	182～216	18
11～49	11	217～254	19
50～64	12	255～296	20
65～81	13	297～343	21
82～101	14	344～394	22
102～125	15	395～450	23
126～151	16	451～512	24
152～181	17		

按表3或式(5)计算结果随机抽取一定袋数，用取样器沿每袋最长对角线插入至袋的3/4处，取出不少于100 g样品，每批采取总样品量不少于2 kg。

6.3.2 散装产品

按GB/T 6679规定进行。

6.4 样品缩分

将采取的样品迅速混匀，用缩分器或四分法将粒状样品缩分至约1 kg；粉状样品缩分至约0.5 kg。分装于两个洁净、干燥的500 mL或250 mL具有磨口塞的广口瓶或聚乙烯瓶中(生产企业质检部门可用洁净干燥的塑料自封袋盛装样品)。密封并贴上标签，注明生产企业名称、产品名称、批号、取样日期、取样人姓名。一瓶作产品质量分析，另一瓶保存两个月，以备查用。

6.5 粒状农业用氯化铵试样制备

取6.4中一瓶样品，按6.4中规定混合缩分成两份，其中一份供粒度测定(如果量大可再混合缩分一次)；另一份再混合缩分一至两次，得到约100 g缩分样品，迅速研磨至全部通过1.00 mm孔径筛，混合均匀，置于洁净、干燥的样品瓶中，供成分分析用。

6.6 结果判定

6.6.1 本标准中产品质量指标合格判定，采用GB/T 8170中"修约值比较法"。

6.6.2 出厂检验的项目全部符合本标准要求时，判该批产品合格。

6.6.3 如果检验结果中有一项指标不符合本标准要求时，应重新自二倍量的包装袋中采取样品进行检验，重新检验结果中，即使有一项指标不符合本标准要求，判该批产品不合格。

6.6.4 每批检验合格的出厂产品应附有质量证明书，其内容包括：生产企业名称、地址、产品名称、产品类别、产品等级、批号或生产日期、产品净含量、氯化铵含量或氮含量和本标准编号。

7 标识

应在产品包装容器正面标明产品类别和等级(如工业用优等品，农业用优等品，工业用一等品，农业用一等品，工业用合格品，农业用合格品)，应标明主要成分或养分含量。农业用氯化铵其余标识要求执行 GB 18382。

8 包装、运输和储存

8.1 产品用符合 GB 8569 规定的材料进行包装,宜使用经济实用型包装。

8.2 产品每袋净含量(50±0.5)kg、(40±0.4)kg、(25±0.25)kg,平均每袋净含量分别不应低于 50.0 kg、40.0 kg、25.0 kg。

8.3 产品应贮存于阴凉干燥处。

附　录　A
（规范性附录）
氯化铵水分的测定（干燥法）

A.1　方法提要

试样在100 ℃～105 ℃下干燥至质量恒定，由质量损失计算出水分。

A.2　仪器

一般实验室用仪器和以下仪器。

A.2.1　带磨口塞称量瓶：直径50 mm，高30 mm。

A.2.2　电热鼓风干燥箱：能控制温度在100 ℃～105 ℃之间。

A.3　分析步骤

作两份试料的平行测定。

置于预先在100 ℃～105 ℃下干燥至质量恒定的称量瓶，称取约5 g试样，精确至0.001 g，置于100 ℃～105 ℃电热鼓风干燥箱中，干燥至质量恒定（一般不超过4 h），冷却至室温后称量。

A.4　分析结果表示

水分，以水（H_2O）的质量分数w_3计，数值以（%）表示，按式（A.1）计算：

$$w_3 = \frac{m - m_1}{m} \times 100 \qquad \text{(A.1)}$$

式中：

m——干燥前试料质量的数值，单位为克（g）；

m_1——干燥后试料质量的数值，单位为克（g）。

计算结果应表示至两位小数。取平行测定结果的算术平均值为测定结果。

A.5　允许差

允许差见表A.1。

表A.1　水分测定的允许差

水分的质量分数/%	平行测定结果的绝对差值/%	不同实验室测定结果的绝对差值/%
≤1.0	≤0.10	≤0.20
>1.0	≤0.20	≤0.40

附　录　B
（规范性附录）
氯化铵中灼烧残渣的测定

B.1　方法提要

试样经过加热升华，在 500 ℃～600 ℃下灼烧至质量恒定，得残留物，计算出灼烧残渣。

B.2　仪器

一般实验室用仪器和以下仪器。

B.2.1　蒸发皿：石英或瓷蒸发皿，容积为 50 mL。

B.2.2　高温电阻炉：控制温度 500 ℃～600 ℃。

B.2.3　分析步骤

作两份试料的平行测定。

称取约 10 g 试样，精确至 0.01 g，于预先已在 500 ℃～600 ℃下灼烧至恒重的 50 mL 蒸发皿中，置于电热炉上加热升华，升华温度约 400 ℃，直至无白烟后，移至 500 ℃～600 ℃高温电阻炉中灼烧，冷却、称重，直至质量恒定。

B.3　分析结果表示

灼烧残渣，以残渣的质量分数 w_4 计，数值以%表示，按式(B.1)计算：

$$w_4=\frac{m_2-m_3}{m}\times 100 \qquad \text{(B.1)}$$

式中：

m_2——灼烧后蒸发皿和残渣的质量的数值，单位为克(g)；

m_3——蒸发皿的质量的数值，单位为克(g)；

m——试料的质量的数值，单位为克(g)。

计算结果应表示至两位小数。取平行测定结果的算术平均值为测定结果。

B.4　允许差

平行测定结果的绝对差值应不大于 0.05%；不同实验室测定的结果的绝对差值不大于 0.10%。

附 录 C
（规范性附录）
氯化铵中铁含量的测定

C.1 方法提要

用抗坏血酸将试液中的三价铁离子还原为二价铁离子，在 pH 值为 2～9 时，二价铁离子与邻菲啰啉生成橙红色配合物，在吸收波长 510 nm 处，用分光光度计测定其吸光度。

C.2 试剂和溶液

C.2.1 盐酸溶液：1.0 mol/L；

C.2.2 氨水溶液：1+9；

C.2.3 乙酸-乙酸钠缓冲溶液：pH 值约为 4.5；

C.2.4 抗坏血酸溶液：20 g/L（该溶液使用期限 10 d）；

C.2.5 邻菲啰啉溶液：2 g/L；

C.2.6 铁标准溶液：1 mg/mL；

C.2.7 铁标准溶液：0.01 mg/mL，用铁标准溶液（C.2.6）准确稀释 100 倍，当日使用。

C.3 仪器

一般实验室仪器和以下仪器。

分光光度计：带 3 cm 比色皿。

C.4 分析步骤

C.4.1 标准曲线的绘制

按表 C.1 所示，吸取铁标准溶液（C.2.7）分别置于 7 个 100 mL 容量瓶中，分别加水至约 60 mL 左右，加 1.0 mL 盐酸溶液，2.5 mL 抗坏血酸溶液和 10 mL 缓冲溶液，摇匀后加入 5 mL 邻菲啰啉溶液，用水稀释至刻度，摇匀后放置 15 min。

表 C.1 铁标准溶液体积和对应的铁含量

铁标准溶液体积/mL	0	1.00	2.00	4.00	6.00	8.00	10.00
相应的铁含量/mg	0	0.01	0.02	0.04	0.06	0.08	0.10

将部分显色溶液移入 3cm 比色皿中，以空白溶液（C.4.1 中的 0 mL）作参比溶液，于分光光度计波长 510 nm 处测定其吸光度。

以 100 mL 标准比色溶液中所含铁的毫克数为横坐标，相对应的吸光度为纵坐标，绘制标准曲线。

C.4.2 测定

做两份试料的平行测定。

称取 2 g～5 g 试样，精确至 0.001 g，置于烧杯中，加约 30 mL 水溶解，加 5 mL～10 mL 盐酸溶液，加热煮沸 2 min～5 min，冷却后加氨水溶液，调节溶液 pH 值接近 2（用精密 pH 试纸检验），转移至 100 mL 容量瓶中，以下步骤与 C.4.1 中“分别加水至约 60 mL 左右……于分光光度计波长 510 nm 处测定其吸光度”相同。

C.5 分析结果的表示

铁含量，以铁（Fe）的质量分数 w_5 计，数值以%计，按式（C.1）计算：

$$w_5 = \frac{m_4}{m \times 1\ 000} \times 100 \qquad \cdots\cdots\cdots\cdots\cdots\cdots\cdots\cdots\cdots(C.1)$$

式中：

m_4——标准曲线上查得的试液中铁的质量的数值，单位为毫克(mg)；

m——试料质量的数值，单位为克(g)。

计算结果应表示至五位小数。取平行测定结果的算术平均值为测定结果。

C.6 允许差

平行测定结果的绝对差值不大于0.000 2%；不同实验室测定的结果的绝对差值不大于0.000 3%。

附 录 D
(规范性附录)
氯化铵中重金属的测定

D.1 方法提要

在弱酸性条件下,试液中的重金属与加入的硫化氢生成硫化物沉淀,再与铅的标准浊度进行比较,确定重金属的含量。

D.2 试剂和溶液

D.2.1 硝酸铅;

D.2.2 乙酸溶液:1+16;

D.2.3 铅(Pb)标准溶液:0.1 mg/mL;

D.2.4 铅(Pb)标准溶液:0.01 mg/mL:用移液管移取 10.0 mL 铅标准溶液(D.2.3)置于 100 mL 容量瓶中,加水至刻度,摇匀。该溶液在使用当日配制。

D.2.5 饱和硫化氢水溶液:使用当日配制。

D.3 仪器

一般实验室用仪器和带有磨口塞的 50 mL 刻度比色管。

D.4 分析步骤

D.4.1 标准浊度的制备

于两只 50 mL 比色管中分别加入 2.5 mL、5.0 mL 铅标准溶液(D.2.4),加水至约 35 mL,加 2 mL 乙酸溶液,10 mL 饱和硫化氢水溶液,用水稀释至刻度,摇匀后放置 10 min。

D.4.2 测定

称取 5 g 试样(精确至 0.01 g),置于 250 mL 烧杯中,加 20 mL 水溶解后过滤,滤液滤入 50 mL 比色管中,用少量水多次洗涤滤纸,然后加入 2 mL 乙酸溶液,与铅标准溶液同时加入 10 mL 饱和硫化氢水溶液,用水稀释至刻度,摇匀,放置 10 min。所呈浊度与标准浊度比较,浊度低于或等于相应标准浊度,即重金属的质量分数(以 Pb 计)≤0.000 5%或≤0.001 0%。

附 录 E
（规范性附录）
氯化铵中硫酸盐的测定

E.1 方法提要

在酸性介质中，钡离子与硫酸根离子生成硫酸钡。当硫酸根离子含量较低时，在一定时间内硫酸钡呈悬浮体，使溶液混浊，与标准溶液浊度比较，确定试样中硫酸盐含量。

E.1.1 试剂和溶液

E.1.1.1 体积分数为95%乙醇；

E.1.1.2 无水硫酸钠；

E.1.1.3 盐酸溶液：1+1；

E.1.1.4 氯化钡：100 g/L溶液；

E.1.1.5 硫酸盐标准溶液：0.1 mg/mL；

E.1.1.6 不含硫酸盐的氯化铵溶液：称取10 g试样，溶于80 mL水中，加1 mL盐酸溶液，煮沸后加入10 mL氯化钡溶液，搅匀后放置12 h～18 h过滤，并稀释至100 mL。

E.2 仪器

一般实验室用仪器和带磨口塞的50 mL刻度比色管。

E.3 分析步骤

E.3.1 标准浊度的制备

于50 mL比色管中，分别加入2.0 mL、5.0 mL硫酸盐标准溶液，加水至25 mL。然后加入5 mL体积分数为95%乙醇，1 mL盐酸溶液，加入10 mL不含硫酸盐的氯化铵溶液，5 mL氯化钡溶液，用水稀释至刻度，摇匀后放置20 min。

E.3.2 测定

称取1 g试样，精确至0.01 g，置于烧杯中，加20 mL水溶解后过滤，滤液滤入50 mL比色管中，用少量水多次洗涤滤纸，然后加入5 mL体积分数为95%乙醇，1 mL盐酸溶液，与硫酸盐标准溶液同时加入5 mL氯化钡溶液，加水稀释至刻度，摇匀后放置20 min。所呈浊度与标准浊度比较，浊度低于或等于标准浊度，即硫酸盐含量（以 SO_4 计）≤0.02%或≤0.05%。

附 录 F
（规范性附录）
氯化铵中钠含量的测定(火焰光度法)

F.1 方法提要

当被测元素的溶液以雾状喷入火焰时,即能发射出该元素的特征谱线。在一定浓度范围内,特征谱线强度与该元素浓度成正比,测定待测元素的特征谱线强度,用标准曲线法即能求得试样中钠的含量。

F.2 试剂和溶液

F.2.1 氯化钠:基准试剂;

F.2.2 氯化铵溶液:100 g/L;

F.2.3 钠标准溶液:1 mL 含 0.5 mg 钠;

F.2.4 钠校正溶液:1 mL 含 0.02 mg 钠;

用移液管移取 10.0 mL 钠标准溶液(F.2.3),于 250 mL 容量瓶中,再加入 3 mL 氯化铵溶液,用水稀释至刻度,摇匀。

F.3 仪器

一般实验室用仪器和火焰光度计。

F.4 分析步骤

作两份试料的平行测定。

F.4.1 校正试验

按火焰光度计使用说明书中规定用钠校正溶液进行仪器的校正试验。

F.4.2 标准曲线的绘制

按表 F.1 所示,吸取钠标准溶液分别置于 6 个 250 mL 容量瓶中,分别加 3 mL 氯化铵溶液,用水稀释至刻度,摇匀。以下操作按火焰光度计使用说明书中校正和进行测定。

以钠含量为横坐标,相对应的特征谱线强度为纵坐标,绘制标准曲线。

表 F.1 钠标准溶液体积和对应的钠含量

钠标准溶液体积/mL	1.00	2.00	4.00	6.00	8.00	10.00
相应的钠含量/mg	0.50	1.00	2.00	3.00	4.00	5.00

F.4.3 试样溶液的制备

称取 3 g 试样,精确到 0.001 g,置于烧杯中,用水溶解,转移至 250 mL 容量瓶中,并稀释至刻度,摇匀。从中取出 25.0 mL 试样溶液置于另一 250 mL 容量瓶中,稀释至刻度,摇匀。

F.4.4 测定

F.4.4.1 按火焰光度计使用说明书规定进行试样溶液的测定,重复三次后,求其特征谱线强度的平均值,从而在标准曲线上由特征谱线强度的平均值查得对应的钠的量(m_1)。

F.4.4.2 也可采用示差法(标准比较法)。

由绘制标准曲线(F.4.2)标准系列中,选取接近于试样溶液浓度的二份标准溶液,用低浓度调整仪器指针到零点。用高浓度标准溶液测定特征谱线强度,然后进行试样溶液的测定。

F.5　分析结果的表示

F.5.1　钠含量，以钠(Na)的质量分数 w_6 计，数值以%表示，按式(F.1)计算：

$$w_6=\frac{m_5}{m\times\frac{25}{250}\times 1\,000}\times 100=\frac{m_5}{m} \qquad \text{(F.1)}$$

式中：

m_5——由标准曲线查得试样溶液相对应的钠质量的数值，单位为毫克(mg)；

m——试料质量的数值，单位为克(g)。

所得结果应表示至两位小数。取平行测定结果的算术平均值为测定结果。

F.5.2　钠含量，以钠(Na)的质量分数 w_6 计，数值以%表示，示差法按式(F.2)计算：

$$w_6=\frac{m_6+\frac{I_1}{I_2}\times(m_7-m_6)}{m\times\frac{25}{250}\times 1\,000}\times 100=\frac{m_6+\frac{I_1}{I_2}\times(m_7-m_6)}{m} \qquad \text{(F.2)}$$

式中：

m_6——选取低浓度标准溶液所含有钠的质量的数值，单位为毫克(mg)；

m_7——选取高浓度标准溶液所含有钠的质量的数值，单位为毫克(mg)；

I_1——测得试样溶液浓度的特征谱线强度；

I_2——高浓度标准溶液的特征谱线强度；

m——试样质量的数值，单位为克(g)。

所得结果应表示至两位小数。取平行测定结果的算术平均值为测定结果。

F.6　允许差

平行测定结果的绝对差值应不大于0.06%；不同实验室测定结果的绝对差值应不大于0.15%。

附　录　G
（规范性附录）
氯化铵中钠含量的测定（汞量法）

G.1　方法提要

在酸性的水溶液或乙醇-水溶液中，用强电离的硝酸汞标准溶液将氯离子转化成弱电离的氯化汞，用二苯偶氮碳酰肼指示剂与过量的 Hg^{2+} 生成紫红色络合物为终点。

G.2　试剂和溶液

G.2.1　氯化钠：基准试剂。

G.2.2　硝酸溶液：用化学纯试剂配制，0.2 mol/L。

G.2.3　硝酸汞标准滴定溶液：$c\left[\frac{1}{2}Hg(NO_3)_2\right]=0.1000\ mol/L$；

称取 17.13 g 硝酸汞[$Hg(NO_3)_2 \cdot H_2O$]，溶解于 500 mL 水中，加 4 mL 硝酸溶液，用水稀释至 1 000 mL；标定：称取在 500 ℃～600 ℃下灼烧至恒重的氯化钠 0.15 g，精确至 0.000 1 g，溶解于 40 mL 水中，加 2～3 滴溴酚蓝指示液，滴加 0.2 mol/L 硝酸溶液至溶液呈黄色，再过量 3 滴，加 1 mL 二苯偶氮碳酰肼指示液，用硝酸汞标准滴定溶液滴定至溶液呈紫红色为终点。

硝酸汞标准滴定溶液的浓度 c，以 mol/L 表示，按式（G.1）计算：

$$c=\frac{m}{V\times 0.05844} \quad \cdots\cdots（G.1）$$

式中：

m——氯化钠质量的数值，单位为克(g)；

V——滴定时用去硝酸汞标准滴定溶液体积的数值，单位为毫升(mL)；

0.058 44——氯化钠的毫摩尔质量的数值，单位为克每毫摩尔(g/mmol)。

G.2.4　溴酚蓝指示液：0.1%乙醇溶液。

G.2.5　二苯偶氮碳酰肼指示液：5 g/L。

G.3　仪器

一般实验室用仪器和以下仪器。

G.3.1　100 mL 瓷蒸发皿；

G.3.2　高温电阻炉：可控制温度在 500 ℃～600 ℃。

G.4　分析步骤

作两份试料的平行测定。

G.4.1　试样溶液的制备

称取约 5 g 试样，精确到 0.001 g，置于 100 mL 瓷蒸发皿中。将瓷蒸发皿置于电炉上加热，使氯化铵升华尽，再移至 500 ℃～600 ℃高温电阻炉中灼烧至恒重。将灼烧后的残留物用水溶解，并转移至 250 mL 的锥形瓶中，总体积不超过 40 mL。

G.4.2　测定

在试液（G.4.1）中加入两滴溴酚蓝指示液，然后滴加硝酸溶液至溶液呈黄色，再过量三滴。最后加入 1 mL 二苯偶氮碳酰肼指示液，用硝酸汞标准滴定溶液滴定至溶液呈紫红色为终点。

G.4.3 结果的表示

钠含量，以钠(Na)的质量分数 w_6 计，数值以%表示，按式(G.2)计算：

$$w_6 = \frac{c \times V \times 0.022\,99}{m} \times 100 \quad \cdots\cdots\cdots\cdots(G.2)$$

式中：

c——硝酸汞标准滴定溶液浓度的数值，单位为摩尔/升(mol/L)；

V——测定时用去硝酸汞标准滴定溶液的体积的数值，单位为毫升(mL)；

0.022 99——钠的毫摩尔质量的数值，单位为克每毫摩尔(g/mmol)；

m——试料质量的数值，单位为克(g)。

所得结果应表示至两位小数。取平行测定结果的算术平均值为测定结果。

G.5 允许差

平行测定结果的绝对差值应不大于0.05%；不同实验室测定结果的绝对差值应不大于0.10%。

注：含汞废液的处理方法：

将含汞废液收集于约50 L的容器中，当废液达到40 L左右时，依次加入400 mL 40%的工业氢氧化钠溶液，100 g硫化钠($Na_2S \cdot 9H_2O$)，搅拌均匀。10 min后缓慢加入400 mL 30%过氧化氢溶液，氧化过量的硫化钠，防止汞以多硫化物形式溶解，充分混合，放置24 h后，将上部清液排入废水中，沉淀物(硫化汞又名辰砂，不溶于水，对人体无害)转入另一容器中，回收。

附　录　H
（规范性附录）
氯化铵 pH 值的测定

H.1　方法提要

试样经水溶解，用 pH 酸度计测定。

H.2　试剂和溶液

H.2.1　磷酸二氢钾[$c(KH_2PO_4)$＝0.025 mol/L]和磷酸氢二钠[$c(Na_2HPO_4)$＝0.025 mol/L]缓冲溶液；

H.2.2　邻苯二甲酸氢钾[$c(C_8H_5O_4K)$＝0.05 mol/L]缓冲溶液。

H.3　仪器

一般实验室用仪器和酸度计。

pH 酸度计：灵敏度为 0.01 pH 单位。

H.4　分析步骤

称取试样 20.00 g 于 100 mL 烧杯中，置于烧杯中，加 100 mL 不含二氧化碳的水，搅动 1 min，静置 30 min，用 pH 酸度计测定。测定前，用标准缓冲液对酸度计进行校验。

H.5　分析结果的表示

试液的 pH 值，以 pH 表示，所得结果表示至一位小数。

ICS 77.150.60
H 62

中华人民共和国国家标准

GB/T 3610—2010
代替 GB/T 3610—1997

电池锌饼

Zinc wafer for dry cell

2011-01-10 发布 2011-10-01 实施

中华人民共和国国家质量监督检验检疫总局
中国国家标准化管理委员会 发布

前言

本标准代替 GB/T 3610—1997《电池锌饼》。

本标准根据国际环保无危害要求及国家环保政策法令，参照欧盟第 2006/66/EC 号《电池、蓄电池、废电池及废蓄电池》指令，结合经生产验证的国内、国外相关科研成果进行了修订。附录 A 完全等同采用法国标准 NFA06-827：1968《锌合金的化学分析　分光光度法测定钛量》。

本标准与 GB/T 3610—1997《电池锌饼》相比，主要变化如下：

——以锌铝钛镁合金取代了锌铅镉合金，对化学成分进行了重新规定；

——增加了对牌号、型号的命名；

——对硬度要求进行了修改；

——对检验规则进行了修改；

——增加了附录 A《锌合金的化学分析　分光光度法测定钛量》。

本标准由全国有色金属标准化技术委员会(SAC/TC 243)归口。

本标准负责起草单位：佛山市三水广锌金属材料有限公司。

本标准主要起草人：林良智、陈建华。

本标准所代替标准的历次版本发布情况为：

——GB/T 3610—1997、GB/T 3610—1983。

电池锌饼

1 范围

本标准规定了电池锌饼的产品分类、要求、试验方法、检验规则及标志、包装、运输、贮存、质量证明书和合同(或订货单)等内容。

本标准适用于制造锌-锰干电池负极整体锌筒用的锌饼。

2 规范性引用文件

下列文件对于本文件的应用是必不可少的。凡是注日期的引用文件，仅注日期的版本适用于本文件。凡是不注日期的引用文件，其最新版本(包括所有的修改单)适用于本文件。

GB/T 231.1 金属材料 布氏硬度试验 第1部分:试验方法

GB/T 2828.1 计数抽样检验程序 第1部分:按接收质量限(AQL)检索的逐批检验抽样计划

GB/T 8888 重有色金属加工产品包装、标志、运输和贮存

GB/T 12689.1 锌及锌合金化学分析方法 铝量的测定 铬天青S-聚乙二醇辛基苯基醚-溴化十六烷基吡啶分光光度法、CAS分光光度法和EDTA滴定法

GB/T 12689.3 锌及锌合金化学分析方法 镉量的测定 火焰原子吸收光谱法

GB/T 12689.4 锌及锌合金化学分析方法 铜量的测定 二乙基二硫代氨基甲酸铅分光光度法、火焰原子吸收光谱法和电解法

GB/T 12689.5 锌及锌合金化学分析方法 铁量的测定 磺基水杨酸分光光度法和火焰原子吸收光谱法

GB/T 12689.6 锌及锌合金化学分析方法 铅量的测定 示波极谱法

GB/T 12689.7 锌及锌合金化学分析方法 镁量的测定 火焰原子吸收光谱法

GB/T 12689.10 锌及锌合金化学分析方法 锡量的测定 苯芴酮-溴化十六烷基三甲胺分光光度法

3 产品分类

3.1 牌号、型号、规格

锌饼的牌号、型号和规格应符合表1的规定。

表1 锌饼的牌号、型号、规格

牌 号	形 状	型 号	直径或最长对角线/mm	厚度/mm
DX	圆形	R20	30.90～31.90	3.00～5.00
		R14	24.10～24.40	3.00～4.60
		R10	19.00～19.20	3.30～4.10
		R6	12.90～13.20	5.00～6.00
		R1	10.60	3.80
		R03	9.30～9.60	6.50～6.80

表 1（续）

牌　号	形　状	型　号	直径或最长对角线/mm	厚度/mm
DX	六角形	R20	30.90～31.90	3.90～5.60
		R14	24.40	4.50～5.00

3.2　标记示例

产品标记按产品名称、牌号、型号、规格和标准编号的顺序表示。标记示例如下：

示例 1：牌号为 DX，型号 R10，直径为 19.00 mm，厚度为 3.50 mm，高精度的圆形锌饼标记为：

电池圆形锌饼 DXR10 高　19.00×3.50　GB/T 3610—2010

示例 2：牌号为 DX，型号 R6，直径为 13.20 mm，厚度为 5.00 mm，普通精度的圆形锌饼标记为：

电池圆形锌饼 DXR6　13.20×5.00　GB/T 3610—2010

示例 3：牌号为 DX，型号 R20，最长对角线为 31.90 mm，厚度为 5.00 mm 的六角锌饼标记为：

电池六角锌饼 DXR20　31.90×5.00　GB/T 3610—2010

4　要求

4.1　化学成分

锌饼的化学成分应符合表 2 的规定。

表 2　锌饼的化学成分

牌号	质量分数/%									
	Zn	合金元素			杂质元素					
		Al	Ti	Mg	Pb	Cd	Fe	Cu	Sn	杂质总和
DX	余量	0.002～0.02	0.001～0.05	0.000 5～0.001 5	<0.004	<0.002	≤0.003	≤0.001	≤0.001	<0.011
注：杂质总和为表中所列杂质元素总和。										

4.2　外形尺寸及其允许偏差

4.2.1　锌饼的外形尺寸及其允许偏差

圆形锌饼的直径、厚度及其允许偏差应符合表 3 的规定。

六角形锌饼的最长对角线、厚度及其允许偏差应符合表 4 的规定。

表 3　圆形锌饼的外形尺寸及其允许偏差

型　号	直径/mm		厚度/mm		
	公称尺寸	允许偏差	公称尺寸	允许偏差	
				高精度	普通精度
R20	31.90	+0.05 −0.10	3.00～4.80	±0.10	+0.18 −0.10
	31.50		3.20～5.00		
	30.90				

表 3（续）

型　号	直径/mm		厚度/mm		
	公称尺寸	允许偏差	公称尺寸	允许偏差	
				高精度	普通精度
R14	24.40	+0.05 −0.10	3.00～4.60	±0.10	+0.18 −0.10
	24.10				
R10	19.20		3.30～4.10		
	19.00				
R6	13.20		5.00～6.00		
	12.90				
R1	10.60		3.80		
R03	9.60		6.50～6.80		
	9.30				

表 4　六角形锌饼的尺寸及其允许偏差

型号	最长对角线/mm		厚度/mm	
	公称尺寸	允许偏差	公称尺寸	允许偏差
R20	31.90	+0.20 −0.30	3.90～5.60	+0.20 −0.10
	30.90			
R14	24.40		4.50～5.00	

4.2.2　锌饼的毛刺高度、平整度

锌饼的毛刺高度应符合表 5 的规定。锌饼的平整度应符合表 6 的规定。

表 5　锌饼的毛刺高度

单位为毫米

厚　度	毛刺高度，不大于
3.00～5.00	0.25
>5.00～6.80	0.30

表 6　锌饼的平整度

单位为毫米

直径或最长对角线	平整度，不大于
30.90～31.90	0.35
19.00～24.40	0.30
9.30～13.20	0.25

4.3 硬度

锌饼的布氏硬度(HBW/2.5/62.5/30)为38.0～55.0。

4.4 表面质量

锌饼的外形应完整，不应有缺口；冲切断面应基本光滑，不应有粗糙条纹；表面应清洁，不应有裂纹、分层、起皮、夹杂、气泡、氧化白斑，不应有超出锌饼厚度允许偏差的卷边、划痕、凹坑和压入物。

4.5 特殊要求

用户对电池锌饼的质量有特殊要求时，可由供需双方商定。

5 试验方法

5.1 化学成分仲裁分析方法

5.1.1 铝(Al)含量的分析方法按GB/T 12689.1的规定进行。
5.1.2 镉(Cd)含量的分析方法按GB/T 12689.3的规定进行。
5.1.3 铜(Cu)含量的分析方法按GB/T 12689.4的规定进行。
5.1.4 铁(Fe)含量的分析方法按GB/T 12689.5的规定进行。
5.1.5 铅(Pb)含量的分析方法按GB/T 12689.6的规定进行。
5.1.6 镁(Mg)含量的分析方法按GB/T 12689.7的规定进行。
5.1.7 锡(Sn)含量的分析方法按GB/T 12689.10的规定进行。
5.1.8 钛(Ti)含量的分析方法按附录A进行。

5.2 外形尺寸测量方法

5.2.1 锌饼外形尺寸测量方法

锌饼直径或对角线长度、厚度用相应精度的测量工具进行测量。

5.2.2 锌饼毛刺高度测量方法

将锌饼凹面朝下，放置在清洁的平面上，用精度为0.01 mm的百分表对准锌饼的中心，测量其高度，然后用砂纸磨去锌饼上的毛刺，再次测量其高度。两次测量结果之差为该锌饼的毛刺高度。

5.2.3 锌饼平整度测量方法

将锌饼凹面的毛刺磨去，用深度千分尺测量凹面的中心部位，测得的最大值为该锌饼的平整度。

5.3 硬度检验方法

锌饼布氏硬度检验方法按GB/T 231.1的规定进行。

5.4 表面质量检验方法

锌饼表面质量用目视进行检验。

6 检验规则

6.1 检查和验收

6.1.1 产品应由供方技术监督部门进行检验，保证产品质量符合本标准及合同(或订货单)的规定，并填写质量证明书。

6.1.2 需方可对收到的产品按本标准的规定进行复检，如复检结果与本标准及合同(或订货单)的规定不相符时，应在收到产品之日起一个月内，以书面形式向供方提出，由供需双方协商解决。如需仲裁，仲裁取样应由供需双方共同进行。

6.2 组批

产品应成批提交检验，每批应由同一牌号、型号和规格组成，每批重量应不超过 5 000 kg。

6.3 检验项目

每批产品应进行化学成分、外形尺寸及其允许偏差、硬度和表面质量的检验。

6.4 取样

产品的取样应符合表 7 的规定。

表 7 取样规定

检验项目	取样规定	要求的章条号	试验方法的章条号
化学成分	供方:1 个试样/炉 需方:10 片/批	4.1	5.1
外形尺寸及其允许偏差	按照 GB/T 2828.1 规定取样，检测水平Ⅱ或供需双方协商，接收质量限 AQL=4.0	4.2	5.2
布氏硬度	任取 10 片/批	4.3	5.3
表面质量	按照 GB/T 2828.1 规定取样，检测水平Ⅱ或供需双方协商，接收质量限 AQL=4.0	4.4	5.4

6.5 检验结果判定

6.5.1 化学成分检验结果不合格时，则判定该批产品不合格。

6.5.2 硬度检验结果中有试样不合格，应从该批中随机抽取双倍数量的试样进行重复试验，重复试验结果全部合格，则判整批合格。若重复试验结果仍有试样不合格，则判定该批产品不合格。

6.5.3 外形尺寸及其允许偏差和表面质量不合格时，则判定该单件产品不合格，若不合格数量超过接收质量限时，则判定该批产品不合格。

7 标志、包装、运输和贮存和质量证明书

产品的标志、包装、运输、贮存和质量证明书按 GB/T 8888 的规定进行。

8 合同(或订货单)内容

订购本标准所列材料的合同(或订货单)内应包括下列内容：

a) 产品名称；

b) 牌号；

c) 尺寸规格；

d) 重量；

e) 本标准编号；

f) 其他。

附 录 A
（规范性附录）
锌合金的化学分析
钛含量的测定 分光光度法

A.1 范围

本方法规定了锌及锌合金中钛含量的测定方法。

本方法适用于锌及锌合金中钛含量的测定。测定范围：≤0.50%。

A.2 方法原理

用盐酸、硝酸、高氯酸溶解待测样品。在通过加入一氯乙酸缓冲溶液调节得到的 pH 值为 2.9 的介质中，钛与变色酸生成红色络合物。于分光光度计波长 470 nm 处测量钛的吸光度。

A.3 试剂

除非另有说明，在分析中仅使用确认为分析纯的试剂和蒸馏水或去离子水或相当纯度的水。

A.3.1 盐酸（ρ1.19 g/mL）优级纯。

A.3.2 硝酸（ρ1.42 g/mL）优级纯。

A.3.3 高氯酸（ρ1.61 g/mL）优级纯。

A.3.4 抗坏血酸溶液：20 g 抗坏血酸溶解于 1 000 mL 水中（使用当天配制）。

A.3.5 变色酸溶液：将 6 g 变色酸溶解于少量水中（必要时过滤），将溶液移入 100 mL 的容量瓶中，添加 4 g～5 g 亚硫酸钠，加水定容至刻度，混匀（该溶液在避光条件下可保存 2 天）。

A.3.6 缓冲溶液（pH＝2.9）：将 236 g 一氯乙酸溶解于 300 mL～400 mL 的水中，将 50 g 氢氧化钠溶解于另一份 300 mL～400 mL 的水中，将两份溶液混合，定容于 1 000 mL 容量瓶中，混匀（该溶液必须用时现配）。

A.3.7 钛标准溶液：该溶液可按以下方法 1 或方法 2 配制。

A.3.7.1 方法 1

（甲）液：准确称取 0.834 0 g 化学上纯净干燥的钛酸酐[TiO_2]置于铂坩埚中，加入 8 g～10 g 焦硫酸钾熔融。冷却后，加入 45 mL 硫酸（1＋1），加热使熔块溶解。稍冷。将溶液移入 1 000 mL 的容量瓶中，铂坩埚用硫酸（1＋15）洗净。洗液并入容量瓶中，冷却后用硫酸（1＋15）稀释至刻度，摇匀。此溶液 1 mL 含 0.5 mg 钛。

（乙）液：精确吸取 25 mL（甲）液于 500 mL 的容量瓶中，用水稀释至刻度，摇匀。此溶液 1 mL 含 0.025 mg 钛。

A.3.7.2 方法 2

准确称取 0.184 0 g 草酸钛钾[$K_2TiO(COO)_4$]·$2H_2O$ 溶解于 10 mL 硫酸（1＋1）中。移入 1 000 mL 的容量瓶中，用水稀释至刻度，摇匀。此溶液 1 mL 含 0.025 mg 钛。

A.4 仪器

分光光度计。

A.5 分析步骤

A.5.1 称取试料 1.000 g(m_0)置于 250 mL 烧杯中,盖上表面皿,加入 5 mL 盐酸(A.3.1),沸腾结束后,加入 2 mL 硝酸(A.3.2),当反应结束后,加入 10 mL 高氯酸(A.3.3),加热直至形成能够维持 2 min～3 min 的高氯酸烟雾。取下冷却,再加入 50 mL 蒸馏水,加热沸腾使盐类溶解。放冷至室温后,移入 200 mL 容量瓶中,用水稀至刻度(V_0),混匀。

A.5.2 吸取上述溶液 10 mL(V_1)于 100 mL 容量瓶中。按顺序加入以下试剂:(每加入一种试剂后摇荡容量瓶)10 mL 抗坏血酸溶液(A.3.4)、2 mL 变色酸溶液(A.3.5)、随后立即加入 20 mL 缓冲溶液(A.3.6)、用水稀释至刻度、摇匀,放置 15 min 后,用 2 cm～3 cm 比色皿于分光光度计 470 nm 波长处测定吸光度。与分析试料同时作空白试验。

A.6 标准曲线的绘制

准确吸取钛标准溶液(A.3.7)0 mL、1.0 mL、2.0 mL、4.0 mL、6.0 mL、8.0 mL、10.0 mL 于 7 个 100 mL 容量瓶中,按顺序加入以下试剂:(每加入一种试剂后摇荡容量瓶)10 mL 抗坏血酸溶液(A.3.4)、2 mL 变色酸溶液(A.3.5)、随后立即加入 20 mL 缓冲溶液(A.3.6)、用水稀释至刻度、摇匀,放置 15 min 后,用 2 cm～3 cm 比色皿于分光光度计 470 nm 波长处以空白为零点测定其吸光度,测得的吸光度为纵坐标,钛量为横坐标,绘制标准曲线。

A.7 分析结果的计算

按式(A.1)计算钛的质量分数 w_{Ti},数值以%表示。

$$w_{Ti}=\frac{m_1 \cdot V_0}{m_0 \cdot V_1 \times 1\,000}\times 100\% \qquad \text{(A.1)}$$

式中:

m_1——以测得试料的吸光度自标准曲线上查得的钛量,单位为毫克(mg);

m_0——试料的质量,单位为克(g);

V_0——试液总体积,单位为毫升(mL);

V_1——分取试液体积,单位为毫升(mL)。

ICS 29.220
K 82

中华人民共和国国家标准

GB/T 8897.1—2013
代替 GB/T 8897.1—2008

原电池　第1部分：总则

Primary batteries—Part 1: General

(IEC 60086-1:2011, MOD)

2013-11-12 发布　　2014-05-01 实施

中华人民共和国国家质量监督检验检疫总局
中国国家标准化管理委员会　发布

前　言

GB/T(GB)8897《原电池》分为以下5个部分：

——GB/T 8897.1《原电池　第1部分：总则》；

——GB/T 8897.2《原电池　第2部分：外形尺寸和电性能要求》；

——GB/T 8897.3《原电池　第3部分：手表电池》；

——GB 8897.4《原电池　第4部分：锂电池的安全要求》；

——GB 8897.5《原电池　第5部分：水溶液电解质电池的安全要求》。

本部分为GB/T 8897的第1部分。

本部分按照GB/T 1.1—2009给出的规则起草。

本部分代替GB/T 8897.1—2008《原电池　第1部分：总则》。

本部分与GB/T 8897.1—2008相比，主要变化如下：

——修改、增加了若干术语及其定义；

——修改了部分电化学体系的最大开路电压值：锌-二氧化锰、碱性锌-二氧化锰和碱性锌-空气电化学体系的最大开路电压分别由1.725 V、1.65 V和1.68 V修改为1.73 V、1.68 V和1.59 V；

——锂-二氧化硫电化学体系（"W"体系）的标称电压和最大开路电压分别由2.8 V和3.0 V修改为2.9 V和3.05 V；

——锂-二硫化铁电化学体系（"F"体系）的最大开路电压由1.83 V修改为1.9 V；

——修改了电池放电和贮存的环境要求：相对湿度由(60±15)%修改为(55±20)%；"P"体系由(60±10)%修改为(55±10)%；

——表3中增加了对锂－硫酰氯电化学体系（"Y"体系）的标准化；

——附录A电池标准化指南中增加了对电化学体系标准化新工作提案的要求。

本部分修改采用IEC 60086-1:2011《原电池 第1部分：总则》。

本部分与IEC 60086-1:2011的主要技术性差异如下：

——锂-二氧化硫电化学体系（"W"体系）的标称电压由3.0 V修改为2.9 V；

——锂-二硫化铁电化学体系（"F"体系）的最大开路电压由1.83 V修改为1.9 V；

——在4.1.6标志中增加了含汞量、执行标准编号等内容，以符合我国相关法规的要求。

本部分由中国轻工业联合会提出。

本部分由全国原电池标准化技术委员会(SAC/TC 176)归口。

本部分起草单位：福建南平南孚电池有限公司、轻工业化学电源研究所（国家化学电源产品质量监督检验中心）、广州市虎头电池集团有限公司、中银（宁波）电池有限公司、广东正龙股份有限公司、浙江野马电池有限公司、常州达立电池有限公司、嘉善宇河电池有限公司、广州宝洁有限公司、力佳电源科技（深圳）有限公司。

本部分主要起草人：林佩云、张清顺、刘煦、忻乾康、李晓伟、黄伟杰、陈水标、童武勃、律永成、陈木永、王建。

本部分所代替标准的历次版本发布情况如下：

——GB/T 8897—1988、GB/T 8897—1996、GB/T 8897.1—2003、GB/T 8897.1—2008。

原电池　第1部分:总则

1　范围

GB/T 8897的本部分规定了原电池的电化学体系、尺寸、命名法、极端结构、标志、检验方法、性能、安全和环境等方面的要求,还规定了作为原电池分类工具的电化学体系的体系字母、电极、电解质、标称电压和最大开路电压。

本部分适用于确保不同制造商生产的电池具有标准化的形状、配合和功能,能互换。

注:符合附录A的电池方可进入或保留在GB/T 8897《原电池》系列标准中。

2　规范性引用文件

下列文件对于本文件的应用是必不可少的。凡是注日期的引用文件,仅注日期的版本适用于本文件。凡是不注日期的引用文件,其最新版本(包括所有的修改单)适用于本文件。

GB/T 8897.2—2013　原电池　第2部分:外形尺寸和电性能要求(IEC 60086－2:2011,MOD)

GB/T 8897.3—2013　原电池　第3部分:手表电池(IEC 60086－3:2011,MOD)

GB 8897.4—2008　原电池　第4部分:锂电池的安全要求(IEC 60086－4:2007,IDT)

GB 8897.5—2013　原电池　第5部分:水溶液电解质电池的安全要求(IEC 60086－5:2011,IDT)

ISO 3951(所有部分)　计量抽样检验程序(Sampling procedures)

IEC 60410　计数抽样检验的设计和程序(Sampling plans and procedures for inspection by attributes)

ISO/IEC　指南　第1部分:技术工作程序(Directives—Part 1: Procedures for the technical work)

3　术语和定义

下列术语和定义适用于本文件。

3.1

应用检验　application test

模拟电池某种实际应用的检验。

3.2

电池　battery

装配有使用所必需的装置(如外壳、极端、标志及保护装置)的一个或多个单体电池。

3.3

扣式电池　button battery

外形符合GB/T 8897.2—2013中的图3和图4,总高度小于直径的小圆形电池。

3.4

[单体]电池　cell

直接把化学能转变成电能的一种电源,是由电极、电解质、容器、极端、通常还有隔离层组成的基本功能单元。

3.5

闭路电压　closed-circuit voltage;CCV

电池在放电时正负两极端间的电压。

3.6

圆柱形电池　cylindrical cell or battery

总高度等于或大于直径的圆柱体形状的电池或单体电池。

3.7

(原电池的)放电　discharge(of a primary battery)

电池向外电路输出电流的过程。

3.8

干(原)电池　dry(primary)battery

其电解液不能流动的原电池。

3.9

直流等效内阻　effective internal resistance - DC method

任何电化学电池的直流内阻由下式定义:

$$R_i(\Omega)=\frac{\Delta U(\mathrm{V})}{\Delta i(\mathrm{A})}$$

3.10

终止电压　end-point voltage;EV

规定的电池放电终止时的闭路电压。

3.11

泄漏　leakage

电解质、气体或其他物质从电池内意外逸出。

3.12

最小平均放电时间　minimum average duration;MAD

样品电池应符合的最小的平均放电时间。

注:按规定的方法或标准进行放电检验,以证明电池符合其适用的标准。

3.13

(原电池的)标称电压 nominal voltage(of a primary battery)

V_n

用以标识某种电池或电化学体系的适当的电压的近似值。

3.14

开路电压　open-circuit voltage;OCV

电池停止放电时正负两极端间的电压。

3.15

原电池　primary (cell or battery)

按不可以充电设计的电池。

3.16

圆形电池　round (cell or battery)

横截面为圆形的电池或单体电池。

3.17

(原电池的)放电量　service output(of a primary battery)

电池在规定的放电条件下的放电时间、容量或能量输出。

3.18

放电量检验 service output test

用以测定电池放电量的检验。

注：在下列情况下可规定做放电量检验，例如：

a) 应用检验过于复杂，难以重复进行；

b) 应用检验的放电时间不适用于例行检验。

3.19

小电池 small battery

能完全放进图1所示的截去顶端的圆柱体内的电池或单体电池。

单位为毫米

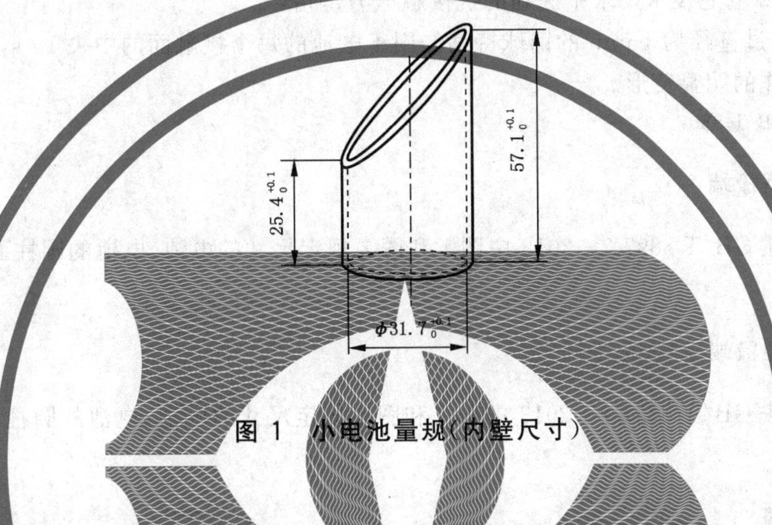

图1 小电池量规(内壁尺寸)

3.20

贮存寿命 storage life

规定条件下电池的贮存时间。在该贮存期结束时，电池仍具有规定的放电量。

3.21

(原电池的)极端 terminals (of a primary battery)

电池的导电部件，用以实现电池与外部导体的电连接。

4 要求

4.1 通则

4.1.1 设计

原电池主要在民用市场上销售，近几年来，原电池在电化学性能和结构上更加完善，例如，提高了容量和放电能力，不断满足以电池作电源的新型用电器具技术发展的需求。

在设计原电池时，应该考虑上述需求，特别要注意电池尺寸的一致性和稳定性、电池的外形和电性能，同时确保电池在正常使用和可预见的误用条件下的安全性。

有关电器具设计的信息见附录B。

4.1.2 电池尺寸

各型号电池的尺寸在GB/T 8897.2和GB/T 8897.3中给出。

4.1.3 极端

4.1.3.1 通则

极端应符合 GB/T 8897.2—2013 中第 6 章的规定。

极端的外形应设计成能确保电池在任何时候都能形成并保持良好的电接触。

极端应由具有适当导电性和抗腐蚀性的材料制成。

4.1.3.2 抗接触压力

在 GB/T 8897.2 电池技术要求中提到的抗接触压力是指：

将 10 N 的力通过直径为 1 mm 的钢球持续作用于电池的每个接触面的中央 10 s，不应出现可能导致妨碍电池正常工作的明显变形。

注：例外情况见 GB/T 8897.3。

4.1.3.3 帽与底座型极端

此类极端用于按 GB/T 8897.2—2013 中图 1 和图 2 规定尺寸的电池，电池的圆柱面与正、负极端相绝缘。

4.1.3.4 帽与外壳型极端

此类极端用于按 GB/T 8897.2—2013 中图 3 和图 4 规定尺寸的电池，电池的圆柱面构成电池正极端的一部分。

4.1.3.5 螺栓型极端

此类接触件由金属螺杆和金属螺母组合而成，或由金属螺杆和绝缘的金属螺母组合而成。

4.1.3.6 平面接触型极端

此类接触件为基本扁平的金属面，用适合的接触机构压在其上形成电接触。

4.1.3.7 平面弹簧或螺旋弹簧型极端

由金属片或绕制成螺旋状的金属线构成，其形状能形成压力接触。

4.1.3.8 插座型极端

由金属接触件组件安装在绝缘的壳体或固定件中构成，与之配套的插头可插入其中。

4.1.3.9 子母扣型极端

4.1.3.9.1 通则

由作为正极端的无弹性的子扣和作为负极端的有弹性的母扣组成。

该极端应由合适的金属制成，使其与外电路相应部件连接时能形成良好的电接触。

4.1.3.9.2 子母扣间距

子扣和母扣间的中心距见表 1。子扣总是作为电池的正极，母扣总是作为负极。

表 1 子母扣间距

标称电压 V	标准型 mm	小型 mm
9	35±0.4	12.7±0.25

4.1.3.9.3 无弹性的子扣

子扣(见图 2)的尺寸要求见表 2,未规定的尺寸不受限制。应选择适当的形状使子扣尺寸符合规定的要求。

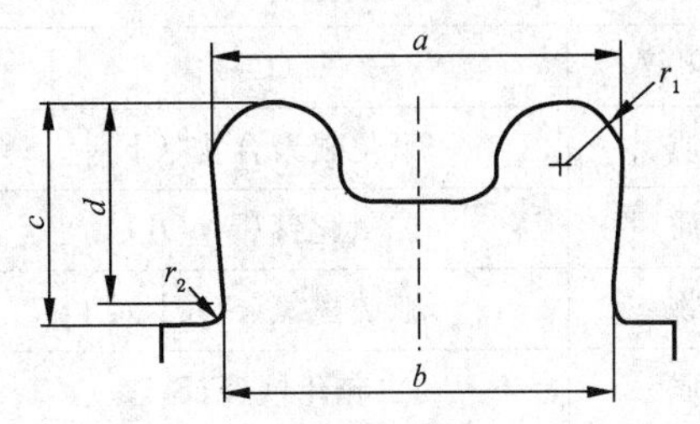

图 2 子扣

表 2 子扣连接件

尺寸	标准型 mm	小型 mm
a	7.16±0.05	5.72±0.05
b	$6.65^{+0.07}_{-0.05}$	5.38±0.05
c	3.20±0.1	3.00±0.1
d	2.67±0.05	2.54±0.05
r_1	$0.61^{+0.05}_{-0.08}$	$0.9^{+0.1}_{-0.3}$
r_2	$0.4^{+0.3}_{0}$	$0.3^{+0.2}_{0}$

4.1.3.9.4 有弹性的母扣

对子母扣的弹性部分(母扣)的尺寸不作规定,母扣应具有的性质是:

a) 适当的弹性,以确保与标准化子扣的配合良好;

b) 能保持良好的电接触。

4.1.3.10 导线

导线应当是带绝缘层的单股或多股可弯曲的镀锡铜导线。导线的绝缘层可以是棉质编织层或合适的塑料,正极端导线的外套应为红色,负极端为黑色。

4.1.3.11 其他类型的弹簧式接触件或弹簧夹

当不能准确知道外电路上的相应连接件是何种状态时,电池通常采用此类接触件。此类接触件应由黄铜弹簧片或具有相似性质的其他材料制成。

4.1.4 分类(电化学体系)

原电池按其电化学体系分类。

除了“锌-氯化铵、氯化锌-二氧化锰”体系外，每一个体系用一个字母来表示。

迄今为止已标准化了的电化学体系见表3。

表3 已标准化的电化学体系

字母	负极	电解质	正极	标称电压 V	最大开路电压 V
无字母	锌(Zn)	氯化铵,氯化锌	二氧化锰(MnO_2)	1.5	1.73
A	锌(Zn)	氯化铵,氯化锌	氧(O_2)	1.4	1.55
B	锂(Li)	有机电解质	一氟化碳聚合物$(CF)_X$	3.0	3.7
C	锂(Li)	有机电解质	二氧化锰(MnO_2)	3.0	3.7
E	锂(Li)	非水无机物	亚硫酰氯($SOCl_2$)	3.6	3.9
F	锂(Li)	有机电解质	二硫化铁(FeS_2)	1.5	1.9
G	锂(Li)	有机电解质	氧化铜(Ⅱ)(CuO)	1.5	2.3
L	锌(Zn)	碱金属氢氧化物	二氧化锰(MnO_2)	1.5	1.68
P	锌(Zn)	碱金属氢氧化物	氧(O_2)	1.4	1.59
S	锌(Zn)	碱金属氢氧化物	氧化银(Ag_2O)	1.55	1.63
W	锂(Li)	有机电解质	二氧化硫(SO_2)	2.9	3.05
Y	锂(Li)	非水无机物	硫酰氯(SO_2Cl_2)	3.9	4.1
Z	锌(Zn)	碱金属氢氧化物	羟基氧化镍(NiOOH)	1.5	1.78

注1：标称电压值是不可检测的，仅供参考。

注2：最大开路电压(3.14)按5.5和6.8.1的规定测量。

注3：当表示一个电化学体系时，一般先列出负极，再列出正极，比如锂-二硫化铁。

4.1.5 型号

原电池的型号是根据原电池的外形尺寸参数、电化学体系以及必要时再加上修饰符来确定的。

型号体系(命名法)详见附录C。

4.1.6 标志

4.1.6.1 通则

除小电池(见4.1.6.2)外，每个电池上均应标明以下内容：

a) 型号；

b) 生产时间(年和月)和保质期，或建议的使用期的截止期限；

c) 正极极端的极性(+)；

d) 标称电压；

e) 制造厂或供应商的名称和地址；

f) 商标；

g) 执行标准编号；

h) 安全使用注意事项(警示说明)。

i) 含汞量(“低汞”或“无汞”)(适用时);

标志的位置见表4。

注:应标我国的电池型号(即IEC型号)。如需加标其他国家或地区的俗称,可参见GB/T 8897.2—2013中附录D。

4.1.6.2 小电池的标志

a) 小电池主要是GB/T 8897.2—2013中的第三类和第四类电池。小电池的表面太小,无法标上4.1.6.1的所有内容,对于这类电池,4.1.6.1 a)型号和4.1.6.1 c)极性应标在电池上;4.1.6.1中的其他标志可标在电池的直接包装(销售包装)上而不标在电池上。

b) 对于P-体系电池,4.1.6.1 a)型号可标在电池、密封条或包装上;4.1.6.1 c)极性可标在电池的密封条上和/或电池上,4.1.6.1中的其他标志可标在电池的直接包装(销售包装)上而不标在电池上。

c) 应有防止误吞小电池的注意事项。见GB 8897.4—2008的7.2 m)和9.2以及GB 8897.5—2013中7.11)和9.2。

表4 标志要求

标志	电池(除小电池外)	小电池	
			P体系电池
a) 型号	A	A	C
b) 生产时间(年和月)和保质期,或建议的使用期的截止期限	A	B	B
c) 正极端的极性(+)	A	A	D
d) 标称电压	A	B	B
e) 制造厂或供应商的名称和地址	A	B	B
f) 商标	A	B	B
g) 执行标准编号	A	B	B
h) 安全使用注意事项(警示说明)	A	B[a]	B[a]
i) 含汞量(“低汞”或“无汞”)(适用时)	A	B	B

A:应标在电池上。

B:可标在电池的直接包装(销售包装)上而不标在电池上。

C:可标在电池、密封条或直接包装(销售包装)上。

D:可标在电池的密封条上和/或电池上。

[a] 应有防止误吞小电池的注意事项。见GB 8897.4—2008中7.2 m)和9.2以及GB 8897.5—2013的7.11)和9.2。

4.1.6.3 关于废电池处理方法的标志

废电池处理方法的标志应符合我国法规的要求。

4.1.7 电池电压的可互换性

目前在《原电池》系列标准中已经标准化了的原电池可按其标准放电电压U_s[1]分类。对于一个新的

1) 标准放电电压U_s是根据可检验性的原理而引用的。标称电压和最大开路电压不符合这个要求。

电池体系，按下式确定其电压的可互换性：

$$n \times 0.85\, U_r \leqslant m \times U_s \leqslant n \times 1.15\, U_r$$

式中：

n——以参考电压 U_r 为依据的串联单体电池数；

m——以标准放电电压 U_s 为依据的串联单体电池数；

目前，已经确定了符合上述公式的两个电压范围，是通过参考电压 U_r，即相应的电压范围的中点电压来确定的。

电压范围 1，$U_r = 1.4$ V：即标准放电电压 $m \times U_s$ 等于或者介于 $n \times 1.19$(V)到 $n \times 1.61$(V)之间的电池。

电压范围 2，$U_r = 3.2$ V：即标准放电电压 $m \times U_s$ 等于或者介于 $n \times 2.72$ (V)到 $n \times 3.68$(V)之间的电池。

标准放电电压的定义、相应的值及其确定方法参见附录 F。

注：对于由一个单体电池组成的电池，以及由多个相同电压范围的单体电池组成的电池，其 m 和 n 是相等的；而对于由多个不同电压范围的单体电池组成的电池组，其 m 和 n 值则不同于那些已标准化了的电池组。

电压范围 1 包含迄今已标准化的、标称电压为 1.5 V 左右的电池，即"无字母"体系、"A"、"F"、"G"、"L"、"P"、"S"和"Z"体系的电池。

电压范围 2 包含迄今已标准化的标称电压为 3 V 左右的电池，即"B"、"C"和"E" 体系的电池。

因为电压范围 1 和电压范围 2 的电池具有明显不同的放电电压，所以它们的外形应设计成不可互换的。在对一个新的电化学体系标准化之前，应根据附录 F 给出的方法确定其标准放电电压，以判定它的电压可互换性。

警示：若不能符合这一要求，会给电池使用者带来安全方面的危害，如起火，爆炸，漏液和/或损坏器具。此要求从安全角度和使用角度来说都是必要的。

4.2 性能

4.2.1 放电性能

原电池的放电性能要求在 GB/T 8897.2 和 GB/T 8897.3 中规定。

4.2.2 尺寸稳定性

电池在本部分规定的标准条件下检验时，其尺寸应始终符合 GB/T 8897.2 和 GB/T 8897.3 中的相关规定。

注 1：B、C、G、L、P 和 S 体系的扣式电池，如果放电低于终止电压，会出现高度增加 0.25 mm 的情况。

注 2：连续放电时，C 和 B 体系的某些扣式电池的高度可能会减小。

4.2.3 泄漏

在本部分规定的标准条件下贮存和放电时，电池不应出现泄漏。

4.2.4 开路电压极限值

电池的最大开路电压应不超过表 3 中给出的值。

4.2.5 放电量

电池初始期和贮存期的放电时间应符合 GB/T 8897.2 的要求。

4.2.6 安全性

设计原电池时，应考虑 GB 8897.4 和 GB 8897.5 中所述的电池在指定使用和可预见的误用条件下的安全要求。

5 性能检验

5.1 通则

消费品性能测试标准方法(SMMP)的制定，参见附录 G。

5.2 放电检验

5.2.1 通则

本部分中的放电检验分为两类：

——应用检验；

——放电量检验。

两种检验的放电负荷电阻都应符合 6.4 中的规定。

负荷电阻和检验条件按以下方法确定：

5.2.2 应用检验

5.2.2.1 通则

应用检验的方法按以下步骤确定：

a) 由电器具工作时的平均工作电压和平均电流计算出等效电阻；

b) 从所有测得的电器具的数据中得出实用终止电压和等效电阻值；

c) 规定这一数据的中值作为放电试验的电阻值和终止电压；

d) 如果测得的数据集中成两组或分散成更多组，则需再做一次以上的试验；

e) 根据电器具每周的总使用时间来确定每天放电时间。

每天放电时间应选择 6.5 中的规定值，且最接近于每周总使用时间的七分之一。

注 1：尽管在特定的情况下，采用恒电流或恒功率的检验方法更能代表实际的应用情况，但选择采用恒电阻的检验方法却可简化设计并确保检测设备其可靠性。

在将来，出现负荷条件交替变化的情况将不可避免；随着技术的发展，出现某种类型的电器具的负载特性随时间而变化的情况亦将不可避免。

要精确测定电器具的实用终止电压并非总是可能的，所确定的放电条件不过是所选择的一种折衷的方法，用来代表具有广泛分散特性的某一类电器具。

尽管有这些局限性，但按上述方法确定的应用检验的方法仍然是评价用于某类电器具的电池性能的最佳的方法。

注 2：为了减少应用检验的项目数，所规定的这些检验应当代表市售该型号电池 80%的实际用途。

5.2.2.2 多个负载的应用检验

除另有规定外，具有多个负载的应用检验，在一个检验循环里，应按从最重负载到最轻负载的顺序检验。

5.2.3 放电量检验

进行放电量检验，应选择阻值适当的负荷电阻，使放电时间大约为 30 d。

如果在所要求的时间内不能获得电池的全部容量，则应选择 6.4 中阻值更高的负荷电阻，以便延长放电时间，但延长的时间应尽可能短。

5.3 放电性能/最小平均放电时间的符合性检验

为了检验电池放电性能的符合性，可选择 GB/T 8897.2 中规定的任何应用检验或放电量检验。

检验应按如下步骤进行：

a) 检验 9 个电池；

b) 不排除任何结果计算平均值；

c) 如果平均值大于或等于规定值，而且放电时间小于规定值之 80% 的电池数不大于 1，则电池的放电量符合要求；

d) 如果平均值小于规定值和(或)小于规定值之 80% 的电池数大于 1，则另取 9 个样品电池再做检验并计算平均值；

e) 如果第二次检测的平均值大于或等于规定值，而且放电时间小于规定值之 80% 的电池数不大于 1，则电池的放电量符合要求；

f) 如果第二次检验的平均值小于规定值和(或)小于规定值之 80% 的电池数大于 1，则认为电池的放电量不符合要求，并且不允许再进行检验。

注：原电池的放电性能在 GB/T 8897.2 中规定。

5.4 最小平均放电时间规定值的计算方法

见附录 D。

5.5 开路电压检验

用 6.8.1 规定的电压测量仪表测量电池的开路电压。

5.6 电池尺寸测量

用 6.8.2 规定的量具测量电池的尺寸。

5.7 泄漏和变形检验

电池在规定的环境条件下进行放电检验之后，以相同的方法继续放电，直到电池的闭路电压首次降至低于其标称电压之 40%。电池应满足 4.1.3、4.2.2 和 4.2.3 的要求。

注：手表电池应按 GB/T 8897.3—2013 中第 8 章的规定目视检验泄漏情况。

6 性能检验的条件

6.1 放电前环境条件

除非另有规定，电池应在表 5 规定的条件下进行放电前贮存和放电检验。表中的放电条件又称为标准条件。

表 5　放电前贮存及放电检验条件

检验类型	贮存条件			放电条件	
	温度 ℃	相对湿度[d] %	贮存时间	温度 ℃	相对湿度[d] %
初始期放电检验	20±2[a]	55±20	最长为生产后 60 d	20±2	55±20
贮存期放电检验	20±2[a]	55±20	贮存期限（至少 12 个月）	20±2	55±20
高温贮存后放电检验[b]	45±2[c]	55±20	13 周	20±2	55±20

[a] 短时间内，贮存温度可偏离上述要求但不可超过 20℃±5℃。

[b] 当要求作高温贮存检验时进行该项检验，电池性能要求由供需双方商定。

[c] 打开电池包装贮存。

[d] “P”体系电池的相对湿度为(55±10)%。

6.2　贮存后放电检验的开始

贮存结束至开始放电检验的时间不应超过 14 d，在此期间电池应在 20℃±2℃和 55%±20% RH(“P”体系电池为 55%±10% RH)的环境中保存。

高温贮存结束后，电池至少应在上述环境中放置 1 d 再开始放电检验，以使电池和环境温湿度达到平衡。

6.3　放电检验的条件

电池应按 GB/T 8897.2 的规定进行放电，直至电池的闭路电压首次低于规定的终止电压。放电量可用放电时间、安时或瓦时来表示。

当 GB/T 8897.2 规定了一种以上的放电检验时，电池应满足所有的放电检验要求方可判为符合本部分。

6.4　负荷电阻

负荷电阻(包括外电路所有部分)的阻值应为 GB/T 8897.2 中规定的值，阻值与规定值之间的误差应不大于±0.5%。

拟定新的检验项目时，负荷电阻的阻值应尽可能是表 6 所列阻值之一，包括它们的十进位倍数和约数。

表 6　新检验项目的负荷电阻

单位为欧姆

1.00	1.10	1.20	1.30	1.50	1.60	1.80	2.00
2.20	2.40	2.70	3.00	3.30	3.60	3.90	4.30
4.70	5.10	5.60	6.20	6.80	7.50	8.20	9.10

6.5　每天放电时间

每天放电时间按 GB/T 8897.2 的规定。

拟定新的检验项目时，每天的放电时间应尽可能采用表7所列的时间之一。

表7 新项目的每天放电时间

1 min	5 min	10 min	30 min	1 h
2 h	4 h	12 h	24 h(连续放电)	—

必要时，每天的放电时间可在GB/T 8897.2中另行规定。

6.6 检验条件允许偏差

除非另有规定，允许偏差应符合表8的规定。

表8 检验条件允许偏差

参数	允许偏差	
温度	± 2 ℃	
负荷	± 0.5 %	
电压	± 0.5 %	
相对湿度	± 20 % (“P”体系为 ± 10 %)	
时间	放电时间 t_d	允许偏差
	$0 < t_d \leqslant 2$ s	± 5 %
	$2\text{ s} < t_d \leqslant 100$ s	± 0.1 s
	$t_d > 100$ s	± 0.1 %

6.7 “P”体系电池的激活

从电池激活到开始进行电性能测量，至少应间隔10 min时间。

6.8 测量仪器和器具

6.8.1 电压测量

测量电压的仪器准确度应不低于0.25%，精密度应不低于最后一位有效数值的50%，内阻应不小于1 MΩ。

6.8.2 尺寸测量

测量器具的准确度应不低于0.25%，精密度应不低于最后一位有效数值的50%。

7 抽样和质量保证

7.1 通则

由供需双方商定抽样方案或产品质量指数。当双方无协议时，可选用7.1和/或7.2的方案。

7.2 抽样

7.2.1 计数抽样检验

需要进行计数抽样检验时，应按 IEC 60410 的规定选择抽样方案，规定检验项目和可接收质量水平(AQL)(同型号的电池至少检验3只)。

7.2.2 计量抽样检验

需要进行计量抽样检验时，应按 ISO 3951 的规定选择抽样方案，规定检验项目、样本大小和可接收质量水平(AQL)。

7.3 产品质量指数

7.3.1 通则

建议使用以下指数之一作为评价和保证产品质量的方法。

7.3.2 能力指数(C_p)

C_p 是表征过程能力的一个指数。它说明了在样本过程标准差为 σ' 范围内允许偏差有多大。定义为 $C_p=$ (USL－LSL) / 过程宽度，式中的过程宽度用 $6\overline{R}/d_2$ 表示。如果 $C_p \geqslant 1$ 并趋中，则表明该过程产品符合要求。但是当 $C_p=1$ 时，有 $2\ 700 \times 10^{-6}$ 件不合格。

注：USL 为上规格限；LSL 为下规格限；$\overline{R}$ 为过程宽度的平均值；d_2 为与 $\overline{R}$ 相关的公共统计系数。

7.3.3 能力指数(C_{pk})

C_{pk} 是另一个表征过程能力的指数，它说明了过程是否符合允许的偏差以及过程是否以目标值为中心。

和 C_p 一样，它是在假定样本来自一个稳定的过程且误差是随机变量的前提下，在样品变量范围为 $\overline{R}/d_2$ 时测得的。由控制图可知 $\sigma' = \overline{R}/d_2$。

$$C_{pk} 是 \frac{\text{USL}-\overline{X}}{3\sigma'} 或 \frac{\overline{X}-\text{LSL}}{3\sigma'} 两者之中较小之值。$$

7.3.4 性能指数(P_p)

P_p 是一个过程性能指数，它说明了在系统的总误差范围内的允许偏差有多大。它是系统实际性能的测定，因为所有的误差来源都包含在 σ'_T 中。σ'_T 是通过将所有的观察数据作为一个大的样本计算得出的。P_p 定义为(USL－LSL)/$6\sigma'_T$。

7.3.5 性能指数(P_{pk})

P_{pk} 是另一个过程性能指数。它和 P_p 一样，也是对系统实际性能的测定。但它又和 C_{pk} 一样，说明了过程的趋中程度。

$$P_{pk} 是 \frac{\text{USL}-\overline{X}}{3\sigma'_T} 或 \frac{\overline{X}-\text{LSL}}{3\sigma'_T} 两者之中较小之值。$$

式中的 σ'_T 包含了系统所有的误差来源。

8 电池包装

电池包装、运输、贮存、使用和处理的实用规程见附录 E。

附 录 A
（规范性附录）
电池标准化指南

符合下列要求的电池或电化学体系方可进入或保留在GB/T 8897《原电池》系列标准中：

a) 电池或同类电化学体系的电池批量生产；

b) 电池或同类电化学体系的电池在世界上几个市场有售；

c) 当前至少有两家独立的制造厂生产该电池，其专利权所有者应符合ISO/IEC 指南 第1部分 2.14中涉及专利的相关条款的要求；

d) 电池至少在两个不同的国家生产，或者电池由其他独立的国际制造商购买并以它们公司的商标销售。

对任何新的电池或电化学体系进行标准化时，新工作提案应包含表A.1中的内容。

表 A.1 对新的电池或电化学体系标准化时应包含的内容

电池	电化学体系
符合上述a)～d)项的声明	符合上述a)和b)项的声明
型号和电化学体系	推荐的型号字母
尺寸(包括附图)	负极
放电条件	正极
最小平均放电时间	标称电压
	最大开路电压
	电解质

附 录 B
（规范性附录）
电器具的设计

B.1 技术联系

建议生产以电池作电源的电器具公司与电池行业保持紧密联系，从设计开始就应考虑现有的各种电池的性能。只要有可能，应尽量选择GB/T 8897.2以及我国的其他原电池国家标准和行业标准中已有型号的电池。电器具上应永久性标明能提供最佳性能的电池的型号和类型。

B.2 电池舱

电池舱应当方便好用，使电池能很方便地装入又不容易掉出来。设计电池舱及其正负极接触件的结构和尺寸时，应当使符合本部分的电池可以装入。即使有的国家标准或电池制造厂规定的电池公差比本部分要小，电器具的设计者也决不能忽视本部分规定的公差。

设计电池舱负极接触件的结构时应注意允许电池负极端有凹进。

供儿童使用的电器具的电池舱应坚固耐敲击。

应清楚标明所用电池的类型、正确的极性排列和装入的方向。

利用电池正极(＋)和负极(－)极端形状和尺寸的不同来设计电池舱，防止电池倒置。与电池正负极接触的连接件的形状应明显不同，以避免装入电池时出错。

电池舱应与电路绝缘，且应位于适当的位置，使受损坏和受伤害的风险降至最低限度。只有电池的极端才能和电路形成物理接触。在选择极端接触件的材料和结构时，应确保在使用条件下，极端接触件能与电池形成并保持有效的电接触，即使是使用本部分允许的极限尺寸的电池也应如此。电池的极端和电器具的接触件应使用性能相似、低电阻值的材料。

不主张电池舱采用并联形式连接电池，因为在并联状况下，如果有电池装反就会具备充电条件。

使用“A”或“P”体系的空气去极化电池作为电源的器具，须有适当的空气入口。“A”体系电池在正常工作时最好处于直立位置。符合GB/T 8897.2中图4的“P”体系电池，其正极电接触件应当安排在电池的侧面，这样才不会堵住空气入口。

尽管电池的耐漏性能有了很大的改善，但泄漏偶尔还会发生。当无法将电池舱与器具完全隔开时，应将电池舱安排在适合的位置，使器具受损的可能性降到最小。

电池舱上应永久而清晰地标明电池的正确朝向。引起麻烦的最常见原因之一，就是一组电池中有一个电池倒置，可能导致电池泄漏、爆炸、着火。为了把这种危害性降到最小程度，电池舱应设计成一旦有电池倒置就不能形成电路。

电路只能与电池的电接触面相连接，不能与电池的任何其他部分形成物理接触。

强烈建议电器具的设计者们在设计电器具时参阅GB 8897.4和GB 8897.5，对安全性作全面的考虑。

B.3 截止电压

为了防止因电池反极而造成泄漏，电器具的截止电压不应低于电池生产厂的推荐值。

附 录 C
（规范性附录）
电池的型号体系（命名法）

该电池型号体系（命名法）尽可能明确地表征电池的外形尺寸、形状、电化学体系和标称电压，必要时还包括极端类型、放电能力及特性。

本附录分为两部分：

C.1　1990 年 10 月以前使用的型号体系（命名法）；

C.2　1990 年 10 月以后及现在和将来使用的型号体系（命名法）。

C.1　1990 年 10 月前使用的电池型号体系

C.1.1　通则

本条款适用于 1990 年 10 月前已经标准化的所有电池，这些电池仍保留原来的型号。

C.1.2　单体电池

单体电池的型号用一个大写字母后跟一个数字来表示。字母 R、F、S 分别表示圆形、扁平形（叠层结构）和方形的单体电池。这个字母与其后的数字[2)]一起表示电池的标称尺寸。

对于由一个单体电池（cell）构成的电池（battery），表 C.1、表 C.2 和表 C.3 列出的是电池（battery）的最大尺寸而不是单体电池（cell）的标称尺寸。需要注意的是，表 C.1、表 C.2 和表 C.3 中不包含电化学体系的信息（无字母体系除外）或其他修饰符。电化学体系信息及其他信息见随后的 C.1.2、C.1.3 和 C.1.4。表 C.1、表 C.2 和表 C.3 仅提供单个的单体电池（cell）或单个的电池（battery）的外形尺寸代码。

表 C.1　圆形单体电池和电池的外形型号和尺寸　　单位为毫米

外形型号	单体电池（cell）的标称尺寸		电池（battery）的最大尺寸	
	直径	高度	直径	高度
R06	10	22	—	—
R03	—	—	10.5	44.5
R01	—	—	12.0	14.7
R0	11	19	—	—
R1	—	—	12.0	30.2
R3	13.5	25	—	—
R4	13.5	38	—	—
R6	—	—	14.5	50.5
R9	—	—	16.0	6.2
R10	—	—	21.8	37.3

2)　在开始采用该命名体系时，数字是按大小顺序排列的，但是由于有些型号已被删除或者在采用此有序的体系之前就已使用了不同的编号方法，使数字有空缺。

表 C.1（续）

单位为毫米

外形型号	单体电池(cell)的标称尺寸		电池(battery)的最大尺寸	
	直径	高度	直径	高度
R12	—	—	21.5	60.0
R14	—	—	26.2	50.0
R15	24	70	—	—
R17	25.5	17	—	—
R18	25.5	83	—	—
R19	32	17	—	—
R20	—	—	34.2	61.5
R22	32	75	—	—
R25	32	91	—	—
R26	32	105	—	—
R27	32	150	—	—
R40	—	—	67.0	172.0
R41	—	—	7.9	3.6
R42	—	—	11.6	3.6
R43	—	—	11.6	4.2
R44	—	—	11.6	5.4
R45	9.5	3.6	—	—
R48	—	—	7.9	5.4
R50	—	—	16.4	16.8
R51	16.5	50.0	—	—
R52	—	—	16.4	11.4
R53	—	—	23.2	6.1
R54	—	—	11.6	3.05
R55	—	—	11.6	2.1
R56	—	—	11.6	2.6
R57	—	—	9.5	2.7
R58	—	—	7.9	2.1
R59	—	—	7.9	2.6
R60	—	—	6.8	2.15
R61	7.8	39	—	—
R62	—	—	5.8	1.65
R63	—	—	5.8	2.15
R64	—	—	5.8	2.70
R65	—	—	6.8	1.65
R66	—	—	6.8	2.60
R67	—	—	7.9	1.65
R68	—	—	9.5	1.65
R69	—	—	9.5	2.10
R70	—	—	5.8	3.6
注：电池的完整尺寸在 GB/T 8897.2 和 GB/T 8897.3 中给出。				

表 C.2　扁平形单体电池的外形型号和标称尺寸

单位为毫米

外形型号	直径	长度	宽度	厚度
F15		14.5	14.5	3.0
F16		14.5	14.5	4.5
F20		24	13.5	2.8
F22		24	13.5	6.0
F24	23	—	—	6.0
F25		23	23	6.0
F30		32	21	3.3
F40		32	21	5.3
F50		32	32	3.6
F70		43	43	5.6
F80		43	43	6.4
F90		43	43	7.9
F92		54	37	5.5
F95		54	38	7.9
F100		60	45	10.4
注：电池的完整尺寸在 GB/T 8897.2 中给出。				

表 C.3　方形单体电池和电池的外形型号和尺寸

单位为毫米

外形型号	单体电池(cell)的标称尺寸			电池(battery)的最大尺寸		
	长	宽	高	长	宽	高
S4	—	—	—	57.0	57.0	125.0
S6	57	57	150	—	—	—
S8	—	—	—	85.0	85.0	200.0
S10	95	95	180	—	—	—
注：电池的完整尺寸在 GB/T 8897.2 中给出。						

某些在 GB/T 8897.2 中不使用的，但在其他国家的标准中使用的单体电池的尺寸也列在以上各表中。

C.1.3　电化学体系

除了锌-氯化铵、氯化锌-二氧化锰体系外，在字母 R、F、S 之前再加上一个字母表示电化学体系，这些字母见表 3。

C.1.4 电池

如果一个电池由一个单体电池构成,电池就使用这个单体电池的型号。

如果一个电池由一个以上的单体电池串联而成,则在单体电池的型号前加上串联的单体电池的个数。

如果单体电池并联相连,则在该单体电池的型号之后加上连字符"-",再加上并联的单体电池的个数。

如果一个电池包含几个部分,则每个部分分别命名,各型号之间用斜线("/")隔开。

C.1.5 修饰符

为了明确表征电池的类型,通过在电池基本型号后另加字母X或Y来区分其变型,表示电池的排列或极端的差异;在电池基本型号后另加字母P或S表示不同的电性能特征。

C.1.6 示例

R20　由一个R20尺寸的锌-氯化铵、氯化锌-二氧化锰体系的单体电池构成的电池。

LR20　由一个R20尺寸的锌-碱金属氢氧化物-二氧化锰体系的单体电池构成的电池。

3R12　由三个R12尺寸的锌-氯化铵、氯化锌-二氧化锰体系的单体电池串联组成的电池。

4R25X　由四个R25尺寸的锌-氯化铵、氯化锌-二氧化锰体系的单体电池串联组成的电池、电池的极端为螺旋状弹簧接触件。

C.2 1990年10月后使用的电池型号体系

C.2.1 通则

本条款适用于1990年10月后标准化的所有电池。

该型号体系(命名法)的基本原则是通过电池型号来表达电池的基本概念。对所有电池,包括圆形(R)和非圆形(P)的,均用表征圆柱体的直径和高度来表示。

本条款适用于由一个单体电池构成的电池和由多个单体电池串联和/或并联构成的电池。

例如:最大直径为11.6 mm,最大高度为5.4 mm的电池,其外形尺寸型号为R1154,在这个型号的前面再加上表示电池电化学体系的字母代码。

C.2.2 圆形电池

C.2.2.1 直径和高度小于100 mm的圆形电池

C.2.2.1.1 通则

直径和高度小于100 mm的圆形电池的型号命名方法见图C.1。

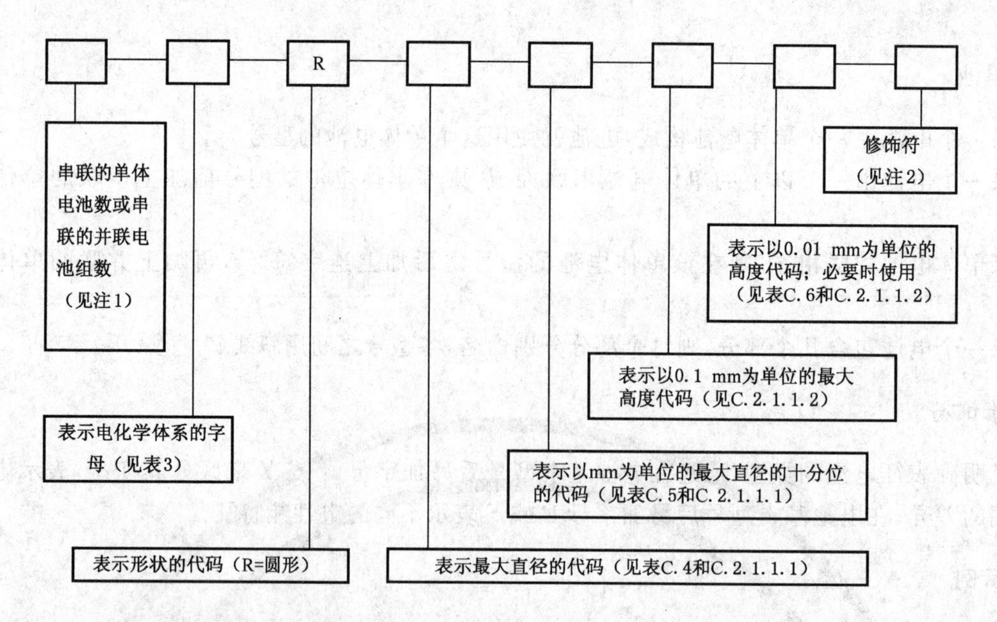

注1：并联连接的单体电池数或电池组数不注明。

注2：修饰符用来表示特殊极端结构、负载能力和其他特性。

图 C.1 直径和高度小于 100 mm 的圆形电池的型号体系

C.2.2.1.2 确定直径代码的方法

直径代码由最大直径确定。直径代码为：

a) 推荐直径的代码按表 C.4 确定；

b) 非推荐直径的代码按表 C.5 确定。

表 C.4 推荐直径的直径代码

单位为毫米

代码	推荐最大直径	代码	推荐最大直径
4	4.8	20	20.0
5	5.8	21	21.0
6	6.8	22	22.0
7	7.9	23	23.0
8	8.5	24	24.5
9	9.5	25	25.0
10	10.0	26	26.2
11	11.6	28	28.0
12	12.5	30	30.0
13	13.0	32	32.0
14	14.5	34	34.2
15	15.0	36	36.0
16	16.0	38	38.0
17	17.0	40	40.0
18	18.0	41	41.0
19	19.0	67	67.0

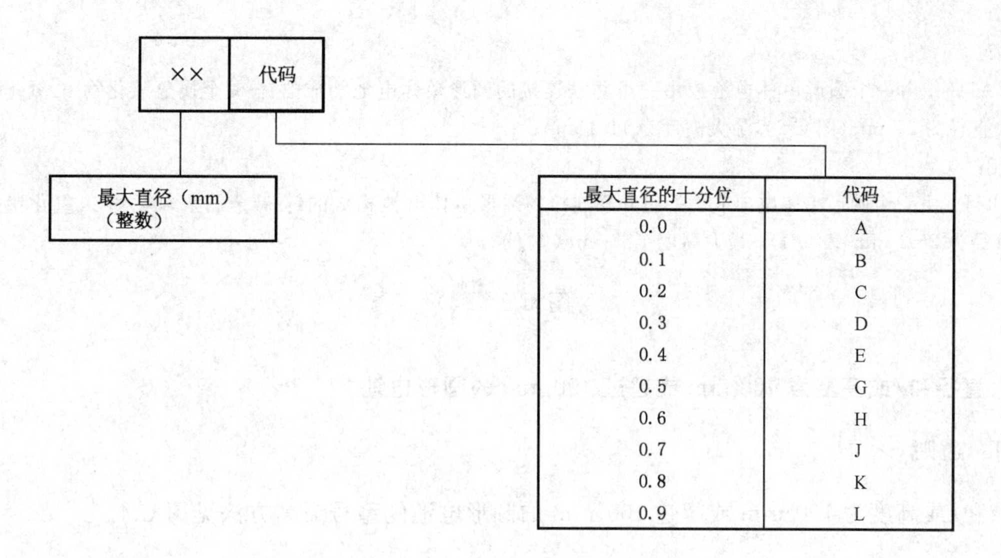

最大直径的十分位	代码
0.0	A
0.1	B
0.2	C
0.3	D
0.4	E
0.5	G
0.6	H
0.7	J
0.8	K
0.9	L

图 C.2 非推荐直径的直径代码

C.2.2.1.3 确定高度代码的方法

高度代码是数字，以十分之一毫米为单位的电池最大高度的整数部分来表示（如最大高度为3.2 mm，表示为32）。最大高度规定如下：

a) 平面接触型极端的电池，其最大高度是包括极端在内的总高度。

b) 其他极端类型的电池，其最大高度为不包括极端在内的总高度（即从电池的台肩部到台肩部的距离）。

如果需要说明高度中毫米百分位部分，可按图 C.3 用一个代码来表示。

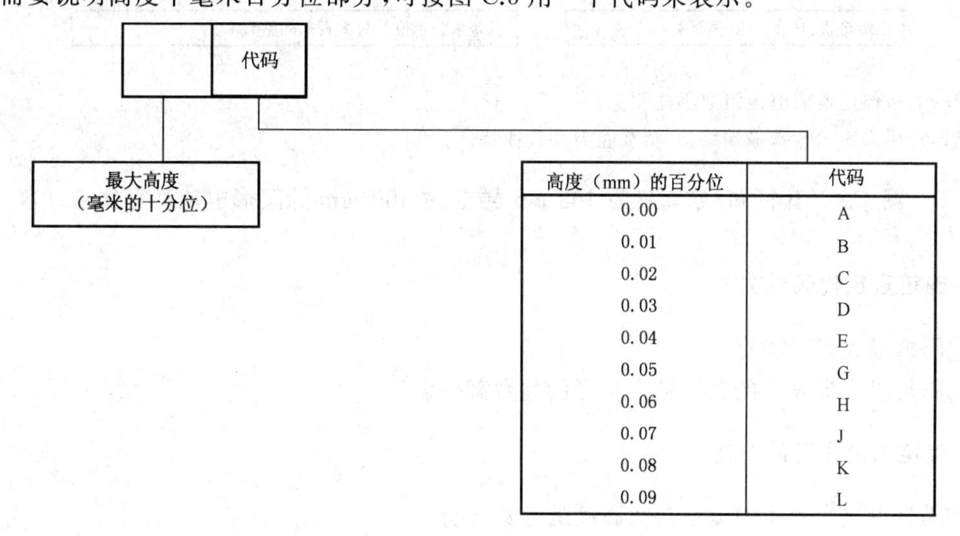

高度（mm）的百分位	代码
0.00	A
0.01	B
0.02	C
0.03	D
0.04	E
0.05	G
0.06	H
0.07	J
0.08	K
0.09	L

注：百分位的代码仅在必要时才用。

示例 1：

LR1154 由一个圆形单体电池或由一组并联连接的圆形单体电池构成的锌-碱金属氢氧化物-二氧化锰体系的电池，最大直径为 11.6 mm（表 C.4），最大高度为 5.4 mm。

图 C.3 表示高度（mm）的百分位代码

示例 2：

LR27A116　由一个圆形单体电池或由一组并联连接的圆形单体电池构成的锌-碱金属氢氧化物-二氧化锰体系的电池，最大直径为 27 mm(图 C.2)，最大高度为 11.6 mm。

示例 3：

LR2616J　由一个圆形单体电池或由一组并联连接的圆形单体电池构成的锌-碱金属氢氧化物-二氧化锰体系的电池，最大直径为 26.2 mm(表 C.4)，最大高度 1.67 mm(图 C.3)。

图 C.3（续）

C.2.2.2　直径和/或高度为 100 mm 或超过 100 mm 的圆形电池

C.2.2.2.1　通则

直径和/或高度为 100 mm 或超过 100 mm 的圆形电池的型号命名方法见图 C.4。

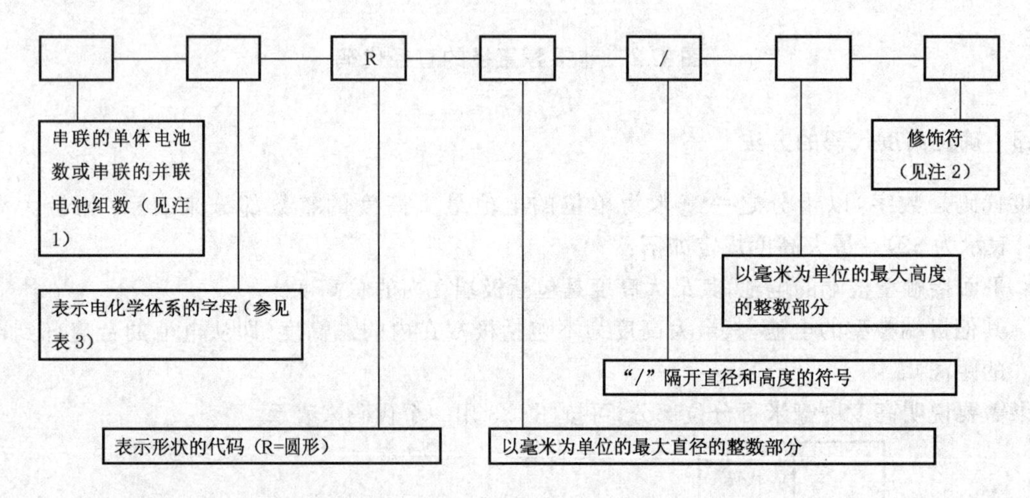

注 1：并联的单体电池或电池组数不注明。

注 2：修饰符用来表示特殊极端结构、负载能力和其他特性。

图 C.4　直径和/或高度为 100 mm 或超过 100 mm 的圆形电池型号体系

C.2.2.2.2　确定直径代码的方法

直径代码由最大直径确定。

直径代码是以毫米表示的电池最大直径的整数部分。

C.2.2.2.3　确定高度代码的方法

高度代码是以毫米表示的电池最大高度的整数部分。

最大高度规定如下：

a)　平面接触型极端的电池(如 GB/T 8897.2—2013 中图 1～图 4 所示电池)，其最大高度是包括极端在内的高度。

b)　其他极端类型的电池，其最大高度为不包括极端在内的总高度(即从电池台肩部到台肩部的距离)。

示例：

5R184/177：由 5 个单体电池或由 5 个并联电池组串联构成的锌-氯化铵、氯化锌-二氧化锰体系的圆形电池，直径为 184.0 mm，电池台肩部到台肩部的总高度为 177.0 mm。

C.2.3 非圆形电池

C.2.3.1 通则

非圆形电池的型号如下命名：

假想一个圆柱形外壳，包围着电池除极端之外的整个表面(极端伸出该假想电池壳体)。

按电池的最大长度(l)和宽度(w)尺寸计算对角线，即假想圆柱的直径。

用圆柱体的以毫米为单位的直径整数部分和以毫米为单位的最大高度整数部分来命名电池的型号。

最大高度规定如下：

a) 平面接触型极端的电池，最大高度为包括极端在内的总高度。

b) 对于其他类型极端的电池，最大高度为不包括极端在内的总高度(即从电池台肩部到台肩部的距离)。

注：当电池不同的面上有两个或两个以上的极端伸出时，适用于电压最高的那个极端。

C.2.3.2 尺寸小于 100 mm 的非圆形电池

尺寸小于 100 mm 的非圆形电池的型号命名方法见图 C.5。

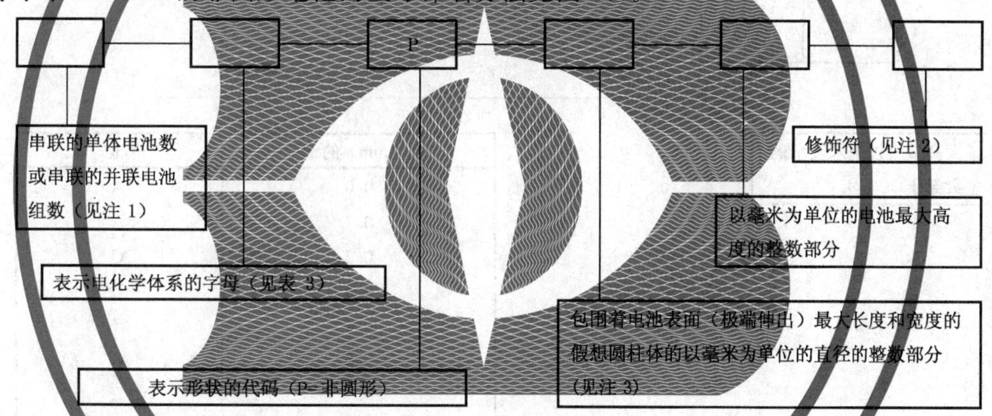

注 1：并联的单体电池数或电池组数不注明。

注 2：修饰符用来表示特殊极端结构、负载能力以及其他特性。

注 3：当需用毫米的十分位来区别高度时，采用表 C.5 中的字母代码。

示例：

6LP3146：由锌-碱金属氢氧化物-二氧化锰体系的 6 个单体电池或 6 个并联的电池组相串联构成的电池，其最大长度为 26.5 mm，最大宽度为 17.5 mm，最大高度为 46.4 mm。该电池表面(l 和 w)的直径的整数部分可按下式计算：

$$\sqrt{l^2+w^2}=31.8\ \text{mm};\qquad \text{整数部分为 } 31$$

图 C.5 尺寸小于 100 mm 的非圆形电池的型号体系

C.2.3.3 尺寸为 100 mm 或超过 100 mm 的非圆形电池

尺寸为 100 mm 或超过 100 mm 的非圆形电池的型号命名方法见图 C.6。

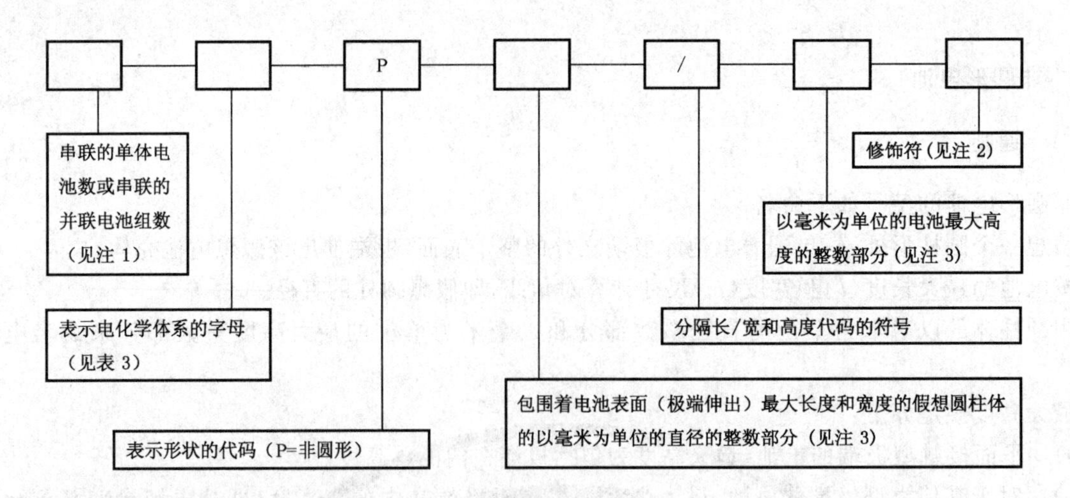

注 1：并联的单体电池数或电池组数不注明。

注 2：修饰符用来表示特殊极端结构、负载能力以及其他特性。

注 3：当需用毫米的十分位来区别高度时，采用图 C.7 中的字母代码。

图 C.6　尺寸为 100 mm 或超过 100 mm 的非圆形电池的型号体系

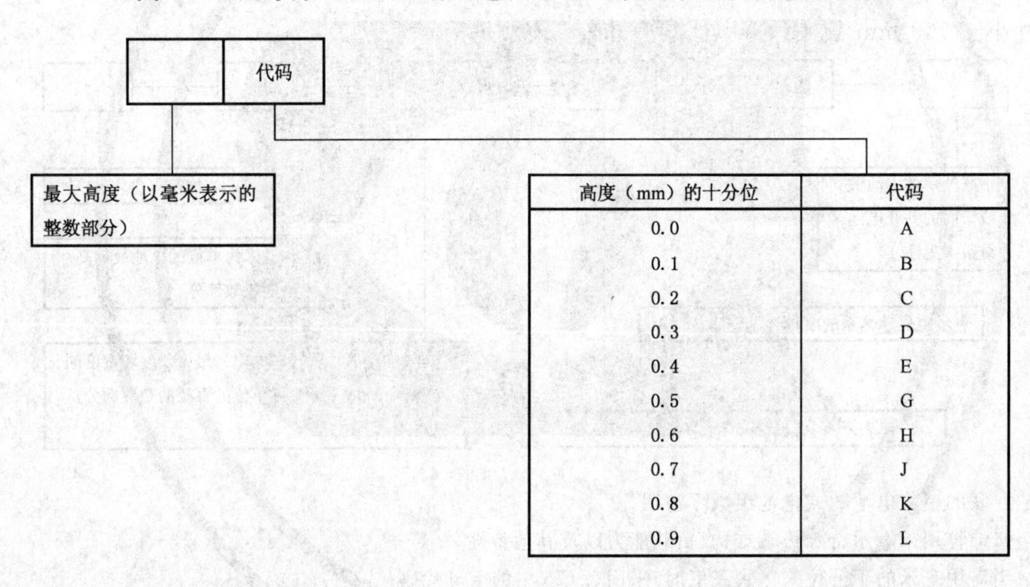

高度（mm）的十分位	代码
0.0	A
0.1	B
0.2	C
0.3	D
0.4	E
0.5	G
0.6	H
0.7	J
0.8	K
0.9	L

注：毫米的十分位代码仅在必需时用。

示例：

6P222/162：由锌-氯化锌、氯化铵-二氧化锰体系的 6 个单体电池或 6 个并联电池组串联构成的电池，其最大长度 192 mm，最大宽度 113 mm，最大高度 162 mm。

图 C.7　表示高度(mm)的十分位代码

C.2.4　型号重复

万一出现两种或多种电池的假想包围圆柱同时具有相同的直径和高度，那么第二种电池的命名方法是在相同的电池型号后面加上“－1”，其余类推。

按 C.2 命名的圆形电池的型号和尺寸见表 C.5。

表 C.5　按 C.2 命名的圆形电池的型号和尺寸

单位为毫米

外形型号	电池(battery)最大尺寸/mm	
	直径	高度
R772	7.9	7.2
R1025	10.0	2.5
R1216	12.5	1.6
R1220	12.5	2.0
R1225	12.5	2.5
R1616	16.0	1.6
R1620	16.0	2.0
R2012	20.0	1.2
R2016	20.0	1.6
R2020	20.0	2.0
R2025	20.0	2.5
R2032	20.0	3.2
R2320	23.0	2.0
R2325	23.0	2.5
R2330	23.0	3.0
R2354	23.0	5.4
R2420	24.5	2.0
R2425	24.5	2.5
R2430	24.5	3.0
R2450	24.5	5.0
R3032	30.0	3.2
R11108	11.6	10.8
2R13252	13.0	25.2
R12A604	12.0	60.4
R14250	14.5	25.0
R15H270	15.6	27.0
R17335	17.0	33.5
R17345	17.0	34.5
R17450	17.0	45.0
注：电池的完整尺寸在 GB/T 8897.2 和 GB/T 8897.3 中给出。		

表 C.6　按 C.2 命名的非圆形电池的型号和尺寸

单位为毫米

外形型号	原来的型号	电池最大尺寸		
		长	宽	高
2P3845	2R5	34.0	17.0	45.0
2P4036	R－P2	35.0	19.5	36.0

注 1：由于这两种型号早在电池标准化之前就已经使用和认可，所以电池实际使用的型号仍为 2R5 和 R-P2。

注 2：电池的完整尺寸在 GB/T 8897.2 中给出。

附 录 D
（规范性附录）
电池最小平均放电时间指标的计算方法

按以下方法计算电池的“最小平均放电时间”值：

a) 准备好随机选取的至少 10 周的放电数据；

b) 计算每组中九个样品电池的放电时间 X 的平均放电值 $\overline{X}$ ；

注：如果在一组中有 X 值超出 3σ 的，则在计算 $\overline{X}$ 时剔除这些值。

c) 计算各组平均值 $\overline{X}$ 的平均值 $\overline{\overline{X}}$ 和 $\sigma_{\overline{X}}$ ；

最小平均放电时间由各个国家提出：

$$A:\overline{\overline{X}}-3\sigma_{\overline{X}}$$

$$B:\overline{\overline{X}}\times 0.85$$

计算 A 的值和 B 的值，取两者中较大者确定为“最小平均放电时间”值。

附 录 E
（规范性附录）
原电池的包装、运输、贮存、使用和处理的实用规则

E.1 通则

原电池用户的高满意度源自电池生产、配送和使用过程中良好习惯和做法所产生的总效果。

本规则概括地阐述一些好的实践经验，以建议的形式提供给电池生产厂、批发商和用户。

E.2 包装

包装应恰当，以避免电池在运输、装卸和堆放过程中损坏。应选择适当的包装材料和包装设计，防止电池发生意外导电、极端腐蚀、受潮。

E.3 运输和装卸

应尽量使电池少受冲击和振动。例如不应从卡车上将电池箱抛下堆放处；不应将电池箱堆放得过高而超过底部箱子的承荷限度；应保护电池不受恶劣天气的影响。

E.4 存放和库存周转

存放区应清洁、凉爽、干燥、通风，不受气候的影响。

正常存放时，温度应在＋10 ℃～＋25 ℃，不可超过＋30 ℃。应避免长时间处于极端湿度（相对湿度高于 95％和低于 40％），因为这种湿度对于电池和包装都有害。因此，电池不应存放在散热器或锅炉旁，也不应直接置于阳光下。

虽然在室温下电池的贮存寿命比较长，但在采取了特殊的预防措施后，存放在更低温度下（－10 ℃～＋10 ℃或低于－10 ℃的深度冷藏），贮存寿命可进一步改善。电池应密封在特殊保护包装中（如密封塑料袋之类），在温度回升至室温过程中仍应保留此包装，以保护电池避免受冷凝水影响。快速回升温度是有害的。

冷藏后恢复至室温的电池应尽快使用。

如果电池生产厂认为合适的话，电池可以安放在电器具中或放在包装中存放。

电池堆放高度显然取决于包装箱的强度。一般规定，纸质包装箱的堆放高度不应超过 1.5 m，木箱不应超过 3 m。

上述建议也适用于电池在长途运输中的存放条件。因此，电池应存放在远离船舶发动机的地方，夏季不应长期滞留在不通风的金属棚车（集装箱）内。

生产出的电池应立即发送，由批发售中心周转到用户，可实行按顺序周转（先入库的电池先出库）。贮存区和陈列区应当规划好并在包装上作好标记。

E.5 销售点的陈列

打开电池包装后，应注意避免电池损伤和电接触，例如，不应将电池乱堆在一起。

供出售的电池不可长时间暴露于阳光直射的橱窗中。

电池生产厂应提供足够的信息，使零售商能正确地为用户选配电池，为新购置的电器具首次选配电池时尤为重要。

测量仪表不能对不同牌号或不同厂家生产的好电池的性能进行可靠的比较，但是确实能检测出电池的严重缺陷。

E.6 选购、使用和处理

E.6.1 购买

应购买最适合于预期用途的、尺寸和类型合适的电池。许多电池生产厂提供各种尺寸的多种类型的电池。在销售点和电器具上应有说明或标明该器具最适用的电池类型。

当不能获得指定牌号、尺寸和类型的电池时，可根据表明电化学体系和尺寸的电池型号来选择替代电池。电池标签上应标明型号，还应清楚标明电压、生产商或供货商的名称或商标、生产时间(年和月)和保质期，或建议的使用期的截止期限；以及电池的极性(“＋”和“－”)等。对于某些电池，上述信息中的一部分可标注在包装上(见 4.1.6.2)。

E.6.2 安装

在电池装入电器具的电池舱之前，应检查电池和电器具的接触部件是否清洁、电池极性方向是否正确。必要时用湿布擦净，待干燥后再装入电池。

装电池时，极性(“＋”和“－”)方向的正确性极为重要。应仔细阅读电器具的说明书(电器具应附有说明书)，使用说明书推荐的电池；否则有可能发生电器具故障，电器具和/或电池的损坏。

E.6.3 使用

勿在严酷的条件下使用电器具，比如将电器具放在散热器旁或置于停放在阳光下的汽车里等。

及时地将电池从已不能正常工作的电器具或长期不用的电器具(如摄像机、照相闪光灯等)中取出是有益的。

确保在电器具使用后关闭电源。

电池应贮存在阴凉、干燥以及避免阳光直射的地方。

E.6.4 更换

应同时更换一组电池中所有的电池，新购电池不应和已部分耗电的电池混用，不同电化学体系、类型或牌号的电池不要混用；无视这些警告会使一组电池中的一些电池在使用中处于过放电状态，从而增加漏液的可能性。

E.6.5 处理

在不违背我国相关法规的情况下，原电池可作为公共垃圾处理。

锂原电池处理的注意事项详见 GB 8897.4。

水溶液电解质原电池处理的注意事项详见 GB 8897.5。

附　录　F
（资料性附录）
标准放电电压——定义和确定方法

F.1　定义

对于一个给定的电化学体系，其标准放电电压 U_s 是特定的。它是与电池大小和内部结构无关的特性电压，仅与电池的电荷迁移反应有关。标准放电电压 U_s 用式(F.1)定义。

$$U_s = \frac{C_s}{t_s} \times R_s \qquad \text{(F.1)}$$

式中：

U_s——标准放电电压；

C_s——标准放电容量；

t_s——标准放电时间；

R_s——标准放电电阻。

F.2　确定方法

F.2.1　总则：*C*/*R* 图

通过 C/R 图(其中 C 为电池的放电容量，R 为放电电阻)来确定放电电压 U_d。见图 F.1，它表示了在正常情况下的放电容量 C 对放电电阻 R_d[3] 的关系曲线，即 $C(R_d)/C_p$ 为 R_d 的函数。R_d 值较小时，$C(R_d)$值也较小，反之亦然。随着 R_d 逐渐增大，放电容量 $C(R_d)$也逐渐增大，直至最终达到一个平台，此时 $C(R_d)$成为常数[4]，如式(F.2)：

$$C_p = \text{常数} \qquad \text{(F.2)}$$

这意味着 $C(R_d)/C_p=1$，如图 F.1 中的水平线所示。它进而表明容量 $C=f\,(R_d)$和终止电压 U_c 有关：U_c 值越大，放电过程中不能获得的那部分——ΔC 也越大。

在平台区，容量 C 和 R_d 无关。

放电电压由式(F.3)确定。

$$U_d = \frac{C_d}{t_d} R_d \qquad \text{(F.3)}$$

式(F.3)中 C_d/t_d 的比值代表在给定的终止电压 U_c＝常数的条件下，电池通过放电电阻 R_d 放电时的平均电流 i(平均)。这一关系可写作式(F.4)：

$$C_d = i(\text{平均}) \times t_d \qquad \text{(F.4)}$$

当 $R_d=R_s$(标准放电电阻)时，式(F.3)变为式(F.1)，相应的式(F.4)变为式(F.5)：

$$C_s = i(\text{平均}) \times t_s \qquad \text{(F.5)}$$

i(平均)和 t_s 的确定方法见 F.2.3 和图 F.2。

---

3)　下标 d 表示该电阻有别于 R_s，见式(F.1)。

4)　由于电池内部的自放电，当放电时间非常长时，C_p 有可能降低。对于高自放电的电池(如每月高达 10%或以上)，这种现象更为显著。

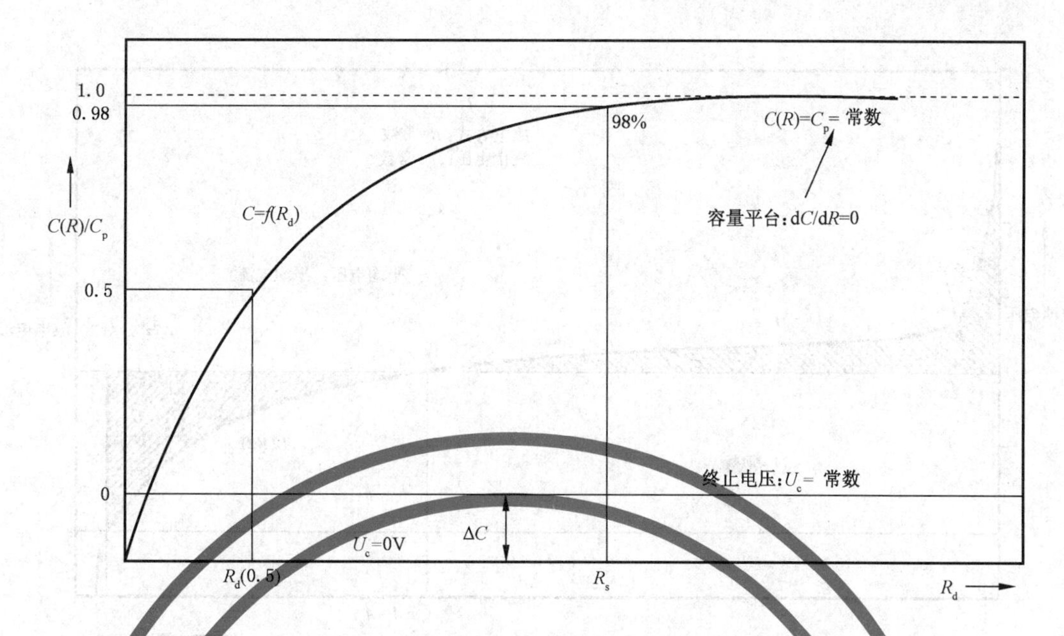

图 F.1 标准 C/R 图(示意图)

F.2.2 标准放电电阻 R_s 的确定

U_s 的确定最好是通过能获得 100%放电量的放电电阻 R_d 来实现。但是这种放电的放电时间会很长。为减少时间，可通过式(F.6)得到的 U_s 的一个不错的近似值。

$$C_s(R_s)=0.98C_p \qquad \cdots\cdots\cdots\cdots\cdots\cdots\cdots\cdots\cdots\cdots(\text{F.6})$$

这个公式表明：用获得的 98%的放电量来确定标准放电电压 U_s 已具有足够的准确度，即让电池通过标准放电电阻 R_s 来放电。由于 $R_s \leq R_d$，U_s 实际为常数，所以系数为 0.98 或更大并不重要。在这种条件下，准确获得 98%的放电量并非十分重要。

F.2.3 标准放电量 C_s 和标准放电时间 t_s 的确定

图 F.2 是一个电池的放电曲线图。

图 F.2 标出放电曲线之下的面积 A_1 和放电曲线之上的面积 A_2。

$$A_1=A_2 \qquad \cdots\cdots\cdots\cdots\cdots\cdots\cdots\cdots\cdots\cdots(\text{F.7})$$

时的电流为平均放电电流 i (平均)。式(F.7)所描述的条件并非是放电中点(如图 F.2 所示)。放电时间 t_d 由图中 $U(R,t)=U_c$ 处的交点确定。放电容量由式(F.8)求出：

$$C_d=i(\text{平均})\times t_d \qquad \cdots\cdots\cdots\cdots\cdots\cdots\cdots\cdots\cdots\cdots(\text{F.8})$$

当 $R_d=R_s$ 时，放电容量为标准放电量 C_s，式(F.8)变为式(F.9)：

$$C_s=i(\text{平均})\times t_s \qquad \cdots\cdots\cdots\cdots\cdots\cdots\cdots\cdots\cdots\cdots(\text{F.9})$$

这种通过实验来确定标准放电容量 C_s 和标准放电时间 t_s 的方法，在确定标准放电电压时也用到[见式(F.1)]。

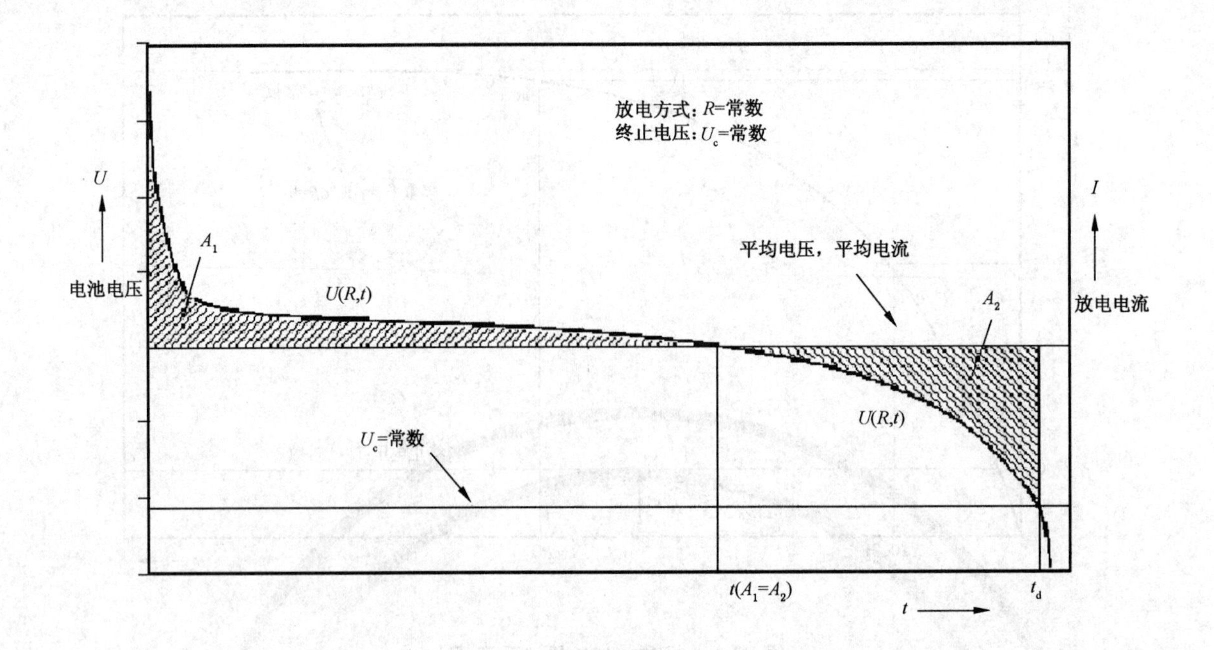

图 F.2 标准放电电压(示意图)

F.3 实验条件和试验结果

实验制作 C/R 图时，建议使用 10 个独立的放电结果。每个放电结果为 9 只电池的放电平均值，这些数据将均匀分布在 C/R 图中所期望的范围。建议第一个放电值落在图 F.1 中的大约 $0.5C_p$ 处，最后一个实验值落在大约 $R_d \approx 2 \times R_s$ 处。所有的数据合起来用如图 F.1 的一个 C/R 曲线来表示。由此图在大约 98% C_p处可确定 R_d 值。获得 98%放电容量时的标准放电电压 U_s 比获得 100%放电容量时的标准放电电压偏低 50 mV。这个毫伏范围内的电压差只是所研究体系的电荷迁移反应所造成的。

按照 F.2.3 确定 C_s 和 t_s 时，采用的终止电压与 GB/T 8897.2 的规定的一致：

电压范围 1：U_c＝0.9 V；　　　　　　　电压范围 2：U_c＝2.0 V

表 F.1 给出的经实验测出的标准放电电压 U_s(SDV)仅供感兴趣的专家核对其重现性。

表 F.1 不同体系的标准放电电压

体系字母	—	C	E	F	L	S	Z
标准放电电压 U_s/V	1.30	2.90	3.50	1.48	1.30	1.55	1.56

对 A、B、G、P、W 和 Y 体系的 U_s 的测定正在研究之中。P 体系是个特例，因为它的 U_s 值与氧气还原的催化剂类型有关。由于 P 体系是一个对大气开放的体系，环境湿度以及体系激活后吸收的 CO_2 也会产生附加影响。对于 P 体系，其 U_s 值可达 1.37 V。

附　录　G
（资料性附录）
消费品性能检验标准方法(SMMP)的制定

注：本附录引自 ISO/IEC 指南 36:1982《消费品性能检验标准方法(SMMP)的制定》(1998 年废止)。

G.1　引言

对消费者有益的消费品性能信息是建立在具有重现性的产品性能检验标准方法基础上的(即检验方法测得的结果与产品在实际应用中的性能具有明显的关系,检验方法也是提供给消费者,让消费者了解产品性能特征的信息的基础)。

规定检验方法时,应尽可能考虑检测设备、费用和时间等条件的限制。

G.2　性能特性

在制定一个 SMMP(性能检验标准方法)时,首先要尽可能完整地列出在 G.1 中提到的产品特征。

注：在列出产品特征时,应考虑选取消费者在决定购买时最注重的产品特性。

G.3　制定检验方法的准则

对所列出的每种特性应提出检验方法并且应考虑以下各点：

a)　按规定方法检验的结果应尽可能与消费者对产品的实际使用结果一致；

b)　检验方法必须客观,能得出有意义且可重现的检验结果；

c)　应从最有益于消费者的立场出发制定检验方法的细节,应考虑产品价值和测试费用的比例；

d)　当需要采用快速检验程序,或采用仅与产品的实际使用有间接关系的检验方法时,技术委员会应提供必要的指导,对检验结果与产品的常规使用的关系做出正确解释。

参 考 文 献

［1］ GB/T 2900.41—2008 电工术语 原电池和蓄电池［IEC 60050(482):2003,IDT］

ICS 29.220.10
K 82

中华人民共和国国家标准

GB/T 8897.2—2013
代替 GB/T 8897.2—2008

原电池　第2部分:外形尺寸和电性能要求

Primary batteries—Part 2:Physical and electrical specifications

(IEC 60086-2:2011,MOD)

2013-11-12 发布　　　　2014-05-01 实施

中华人民共和国国家质量监督检验检疫总局
中国国家标准化管理委员会　发布

前 言

GB/T(GB)8897《原电池》分为以下5个部分：

——GB/T 8897.1《原电池 第1部分：总则》；

——GB/T 8897.2《原电池 第2部分：外形尺寸和电性能要求》；

——GB/T 8897.3《原电池 第3部分：手表电池》；

——GB 8897.4《原电池 第4部分：锂电池的安全要求》；

——GB 8897.5《原电池 第5部分：水溶液电解质电池的安全要求》。

本部分为GB/T 8897的第2部分。

本部分按照GB/T 1.1—2009给出的规则起草。

本部分代替GB/T 8897.2—2008《原电池 第2部分：外形尺寸和电性能要求》。

本部分与GB/T 8897.2—2008相比，主要变化如下：

——增加了若干术语，修改了部分术语的定义；

——删除了BR-P2、2R10、CR12A604、SR56、5AR40、S4、BR2020电池，增加了6LP3146电池；

——修改了部分电池的外形尺寸和电性能检验的项目、方法和技术要求；

——修改了锌-二氧化锰电池、碱性锌-二氧化锰电池和碱性锌-空气电池的最大开路电压值；

——修改电池尺寸图；

——删除了P体系(锌-空气)助听器电池的电阻负载放电检验；

——增加了附录D"电池通俗型号"。

本部分修改采用IEC 60086-2:2011《原电池 第2部分：外形尺寸和电性能要求》。

本部分与IEC 60086-2:2011相比更为严格。

附录F给出了本部分与IEC 60086-2:2011的技术性差异及其原因的一览表，以供参考。

本部分由中国轻工业联合会提出。

本部分由全国原电池标准化技术委员会(SAC/TC 176)归口。

本部分起草单位：中银(宁波)电池有限公司、轻工业化学电源研究所(国家化学电源产品质量监督检验中心)、广州市虎头电池集团有限公司、福建南平南孚电池有限公司、四川长虹新能源科技有限公司、常州达立电池有限公司、浙江野马电池有限公司、广东正龙股份有限公司、嘉善宇河电池有限公司、嘉兴市高能电池厂、嘉兴恒威电池有限公司、广州宝洁有限公司、重庆电池总厂、力佳电源科技(深圳)有限公司、东莞高力电池有限公司。

本部分主要起草人：陈国标、林佩云、邱仕洲、黄星平、李晓伟、王胜兵、童武勃、陈水标、黄伟杰、律永成、吴敏吉、卢燕芳、陈木永、白强、王建、方春。

本部分所代替标准的历次版本发布情况如下：

——GB/T 7112—1986、GB/T 7112—1994、GB/T 7112—1998；

——GB 8897.2—2005、GB /T 8897.2—2008。

原电池　第2部分:外形尺寸和电性能要求

1　范围

本部分规定了电池的外形尺寸、放电检验条件、放电性能要求、检验规则、检验方法、抽样和质量保证、标志。

本部分适用于所有电化学体系已标准化了的原电池。

2　规范性引用文件

下列文件对于本文件的应用是必不可少的。凡是注日期的引用文件,仅注日期的版本适用于本文件。凡是不注日期的引用文件,其最新版本(包括所有的修改单)适用于本文件。

GB/T 1182—2008　产品几何技术规范(GPS)　几何公差　形状、方向、位置和跳动公差标注(ISO 1101:2004,IDT)

GB/T 8897.1—2013　原电池　第1部分:总则(IEC 60086-1:2011,MOD)

3　术语和定义、符号和缩略语

下列术语和定义、符号和缩略语适用于本文件。

3.1　术语和定义

3.1.1

应用检验　application test

模拟电池的某种实际应用的检验。

3.1.2

终止电压　end-point voltage;EV

规定的电池放电终止时的闭路电压。

3.1.3

最小平均放电时间　minimum average duration;MAD

样品电池应符合的最小的平均放电时间。

注:按规定的方法进行放电检验,以证明电池符合其适用的标准。

3.1.4

标称电压　nominal voltage

$\mathbf{V_n}$

用以标识某种电池或电化学体系的适当的电压的近似值。

3.1.5

闭路电压　closed-circuit voltage;CCV

电池在放电时正负两极端间的电压。

3.1.6

开路电压　open-circuit voltage;OCV

电池停止放电时正负两极端间的电压。

3.1.7

原电池　primary(cell or battery)

按不可以充电设计的电池。

3.1.8

圆形电池　round(cell or battery)

横截面为圆形的电池或单体电池。

3.1.9

(原电池的)放电量　service output(of a primary battery)

电池在规定的放电条件下的放电时间、容量或能量输出。

3.1.10

放电量检验　service output test

用以测定电池放电量的检验。

注：在下列情况下可规定做放电量检验，例如：

a) 应用检验过于复杂，难以重复进行；

b) 应用检验的放电时间不适用于例行检验。

3.1.11

贮存寿命　storage life

规定条件下电池的贮存时间。在该贮存期结束时，电池仍具有规定的放电量。

3.1.12

(原电池的)极端　terminals(of a primary battery)

电池的导电部件，用以实现电池与外部导体的电连接。

3.2　符号和缩略语

EV　终止电压

MAD　最小平均放电时间

OCV　开路电压

R　负载电阻

V_n　原电池的标称电压

max　最大值

min　最小值

4　电池尺寸符号

用来表示电池尺寸的符号是：

h_1：电池的最大总高度；

h_2：正、负极接触面之间的最小距离；

h_3：正极接触面凸起的最小值；

h_4：负极接触面的最大凹进值；

h_5：负极接触面凸起的最小值；

d_1：电池的最大和最小直径；

d_2：正极接触面的最小直径；

d_3：在规定的凸起高度内，正极接触面的最大直径；

d_4:负极接触面的最小直径;

d_5:在规定的凸起高度内,负极接触面的最大直径;

d_6:负极接触面的最小外径;

d_7:负极接触面的最大内径;

ΦP:正极接触件的同心度。

形状如图1a)所示的电池,允许由尺寸 d_6 和 d_7 所确定的负极接触面有凹进。如果将电池首尾相接串联放置,使之相互电接触,并且接触间隔为单个电池的接触间隔的整数倍,必须满足下列条件:

$$d_6 > d_3$$

$$d_2 > d_7$$

$$h_3 > h_4$$

5 电池技术要求分类表的构成说明

5.1 按电池的外形分类列表。

5.2 在每一类中,具有相同外形但属于不同电化学体系的电池列在一起,按序排列。

5.3 电池按标称电压大小升序排列。标称电压相同的,按体积大小升序排列。

5.4 每组电池共用一张外形图。

5.5 同组电池的型号、标称电压、尺寸、放电条件、最小平均放电时间和应用归纳在一张表中。

5.6 当一张外形图只代表一种型号的电池时,电池的尺寸直接标在图上。

5.7 电池分成以下几类:

a) 第一类:圆柱形电池(图1)

R1、R03、R6P、R6S、R14P、R14S、R20P、R20S

LR8D425、LR1、LR03、LR6、LR14、LR20

b) 第二类:圆柱形电池(图2)

CR14250、CR15H270、CR17345、CR17450、BR17335

c) 第三类:圆形电池(图3)

LR9、LR53、CR11108

d) 第四类:圆形电池(图4)

PR70、PR41、PR48、PR44

LR41、LR55、LR54、LR43、LR44

SR62、SR63、SR65、SR64、SR60、SR67、SR66、SR58、SR68、SR59、SR69、SR41、SR57、SR55、SR48、SR54、SR42、SR43、SR44

CR1025、CR1216、CR1220、CR1616、CR2012、CR1620、CR2016、CR2025、CR2320、CR2032、CR2330、CR2430、CR2354、CR3032、CR2450

BR1225、BR2016、BR2320、BR2325、BR3032

e) 第五类:其他杂类圆柱形电池

R40

4LR44

2CR13252

4SR44

f) 第六类:杂类非圆柱形电池

3R12P、3R12S、3LR12

4LR61

CR-P2

2CR5

2EP3863

4R25X、4LR25X

4R25Y

4R25-2、4LR25-2

6AS4

6AS6

6F22、6LR61、6LP3146

6F100

5.8 图1、图2、图3和图4的圆形电池图由相应的原始图缩小或放大制成，其他图由示意图缩小或放大制成。

这两种方法制成的图均表示了相应电池的形状，电池的尺寸在各表中给出。

可参见附录A、B和C以便于查找各种型号的电池。

6 外形尺寸和电性能要求

6.1 第一类电池

6.1.1 第一类电池——外形尺寸和电性能要求

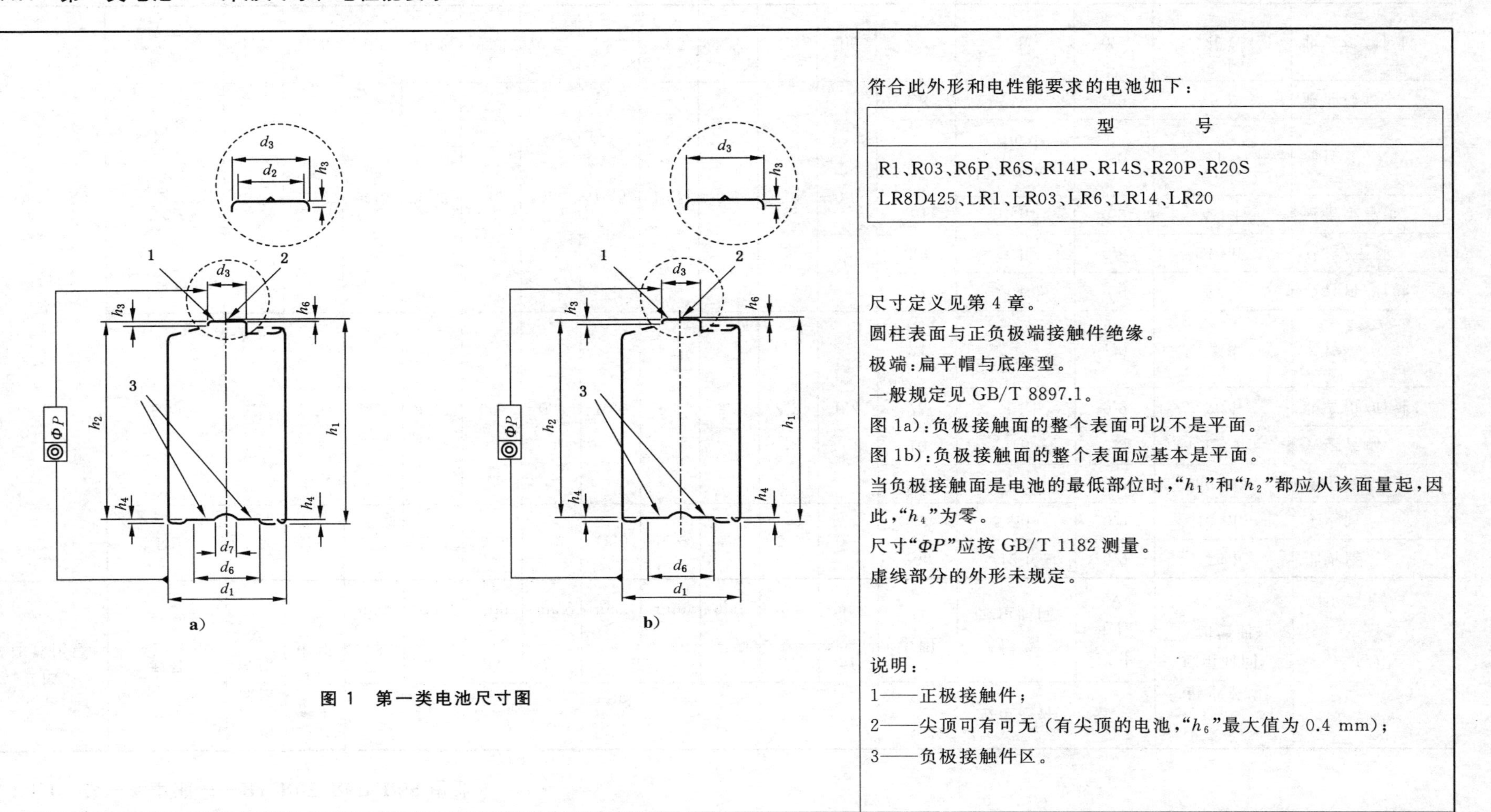

图 1 第一类电池尺寸图

符合此外形和电性能要求的电池如下：

型　　号
R1、R03、R6P、R6S、R14P、R14S、R20P、R20S LR8D425、LR1、LR03、LR6、LR14、LR20

尺寸定义见第 4 章。

圆柱表面与正负极端接触件绝缘。

极端：扁平帽与底座型。

一般规定见 GB/T 8897.1。

图 1a)：负极接触面的整个表面可以不是平面。

图 1b)：负极接触面的整个表面应基本是平面。

当负极接触面是电池的最低部位时，“h_1”和“h_2”都应从该面量起，因此，“h_4”为零。

尺寸“ΦP”应按 GB/T 1182 测量。

虚线部分的外形未规定。

说明：

1——正极接触件；

2——尖顶可有可无（有尖顶的电池，“h_6”最大值为 0.4 mm）；

3——负极接触件区。

6.1.1.1　第一类电池——R1、R03、R6P、R6S 电池

电化学体系代号	型号	标称电压 V	最大开路电压 V	尺寸 mm									放电条件			最小平均放电时间[a]（初始期）	应用
				h_1	h_2	h_3	h_4	d_1		d_3	d_6	ΦP	电阻 Ω	每天放电时间	终止电压 V		
				max	min	min	max	max	min	max	min	max					
无（见注）	R1	1.5	1.73	30.2	29.1	0.5	0.2	12.0	10.9	4.0	5.0	0.5	300	12 h	0.9	76 h	助听器
													5.1	5 min	0.9	40 min	手电筒
	R03	1.5	1.73	44.5	43.3	0.8	0.5	10.5	9.5	3.8	4.3	0.4	5.1	[b]	0.9	50 min	手电筒
													10	1 h	0.9	1.5 h	数字音响
													75	4 h	0.9	20 h	收音机/时钟
													24	15 s/min 8 h/d	1.0	4 h	遥控
	R6P（高功率）	1.5	1.73	50.5	49.2	1.0	0.5	14.5	13.5	5.5	7.0	0.5	43	4 h	0.9	27 h	收音机/时钟
													3.9	1 h	0.8	65 min	马达/玩具
													10	1 h	0.9	4.1 h	磁带录音机
													24	15 s/min, 8 h/d	1.0	11 h	遥控
													1.8	[c]	0.9	75 次	脉冲检验
	R6S（普通）	1.5	1.73	50.5	49.2	1.0	0.5	14.5	13.5	5.5	7.0	0.5	43	4 h	0.9	22 h	收音机/时钟

注：电池贮存期至少为 12 个月，贮存期电池的放电指标为初始期最小平均放电时间的 80%。

[a] 标准条件(见 GB/T 8897.1—2013 中表 5 的初始期放电检验)。

[b] 每小时的前 4 min 放电，每天 8 h。

[c] 放电 15 s，停放 45 s，每天 24 h。

6.1.1.2　第一类电池——R14P、R14S 电池

电化学体系代号	型号	标称电压 V	最大开路电压 V	尺寸 mm h_1	h_2	h_3	h_4	d_1		d_3	d_6	ΦP	放电条件 电阻 Ω	每天放电时间	终止电压 V	最小平均放电时间[a]（初始期）	应用
				max	min	min	max	max	min	max	min	max					
无（见注）	R14P（高功率）	1.5	1.73	50.0	48.6	1.5	0.9	26.2	24.9	7.5	13.0	1.0	3.9	[b]	0.9	270 min	手电筒
													20	4 h	0.9	28 h	收音机
													3.9	1 h	0.8	4 h	玩具
	R14S（普通）	1.5	1.73	50.0	48.6	1.5	0.9	26.2	24.9	7.5	13.0	1.0	3.9	[b]	0.9	120 min	手电筒
													20	4 h	0.9	15 h	收音机
													3.9	1 h	0.8	1.5 h	玩具

注： 电池贮存期至少为 12 个月，贮存期电池的放电指标为初始期最小平均放电时间的 80%。

[a] 标准条件（见 GB/T 8897.1—2013 中表 5 的初始期放电检验）。

[b] 每小时的前 4 min 放电，每天 8 h。

6.1.1.3　第一类电池——R20P、R20S、LR8D425、LR1 电池

电化学体系代号	型号	标称电压 V	最大开路电压 V	尺寸 mm h_1	h_2	h_3	h_4	d_1		d_3	d_6	ΦP	放电条件 电阻 Ω	每天放电时间	终止电压 V	最小平均放电时间[a]（初始期）	应用
				max	min	min	max	max	min	max	min	max					
无（见注 1）	R20P（高功率）	1.5	1.73	61.5	59.5	1.5	1.0	34.2	32.3	9.5	18.0	1.0	2.2	[b]	0.9	320 min	手电筒
													10	4 h	0.9	33 h	收音机
													2.2	1 h	0.8	5.5 h	玩具

6.1.1.3（续）

电化学体系代号	型号	标称电压 V	最大开路电压 V	尺寸 mm									放电条件			最小平均放电时间[a]（初始期）	应用
				h_1	h_2	h_3	h_4	d_1		d_3	d_6	ΦP	电阻 Ω	每天放电时间	终止电压 V		
				max	min	min	max	max	min	max	min	max					
无（见注 1）	R20S（普通）	1.5	1.73	61.5	59.5	1.5	1.0	34.2	32.3	9.5	18.0	1.0	2.2	[b]	0.9	150 min	手电筒
													10	4 h	0.9	18 h	收音机
													2.2	1 h	0.8	2.5 h	玩具
L（见注 2）	LR8D425	1.5	1.68	42.5	41.5	0.7	0.1	8.3	7.7	3.8	2.3[c]	0.1	5.1	5 min	0.9	90 min	照明
													75	1 h	1.1	22 h	激光指示棒
													75	1 h	0.9	27 h	放电量检验
	LR1	1.5	1.68	30.2	29.1	0.5	0.2	12.0	10.9	4.0	5.0	0.5	300	12 h	0.9	130 h	助听器
													5.1	5 min	0.9	94 min	手电筒
													背景负载：3 000 脉冲负载：10	24 h 5 s/h[d]	0.9	888 h	寻呼机

注 1：电池贮存期至少为 12 个月，贮存期电池的放电指标为初始期最小平均放电时间的 80 %。

注 2：电池贮存期至少为 12 个月，贮存期电池的放电指标为初始期最小平均放电时间的 90 %。

[a] 标准条件（见 GB/T 8897.1—2013 中表 5 的初始期放电检验）。

[b] 每小时的前 4 min 放电，每天 8 h。

[c] 由于结构原因，该电池不符合 $d_6 > d_3$ 的要求。

[d] 10 Ω 的脉冲负载是有效负载，它应单独加载在电池上，而不是并联或串联在 3 000 Ω 的背景负载上。见下图。

示例：

背景负载
脉冲负载
背景放电

背景负载
脉冲负载
脉冲放电

背景负载
脉冲负载
不放电

6.1.1.4 第一类电池——LR03、LR6、LR14、LR20 电池

电化学体系代号	型号	标称电压 V	最大开路电压 V	尺寸 mm									放电条件			最小平均放电时间[a]（初始期）	应用
				h_1	h_2	h_3	h_4	d_1		d_3	d_6	ΦP	电阻 Ω	每天放电时间	终止电压 V		
				max	min	min	max	max	min	max	min	max					
L（见注）	LR03	1.5	1.68	44.5	43.5	0.8	0.5	10.5	9.8	3.8	4.3	0.25	5.1	[b]	0.9	145 min	手电筒
													24	15 s/min,8 h/d	1.0	14.5 h	遥控
													5.1	1 h	0.8	2 h	玩具
													75	4 h	0.9	50 h	收音机/时钟
													电流 600 mA	[c]	0.9	170 次	照相闪光灯
													电流 100 mA	1 h	0.9	7 h	数字音响
	LR6	1.5	1.68	50.5	49.5	1.0	0.5	14.5	13.7	5.5	7.0	0.25	43	4 h	0.9	65 h	收音机/时钟
													3.9	1 h	0.8	5 h	马达/玩具
													电流 100 mA	1 h	0.9	15 h	数字音响
													电流 250 mA	1 h	0.9	5 h	CD/电子游戏机
													电流 1 000 mA	[c]	0.9	220 次	照相闪光灯
													功率 1 500 mW 650 mW 0 mW	5 min[d] 55 min	1.05	40 次	数码相机
													24	15 s/min,8 h/d	1.0	33 h	遥控
													3.3	4 min/h，8 h/d	0.9	190 min	手电筒

6.1.1.4(续)

电化学体系代号	型号	标称电压 V	最大开路电压 V	尺寸 mm									放电条件			最小平均放电时间[a]（初始期）	应用
				h_1	h_2	h_3	h_4	d_1		d_3	d_6	ΦP	电阻 Ω	每天放电时间	终止电压 V		
				max	min	min	max	max	min	max	min	max					
L（见注）	LR14	1.5	1.68	50.0	48.6	1.5	0.9	26.2	24.9	7.5	13.0	1.0	3.9	[b]	0.9	800 min	手电筒
													电流 400 mA	2 h	0.9	8 h	便携式立体声音响
													20	4 h	0.9	80 h	收音机
													3.9	1 h	0.8	14 h	玩具
	LR20	1.5	1.68	61.5	59.5	1.5	1.0	34.2	32.3	9.5	18.0	1.0	电流 600 mA	2 h	0.9	11 h	便携式立体声音响
													10	4 h	0.9	85 h	收音机
													2.2	1 h	0.8	16 h	玩具
													1.5	4 min/15 min，8 h/d	0.9	520 min	手电筒

注：电池贮存期至少为 12 个月，贮存期电池的放电指标为初始期最小平均放电时间的 90 %。

[a] 标准条件(见 GB/T 8897.1—2013 中表 5 的初始期放电检验)。

[b] 每小时的前 4 min 放电，每天 8 h。

[c] 放电 10 s，停放 50 s，每天 1 h。

[d] 1 500 mW 放电 2 s，650 mW 放电 28 s，重复 10 次后停放 55 min；如此重复至终止电压 1.05 V。

6.2 第二类电池

6.2.1 第二类电池——外形尺寸和电性能要求

6.2.1.1 第二类电池——CR14250、CR15H270、CR17345、CR17450、BR17335 电池

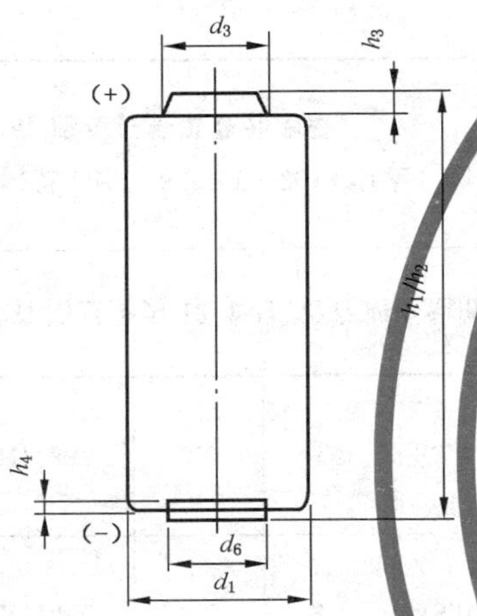

图 2 第二类电池尺寸图

尺寸定义见第 4 章。
圆柱表面与正负极端接触件绝缘。
极端类型：扁平帽与底座型。
一般规定见 GB/T 8897.1。

电化学体系代号	型号	标称电压 V	最大开路电压 V	尺寸 mm									放电条件			最小平均放电时间[a]（初始期）	应用
				h_1/h_2		h_3	h_4		d_1		d_3	d_6	电阻 Ω	每天放电时间	终止电压 V		
				max	min	min	max	min	max	min	max	min					
C（见注）	CR14250	3.0	3.7	25.0	23.5	0.4	—	—	14.5	13.5	8.0	5.0	3	24 h	2.0	750 h	放电量检验
	CR15H270	3.0	3.7	27.0[b]	26.0[b]	0.6	0.4	0.05	15.6	15.0	7.0	8.5	0.2	24 h	2.0	48 h	放电量检验
													电流 900 mA	放电 3 s，停放 27 s，每天 24 h	1.55	840 次	照相

6.2.1.1(续)

电化学体系代号	型号	标称电压 V	最大开路电压 V	尺寸 mm									放电条件			最小平均放电时间[a]（初始期）	应用
				h_1/h_2		h_3	h_4		d_1		d_3	d_6	电阻 Ω	每天放电时间	终止电压 V		
				max	min	min	max	min	max	min	max	min					
C（见注）	CR17345	3.0	3.7	34.5	33.5	1.0	0.9	0.5	17.0	16.0	9.6	11.0	0.1	24 h	2.0	40 h	放电量检验
													电流 900 mA	放电 3 s,停放 27 s,每天 24 h	1.55	1 400 次	照相
	CR17450	3.0	3.7	45.0	43.5	0.4	—	—	17.0	16.0	8.0	5.0	1	24 h	2.0	710 h	放电量检验
B（见注）	BR17335	3.0	3.7	33.5	32.0	0.1	—	—	17.0	16.0	8.0	5.0	1	24 h	1.8	380 h	放电量检验

注：电池贮存期至少为 12 个月,贮存期电池的放电指标为初始期最小平均放电时间的 98%。

[a] 标准条件(见 GB/T 8897.1—2013 中表 5 的初始期放电检验)。

[b] 尺寸 h_1/h_2 应在标签重叠处测量。

6.3 第三类电池

6.3.1 第三类电池——外形尺寸和电性能要求

6.3.1.1 第三类电池——LR9、LR53、CR11108 电池

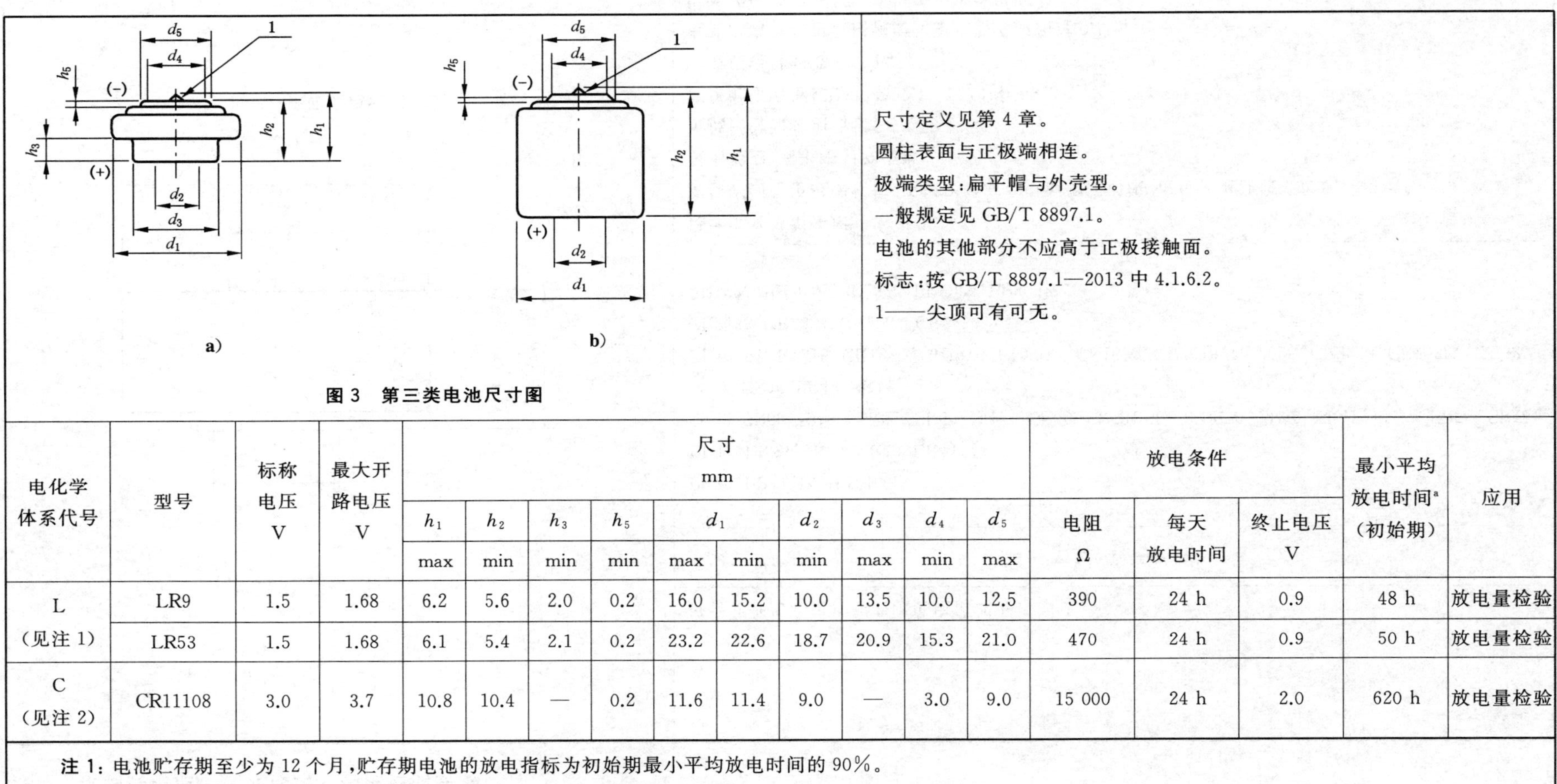

图 3 第三类电池尺寸图

尺寸定义见第 4 章。
圆柱表面与正极端相连。
极端类型:扁平帽与外壳型。
一般规定见 GB/T 8897.1。
电池的其他部分不应高于正极接触面。
标志:按 GB/T 8897.1—2013 中 4.1.6.2。
1——尖顶可有可无。

电化学体系代号	型号	标称电压 V	最大开路电压 V	尺寸 mm										放电条件			最小平均放电时间[a](初始期)	应用
				h_1	h_2	h_3	h_5	d_1		d_2	d_3	d_4	d_5	电阻 Ω	每天放电时间	终止电压 V		
				max	min	min	min	max	min	min	max	min	max					
L (见注 1)	LR9	1.5	1.68	6.2	5.6	2.0	0.2	16.0	15.2	10.0	13.5	10.0	12.5	390	24 h	0.9	48 h	放电量检验
	LR53	1.5	1.68	6.1	5.4	2.1	0.2	23.2	22.6	18.7	20.9	15.3	21.0	470	24 h	0.9	50 h	放电量检验
C (见注 2)	CR11108	3.0	3.7	10.8	10.4	—	0.2	11.6	11.4	9.0	—	3.0	9.0	15 000	24 h	2.0	620 h	放电量检验

注 1:电池贮存期至少为 12 个月,贮存期电池的放电指标为初始期最小平均放电时间的 90%。

注 2:电池贮存期至少为 12 个月,贮存期电池的放电指标为初始期最小平均放电时间的 98%。

[a] 标准条件(见 GB/T 8897.1—2013 中表 5 的初始期放电检验)。

6.4 第四类电池

6.4.1 第四类电池——外形尺寸和电性能要求

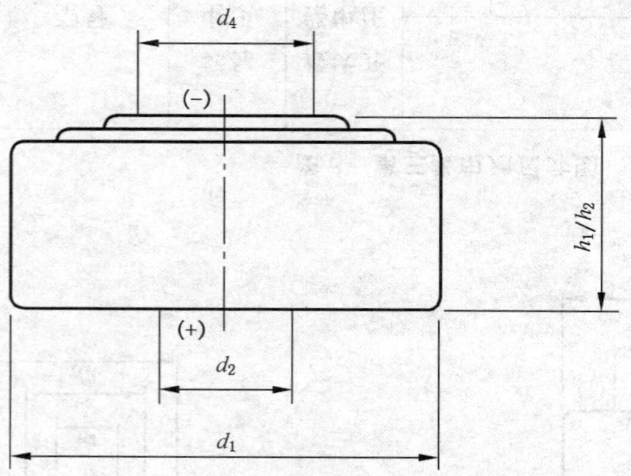

d_4
(−)
h_1/h_2
(+)
d_2
d_1

图 4 第四类电池尺寸图

符合此外形和电性能要求的电池如下：

型　号
PR70、PR41、PR48、PR44 LR41、LR55、LR54、LR43、LR44 SR62、SR63、SR65、SR64、SR60、SR67、SR66、SR58、SR68、SR59、SR69、SR41、SR57、SR55、SR48、SR54、SR42、SR43、SR44 CR1025、CR1216、CR1220、CR1616、CR2012、CR1620、CR2016、CR2025、CR2320、CR2032、CR2330、CR2430、CR2354、CR3032、CR2450 BR1225、BR2016、BR2320、BR2325、BR3032

尺寸定义见第 4 章。
圆柱表面与正极端相连，正极接触应在电池侧面形成，也可在电池底部形成。
极端类型：扁平帽与外壳型。
负极接触面必须凸起。
抗接触压力见 GB/T 8897.1—2013 中 4.1.3.2。
一般规定见 GB/T 8897.1。
电池总高度与正负接触面间距之差不应超过 0.1 mm。
电池的任何部分不应凸出于正极接触面。
标志参见 GB/T 8897.1—2013 中 4.1.6.2。

6.4.1.1 第四类电池——PR70、PR41、PR48、PR44 电池

电化学体系代号	型号	标称电压 V	最大开路电压 V	尺寸 mm h_1/h_2 max	h_1/h_2 min	d_1 max	d_1 min	d_2 min	d_4 min	放电条件 电流	每天放电时间	终止电压 V	最小平均放电时间[a]（初始期）	应用
P（见注）	PR70[b,c]	1.4	1.59	3.60	3.30	5.80	5.65	—	—	背景负载:0.7 mA 脉冲负载:3 mA	[d,e]	1.05	85 h	标准助听器
										背景负载:1 mA 脉冲负载:5 mA	[d,e]	1.05	50 h	高功率助听器
	PR41[b,c]	1.4	1.59	3.60	3.30	7.90	7.70	3.80	3.00	背景负载:1.2 mA 脉冲负载:5 mA	[d,e]	1.05	95 h	标准助听器
										背景负载:2 mA 脉冲负载:10 mA	[d,e]	1.05	55 h	高功率助听器
	PR48[b,c]	1.4	1.59	5.40	5.05	7.90	7.70	3.80	3.00	背景负载:2 mA 脉冲负载:6 mA	[d,e]	1.05	82 h	标准助听器
										背景负载:3 mA 脉冲负载:12 mA	[d,e]	1.05	55 h	高功率助听器
	PR44[b,c]	1.4	1.59	5.40	5.05	11.60	11.30	3.80	3.80	背景负载:5 mA 脉冲负载:15 mA	[d,e]	1.05	69 h	标准助听器
										背景负载:8 mA 脉冲负载:24 mA	[d,e]	1.05	45 h	高功率助听器

注：电池贮存期至少为 12 个月，贮存期电池的放电指标为初始期最小平均放电时间的 95%。

[a] 标准条件（见 GB/T 8897.1—2013 中表 5 的初始期放电检验）。

[b] 电池激活到电性能测量之间至少间隔 10 min。

[c] 用电器具设计者应将正极接触置于电池侧面，以免堵住“P”体系电池的空气入口。

[d] 脉冲负载是有效负载，它应单独加载在电池上，而不是并联或串联在背景负载上。见下图。

[e] 加载大电流 100 ms，加载小电流 119 min 59 s 900 ms，循环重复，每天 12 h。

示例：

背景负载
脉冲负载
背景放电

背景负载
脉冲负载
脉冲放电

背景负载
脉冲负载
不放电

6.4.1.1（续）

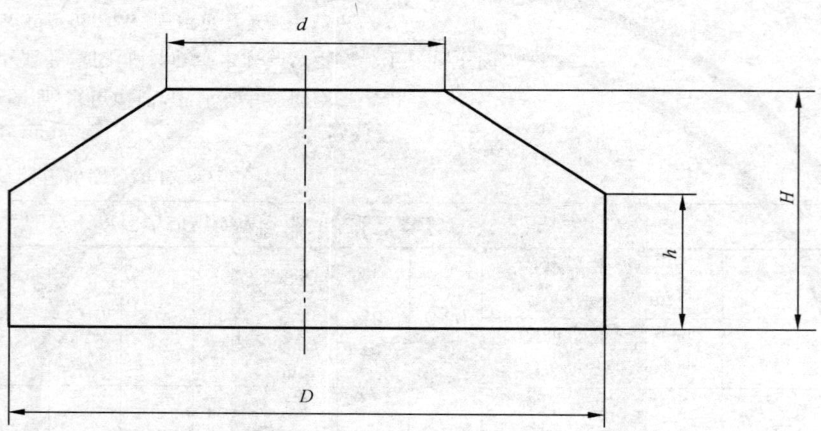

图 5　P 体系电池量规图

本表中规定的电池应能自由通过外形如上图的量规，量规的尺寸如下：

电化学体系代号	型号	量规尺寸 mm							
		D		d		H		h	
		max	min	max	min	max	min	max	min
P	PR70	5.814	5.805	4.652	4.643	3.612	3.604	3.031	3.023
	PR41	7.914	7.905	6.314	6.305	3.612	3.604	2.808	2.802
	PR48	7.914	7.905	6.314	6.305	5.412	5.404	4.612	4.604
	PR44	11.617	11.606	9.614	9.605	5.412	5.404	4.412	4.404

6.4.1.1(续)

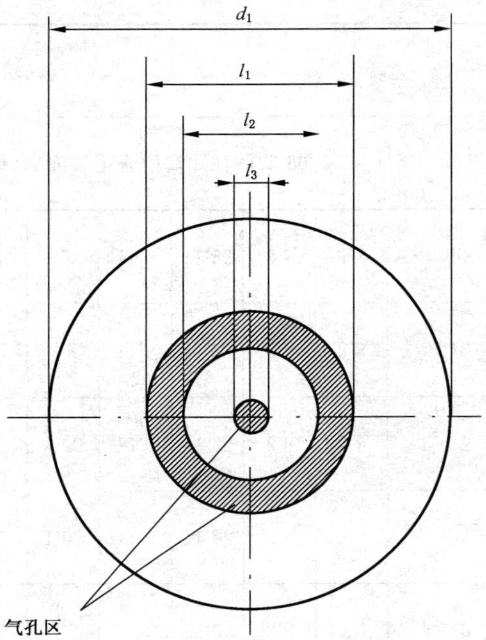

图6 气孔位置尺寸图

型号	d_1		l_{1max}	l_{2min}	l_{3max}
	max	min			
PR70	5.80	5.65	—	—	2.00
PR41	7.90	7.70	3.70	2.30	1.00
PR48	7.90	7.70	3.70	2.30	1.00
PR44	11.60	11.30	5.80	3.80	1.00

6.4.1.2 第四类电池——LR41、LR55、LR54、LR43、LR44 电池

电化学体系代号	型号	标称电压 V	最大开路电压 V	尺寸 mm						放电条件			最小平均放电时间[a]（初始期）	应用
				h_1/h_2		d_1		d_2	d_4	电阻 kΩ	每天放电时间	终止电压 V		
				max	min	max	min	min	min					
L（见注）	LR41	1.5	1.68	3.6	3.3	7.9	7.55	3.8	3.0	22	24 h	1.2	300 h	放电量检验
	LR55	1.5	1.68	2.1	1.85	11.6	11.25	3.8	3.8	22	24 h	1.2	275 h	放电量检验
	LR54	1.5	1.68	3.05	2.75	11.6	11.25	3.8	3.8	15	24 h	1.2	350 h	放电量检验
	LR43	1.5	1.68	4.2	3.8	11.6	11.25	3.8	3.8	10	24 h	1.2	359 h	放电量检验
	LR44	1.5	1.68	5.4	5.0	11.6	11.25	3.8	3.8	6.8	24 h	1.2	340 h	放电量检验

注：电池贮存期至少为 12 个月，贮存期电池的放电指标为初始期最小平均放电时间的 90%。

[a] 标准条件（见 GB/T 8897.1—2013 中表 5 的初始期放电检验）。

6.4.1.3 第四类电池——SR62、SR63、SR65、SR64、SR60、SR67、SR66、SR58、SR68、SR59、SR69、SR41、SR57、SR55、SR48、SR54、SR42、SR43、SR44 电池

电化学体系代号	型号	标称电压 V	最大开路电压 V	尺寸 mm						放电条件			最小平均放电时间[a]（初始期）	应用
				h_1/h_2		d_1		d_2	d_4	电阻 kΩ	每天放电时间	终止电压 V		
				max	min	max	min	min	min					
S（见注）	SR62	1.55	1.63	1.65	1.45	5.8	5.55	3.8	2.5	82	24 h	1.2	390 h	放电量检验
	SR63	1.55	1.63	2.15	1.9	5.8	5.55	3.8	2.5	68	24 h	1.2	560 h	放电量检验
	SR65	1.55	1.63	1.65	1.45	6.8	6.6	—	3.0	100	24 h	1.2	810 h	放电量检验
	SR64	1.55	1.63	2.7	2.4	5.8	5.55	3.8	2.5	56	24 h	1.2	540 h	放电量检验
	SR60	1.55	1.63	2.15	1.9	6.8	6.5	3.8	3.0	68	24 h	1.2	685 h	放电量检验
	SR67	1.55	1.63	1.65	1.45	7.9	7.65	—	3.0	68	24 h	1.2	820 h	放电量检验
	SR66	1.55	1.63	2.6	2.4	6.8	6.6	3.8	3.0	47	24 h	1.2	680 h	放电量检验
	SR58	1.55	1.63	2.1	1.85	7.9	7.55	3.8	3.0	47	24 h	1.2	518 h	放电量检验
	SR68	1.55	1.63	1.65	1.45	9.5	9.25	—	3.8	47	24 h	1.2	680 h	放电量检验
	SR59	1.55	1.63	2.6	2.3	7.9	7.55	3.8	3.0	33	24 h	1.2	530 h	放电量检验
	SR69	1.55	1.63	2.1	1.85	9.5	9.25	—	3.8	33	24 h	1.2	663 h	放电量检验
	SR41	1.55	1.63	3.6	3.3	7.9	7.55	3.8	3.0	22	24 h	1.2	450 h	放电量检验
	SR57	1.55	1.63	2.7	2.4	9.5	9.15	3.8	3.8	22	24 h	1.2	500 h	放电量检验
	SR55	1.55	1.63	2.1	1.85	11.6	11.25	3.8	3.8	22	24 h	1.2	450 h	放电量检验

6.4.1.3(续)

电化学体系代号	型号	标称电压 V	最大开路电压 V	尺寸 mm						放电条件			最小平均放电时间[a]（初始期）	应用
				h_1/h_2		d_1		d_2	d_4	电阻 kΩ	每天放电时间	终止电压 V		
				max	min	max	min	min	min					
S（见注）	SR48	1.55	1.63	5.4	5.0	7.9	7.55	3.8	3.0	1.5	12 h	0.9	40 h	助听器
										15	24 h	1.2	580 h	放电量检验
	SR54	1.55	1.63	3.05	2.75	11.6	11.25	3.8	3.8	15	24 h	1.2	580 h	放电量检验
	SR42	1.55	1.63	3.6	3.3	11.6	11.25	3.8	3.8	15	24 h	1.2	670 h	放电量检验
	SR43	1.55	1.63	4.2	3.8	11.6	11.25	3.8	3.8	10	24 h	1.2	620 h	放电量检验
	SR44	1.55	1.63	5.4	5.0	11.6	11.25	3.8	3.8	6.8	24 h	1.2	620 h	放电量检验
										背景负载：5.6 脉冲负载：0.039	[b,d]	0.9	450 h	[c]

注：电池贮存期至少为 12 个月，贮存期电池的放电指标为初始期最小平均放电时间的 90%。

[a] 标准条件(见 GB/T 8897.1—2013 中表 5 的初始期放电检验)。

[b] 每天 24 h，外加 39 Ω 放电，每 6 s 放电 1 s，每天 5 min。

[c] 自动摄影机的加速应用检验。

[d] 脉冲负载是有效负载，它应单独加载在电池上，而不是并联或串联在背景负载上。见下图。

示例：

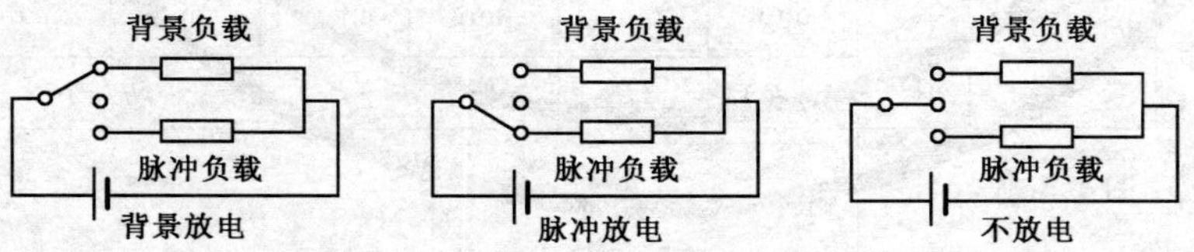

背景负载
脉冲负载
背景放电

背景负载
脉冲负载
脉冲放电

背景负载
脉冲负载
不放电

6.4.1.4 第四类电池——CR1025、CR1216、CR1220、CR1616、CR2012、CR1620、CR2016、CR2025、CR2320、CR2032、CR2330、CR2430、CR2354、CR3032、CR2450电池

电化学体系代号	型号	标称电压 V	最大开路电压 V	尺寸 mm						放电条件			最小平均放电时间[a]（初始期）	应用
				h_1/h_2		d_1		d_2	d_4	电阻 kΩ	每天放电时间	终止电压 V		
				max	min	max	min	min	min					
C（见注）	CR1025	3.0	3.7	2.5	2.2	10.0	9.7	—	3.0	68	24 h	2.0	630 h	放电量检验
	CR1216	3.0	3.7	1.6	1.4	12.5	12.2	—	4.0	62	24 h	2.0	480 h	放电量检验
	CR1220	3.0	3.7	2.0	1.8	12.5	12.2	—	4.0	62	24 h	2.0	700 h	放电量检验
	CR1616	3.0	3.7	1.6	1.4	16.0	15.7	—	5.0	30	24 h	2.0	480 h	放电量检验
	CR2012	3.0	3.7	1.2	1.0	20.0	19.7	—	8.0	30	24 h	2.0	530 h	放电量检验
	CR1620	3.0	3.7	2.0	1.8	16.0	15.7	—	5.0	47	24 h	2.0	900 h	放电量检验
	CR2016	3.0	3.7	1.6	1.4	20.0	19.7	—	8.0	30	24 h	2.0	675 h	放电量检验
	CR2025	3.0	3.7	2.5	2.2	20.0	19.7	—	8.0	15	24 h	2.0	540 h	放电量检验
	CR2320	3.0	3.7	2.0	1.8	23.0	22.6	—	8.0	15	24 h	2.0	590 h	放电量检验
	CR2032	3.0	3.7	3.2	2.9	20.0	19.7	—	8.0	15	24 h	2.0	920 h	放电量检验
	CR2330	3.0	3.7	3.0	2.7	23.0	22.6	—	8.0	15	24 h	2.0	1 320 h	放电量检验
	CR2430	3.0	3.7	3.0	2.7	24.5	24.2	—	8.0	15	24 h	2.0	1 300 h	放电量检验
	CR2354	3.0	3.7	5.4	5.1	23.0	22.6	—	8.0	7.5	24 h	2.0	1 260 h	放电量检验
	CR3032	3.0	3.7	3.2	2.9	30.0	29.6	—	8.0	7.5	24 h	2.0	1 250 h	放电量检验
	CR2450	3.0	3.7	5.0	4.6	24.5	24.2	—	8.0	7.5	24 h	2.0	1 200 h	放电量检验

注：电池贮存期至少为12个月，贮存期电池的放电指标为初始期最小平均放电时间的98%。

[a] 标准条件（见GB/T 8897.1—2013中表5的初始期放电检验）。

6.4.1.5 第四类电池——BR1225、BR2016、BR2320、BR2325、BR3032 电池

电化学体系代号	型号	标称电压 V	最大开路电压 V	尺寸 mm						放电条件			最小平均放电时间[a]（初始期）	应用
				h_1/h_2		d_1		d_2	d_4	电阻 kΩ	每天放电时间	终止电压 V		
				max	min	max	min	min	min					
B（见注）	BR1225	3.0	3.7	2.5	2.2	12.5	12.2	—	4.0	30	24 h	2.0	395 h	放电量检验
	BR2016	3.0	3.7	1.6	1.4	20.0	19.7	—	8.0	30	24 h	2.0	636 h	放电量检验
	BR2320	3.0	3.7	2.0	1.8	23.0	22.6	—	8.0	15	24 h	2.0	468 h	放电量检验
	BR2325	3.0	3.7	2.5	2.2	23.0	22.6	—	8.0	15	24 h	2.0	696 h	放电量检验
	BR3032	3.0	3.7	3.2	2.9	30.0	29.6	—	8.0	7.5	24 h	2.0	1 310 h	放电量检验

注：电池贮存期至少为 12 个月，贮存期电池的放电指标为初始期最小平均放电时间的 98%。

[a] 标准条件（见 GB/T 8897.1—2013 中表 5 的初始期放电检验）。

6.5 第五类电池

6.5.1 第五类电池——外形尺寸和电性能要求

6.5.1.1 第五类电池——R40 电池

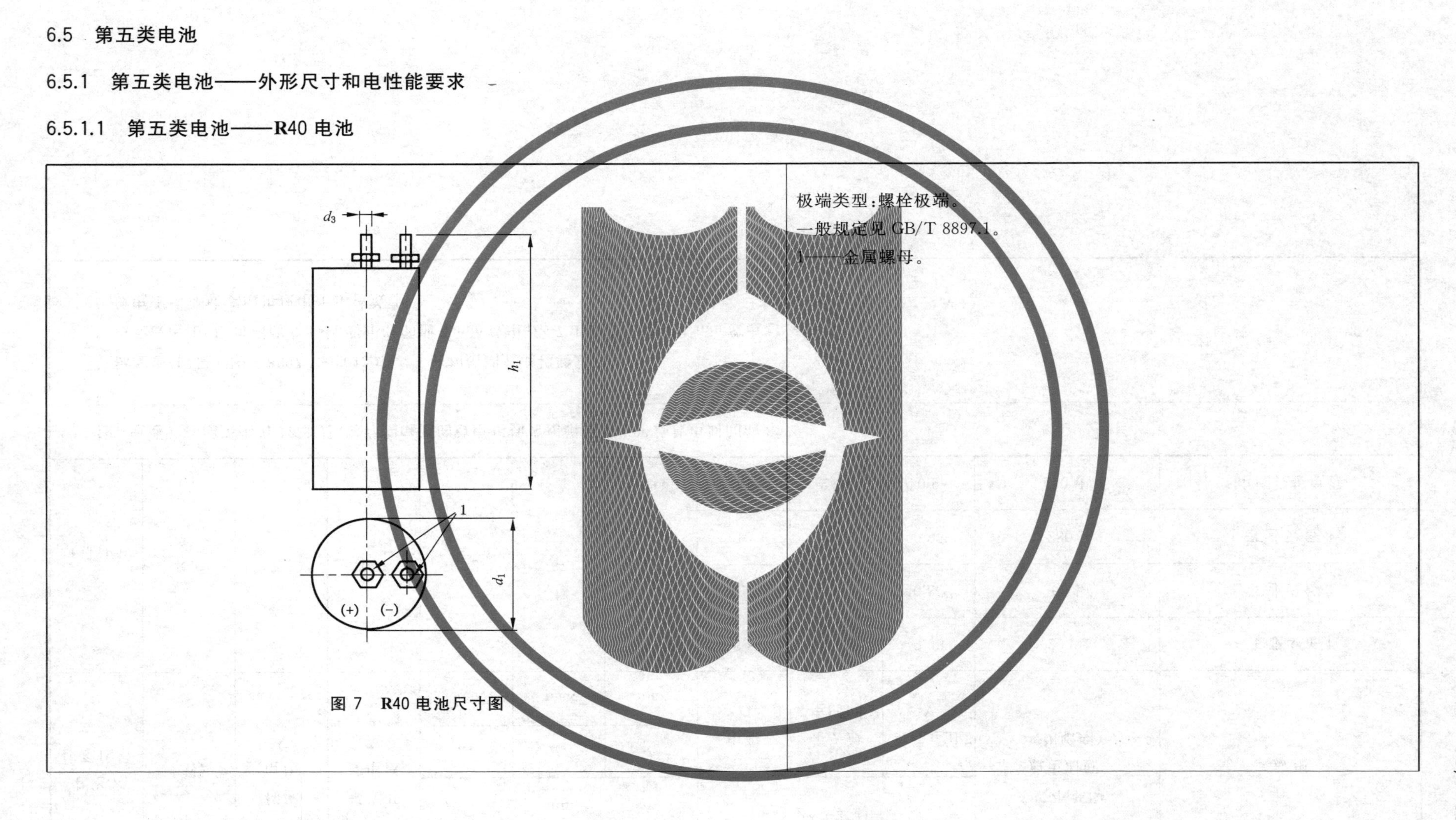

图 7 R40 电池尺寸图

极端类型：螺栓极端。

一般规定见 GB/T 8897.1。

1——金属螺母。

6.5.1.1（续）

电化学体系代号	型号	标称电压 V	最大开路电压 V	尺寸 mm			放电条件			最小平均放电时间[a]（初始期）	应用
				h_1	d_1	d_3	电阻 Ω	每天放电时间	终止电压 V		
				max	max	max					
无（见注）	R40	1.5	1.73	172	67	4.2	6.8	[b]	0.93	200 d	工业设备 1
							2.7	[c]	0.85	60 h	工业设备 2
							10	24 h	0.85	280 h	工业设备 3
							51	24 h	0.9	80 d	电围栏控制器

注：电池贮存期至少为 12 个月，贮存期电池的放电指标为初始期最小平均放电时间的 80%。

[a] 标准条件（见 GB/T 8897.1—2013 中表 5 的初始期放电检验）。

[b] 每天放电 10 h，每周前 6 d 中，每小时的前 4 min 放电；第 7 d，每 2 h 的前 4 min 放电。

[c] 放电 1 h，停放 6 h，再放电 1 h，停放 16 h。

6.5.1.2 第五类电池——4LR44、2CR13252、4SR44 电池

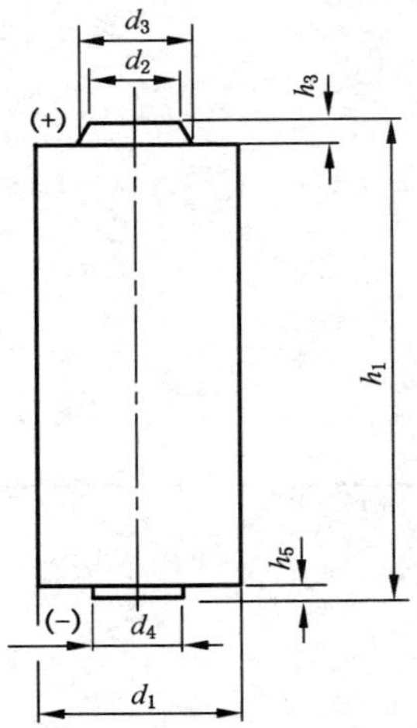

图 8 4LR44、2CR13252、4SR44 电池尺寸图

圆柱表面应与正负极接触面绝缘。
极端类型：平面极端。
一般规定见 GB/T 8897.1。

电化学体系代号	型号	标称电压 V	最大开路电压 V	尺寸 mm										放电条件			最小平均放电时间[a]（初始期）	应用
				h_1		h_3	h_5		d_1		d_2	d_3	d_4	电阻 kΩ	每天放电时间	终止电压 V		
				max	min	min	max	min	max	min	min	max	min					
L（见注 1）	4LR44	6.0	6.72	25.2	23.9	0.7	0.40	0.05	13	12	5.0	6.5	5.0	背景负载 27 脉冲负载 0.160	[b,e]	3.6	310 h	[c]
														27	24 h	3.6	420 h	放电量检验
														0.1	[d]	3.6	950 次	脉冲检验
C（见注 2）	2CR13252	6.0	7.4	25.2	23.9	0.7	0.40	0.05	13	12	5.0	6.5	5.0	30	24 h	4.0	620 h	放电量检验
S（见注 1）	4SR44	6.2	6.52	25.2	23.9	0.7	0.40	0.05	13	12	5.0	6.5	5.0	背景负载 27 脉冲负载 0.160	[b,e]	3.6	570 h	[c]
														27	24 h	3.6	620 h	放电量检验
														0.1	[d]	3.6	1 000 次	脉冲检验

注 1：电池贮存期至少为 12 个月，贮存期电池的放电指标为初始期最小平均放电时间的 90%。
注 2：电池贮存期至少为 12 个月，贮存期电池的放电指标为初始期最小平均放电时间的 98%。

6.5.1.2(续)

[a] 标准条件(见 GB/T 8897.1—2013 中表 5 的初始期放电检验)。

[b] 每天 24 h,外加 160 Ω 放电,每 6 s 放电 1 s,每天 5 min。

[c] 自动摄影机的加速应用检验。

[d] 每天 24 h,放电 2 s,停放 1 s。

[e] 脉冲负载是有效负载,它应单独加载在电池上,而不是并联或串联在背景负载上,见下图。

示例:

背景负载 脉冲负载 背景放电

背景负载 脉冲负载 脉冲放电

背景负载 脉冲负载 不放电

6.6 第六类电池

6.6.1 第六类电池——外形尺寸和电性能要求

6.6.1.1 第六类电池——3R12P、3R12S、3LR12 电池

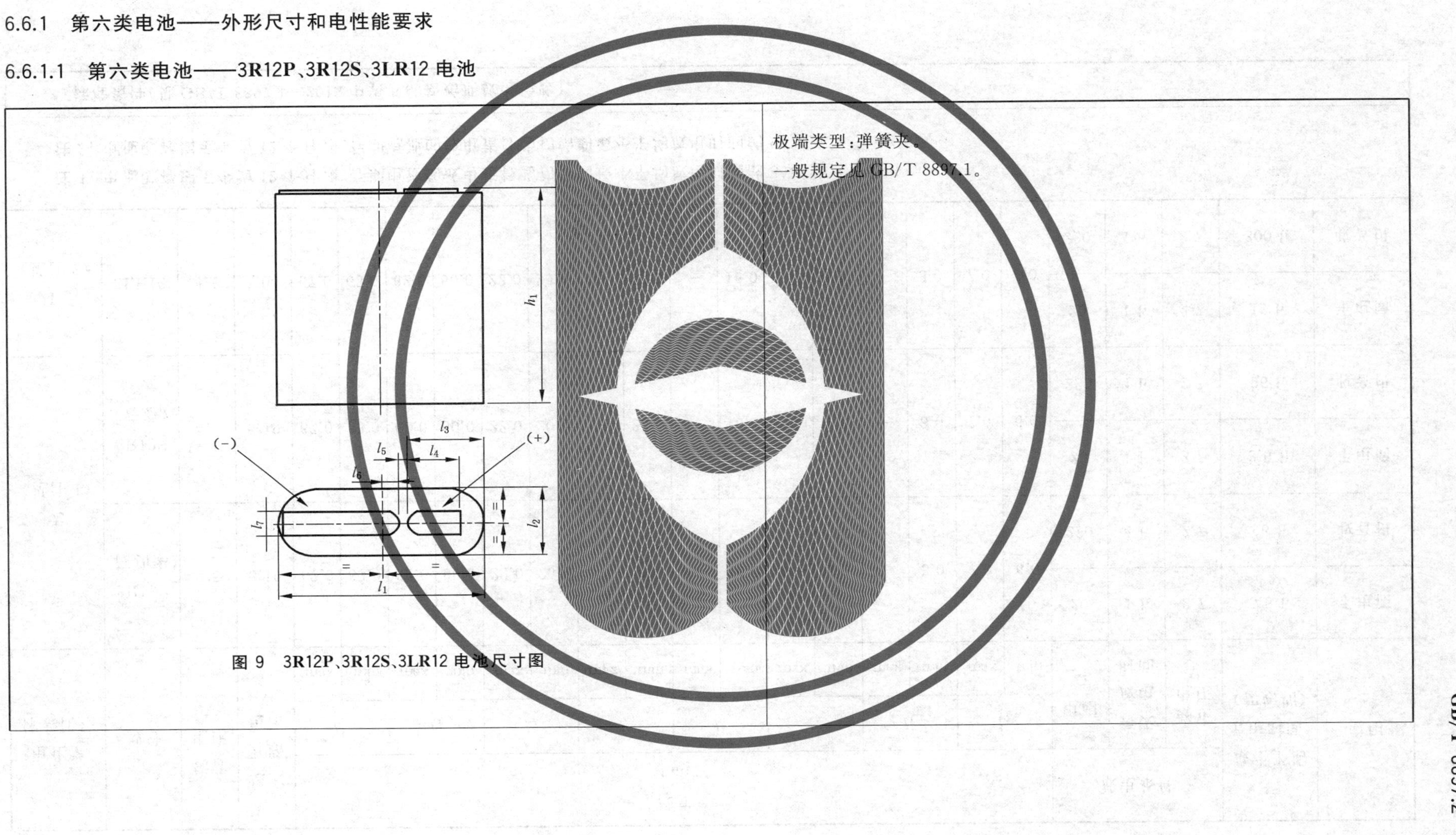

图 9 3R12P、3R12S、3LR12 电池尺寸图

极端类型:弹簧夹。

一般规定见 GB/T 8897.1。

6.6.1.1（续）

电化学体系代号	型号	标称电压 V	最大开路电压 V	尺寸 mm																放电条件			最小平均放电时间[a]（初始期）	应用
				h_1		l_1		l_2		l_3		l_4		l_5		l_6		l_7		电阻 Ω	每天放电时间	终止电压 V		
				max	min	max	min	max	min	max	min	max	min	max	min	max	min	max	min					
无（见注 1）	3R12P（高功率）	4.5	5.19	67.0	63.0	62.0	60.0	22.0	20.0	—	23.0	—	16.0	—	1.0	—	3.0	7.0	6.0	20	1 h	2.7	5.5 h	手电筒
																				220	4 h	2.7	96 h	收音机
	3R12S（普通）	4.5	5.19	67.0	63.0	62.0	60.0	22.0	20.0	—	23.0	—	16.0	—	1.0	—	3.0	7.0	6.0	20	1 h	2.7	3.5 h	手电筒
																				220	4 h	2.7	96 h	收音机
L（见注 2）	3LR12	4.5	5.04	67.0	63.0	62.0	60.0	22.0	20.0	—	23.0	—	16.0	—	1.0	—	3.0	7.0	6.0	20	1 h	2.7	12 h	手电筒
																				220	4 h	2.7	300 h	收音机

注 1：电池贮存期至少为 12 个月，贮存期电池的放电指标为初始期最小平均放电时间的 80%。

注 2：电池贮存期至少为 12 个月，贮存期电池的放电指标为初始期最小平均放电时间的 90%。

[a] 标准条件（见 GB/T 8897.1—2013 中表 5 的初始期放电检验）。

6.6.1.2　**第六类电池——4LR61 电池**

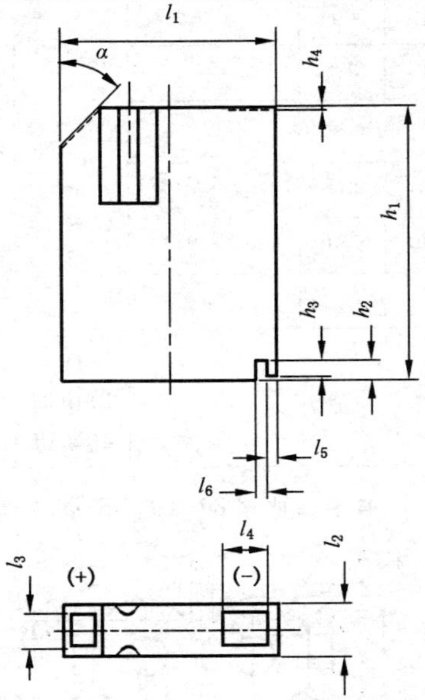

极端类型:平面接触。

一般规定见 GB/T 8897.1。

图 10　4LR61 电池尺寸图

电化学体系代号	型号	标称电压 V	最大开路电压 V	尺寸 mm												放电条件 电阻 kΩ	放电条件 每天放电时间	放电条件 终止电压 V	最小平均放电时间[a]（初始期）	应用
				h_1		h_2		h_3		h_4		l_1		l_2						
				max	min	max	min	max	min	max	min	max	min	max	min	0.33	24 h	3.6	24 h	电子设备
L（见注）	4LR61	6.0	6.72	48.5	47.0	2.7	2.2	2.3	1.8	0.8	0.3	35.6	35.0	9.2	8.7					
				l_3		l_4		l_5		l_6		α								
				max	min	max	min	max	min	max	min	—				6.8	24 h	3.6	700 h	放电量检验
				6.5	6.0	8.0	6.5	1.5	1.0	2.5	2.0	45°								

注：电池贮存期至少为 12 个月，贮存期电池的放电指标为初始期最小平均放电时间的 90%。

[a] 标准条件（见 GB/T 8897.1—2013 中表 5 的初始期放电检验）。

6.6.1.3 第六类电池——CR-P2 电池

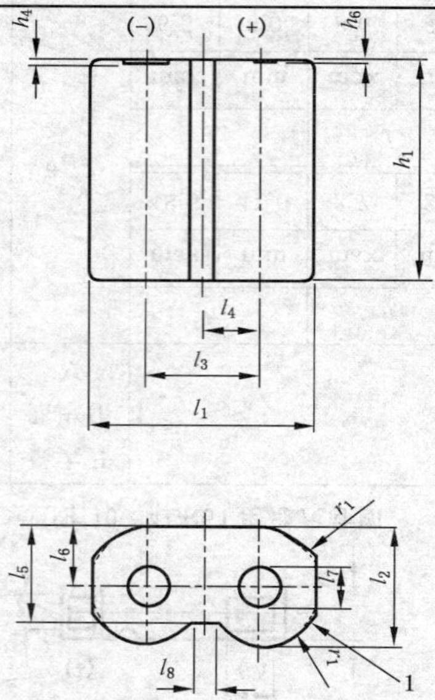

图 11 CR-P2 电池尺寸图

极端类型：平面凹进接触。

一般规定见 GB/T 8897.1。

1——也可以是圆边。

电化学体系代号	型号	标称电压 V	最大开路电压 V	尺寸 mm												放电条件			最小平均放电时间[a]（初始期）	应用
																电阻 kΩ	每天放电时间	终止电压 V		
C（见注）	CR-P2	6.0	7.4	h_1		h_4		h_6		l_1		l_2		l_3		200	24 h	4.0	40 h	放电量检验
				max	min	max	min	max	min	max	min	max	min	—						
				36.0	34.5	1.5	0.7	1.0	0.1	35.0	32.5	19.5	18.5	16.8						
				l_4		l_5		l_6		l_7		l_8		r_1		电流 900 mA	放电 3 s，停放 27 s，24 h/d	3.1	1 400 次	照机检验
				—		max	min	max	min	max	min	max	min	max	min					
				8.4		16.2	15.3	9.8	9.2	8.7	7.5	—	1.3	10.0	7.4					

注：电池贮存期至少为 12 个月，贮存期电池的放电指标为初始期最小平均放电时间的 98%。

[a] 标准条件（见 GB/T 8897.1—2013 中表 5 的初始期放电检验）。

6.6.1.4 第六类电池——2CR5 电池

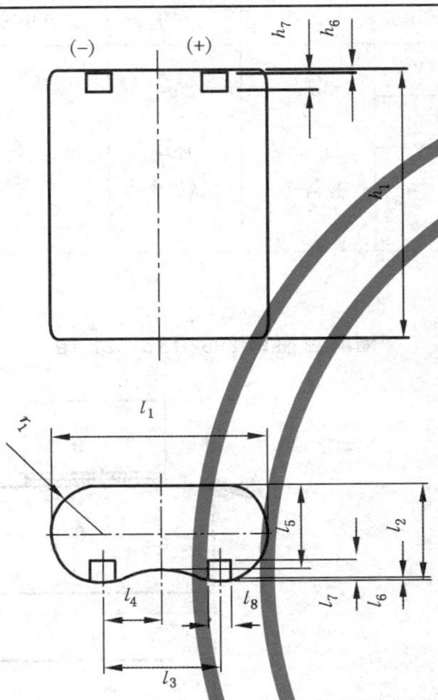

极端类型：平面接触。

一般规定见 GB/T 8897.1。

图 12 2CR5 电池尺寸图

<table>
<tr><td rowspan="2">电化学
体系
代号</td><td rowspan="2">型号</td><td rowspan="2">标称
电压
V</td><td rowspan="2">最大开
路电压
V</td><td colspan="12" rowspan="2">尺寸
mm</td><td colspan="3">放电条件</td><td rowspan="2">最小平均
放电时间[a]
（初始期）</td><td rowspan="2">应用</td></tr>
<tr><td>电阻
Ω</td><td>每天放
电时间</td><td>终止
电压
V</td></tr>
<tr><td rowspan="6">C
（见注）</td><td rowspan="6">2CR5</td><td rowspan="6">6.0</td><td rowspan="6">7.4</td><td colspan="2">h_1</td><td colspan="2">h_6</td><td colspan="2">h_7</td><td colspan="2">l_1</td><td colspan="2">l_2</td><td colspan="2">l_3</td><td rowspan="3">200</td><td rowspan="3">24 h</td><td rowspan="3">4.0</td><td rowspan="3">40 h</td><td rowspan="3">放电量检验</td></tr>
<tr><td>max</td><td>min</td><td>max</td><td>min</td><td>max</td><td>min</td><td>max</td><td>min</td><td>max</td><td>min</td><td colspan="2">—</td></tr>
<tr><td>45.0</td><td>43.0</td><td>0.9</td><td>0.1</td><td>4.5</td><td>3.5</td><td>34.0</td><td>32.5</td><td>17.0</td><td>16.0</td><td colspan="2">16.0</td></tr>
<tr><td colspan="2">l_4</td><td colspan="2">l_5</td><td colspan="2">l_6</td><td colspan="2">l_7</td><td colspan="2">l_8</td><td colspan="2">r_1</td><td rowspan="3">电流
900 mA</td><td rowspan="3">放电 3 s
停放 27 s
24 h/d</td><td rowspan="3">3.1</td><td rowspan="3">1 400 次</td><td rowspan="3">照相检验</td></tr>
<tr><td colspan="2">—</td><td>max</td><td>min</td><td>max</td><td>min</td><td>max</td><td>min</td><td>max</td><td>min</td><td>max</td><td>min</td></tr>
<tr><td colspan="2">8.0</td><td>15.5</td><td>—</td><td>1.0</td><td>0.2</td><td>4.5</td><td>3.5</td><td>4.6</td><td>3.5</td><td>9.0</td><td>8.0</td></tr>
</table>

注：电池贮存期至少为 12 个月，贮存期电池的放电指标为初始期最小平均放电时间的 98%。

[a] 标准条件（见 GB/T 8897.1—2013 中表 5 的初始期放电检验）。

6.6.1.5 第六类电池——2EP3863 电池

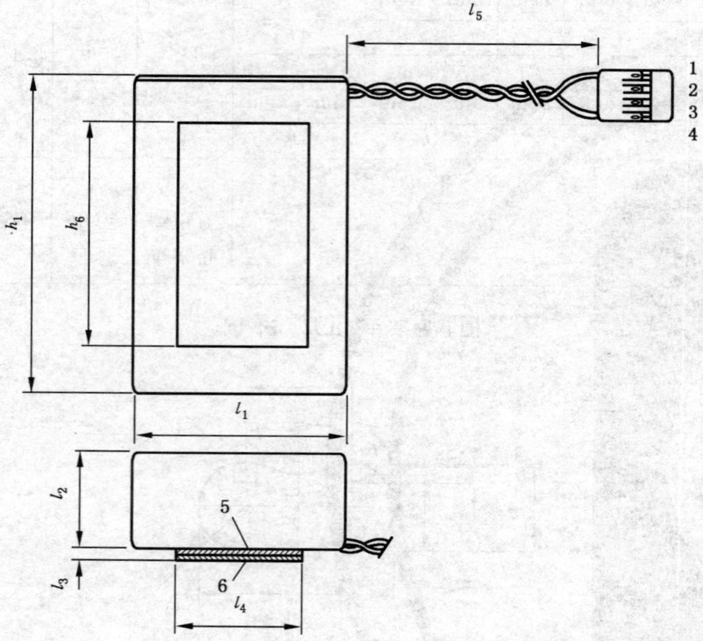

图 13 2EP3863 电池尺寸图

极端类型：两股可弯曲的导线与连接器相接。

正极：红色；

负极：黑色。

一般规定见 GB/T 8897.1。

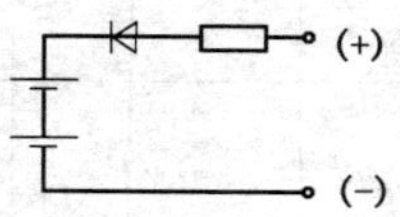

内部电路

四孔连接器：

1——负极端；

2——空脚；

3——极性键；

4——正极端。

特点：双金属触头，镍镀金。

配合参数：

——针距：2.54 mm；

——针粗：0.64 mm（方形或圆形针）；

——标称针长：5.84 mm。

紧固件：5——环孔；

6——钩扣：密度为（75～85）个/cm²。

电化学体系代号	型号	标称电压 V	最大开路电压 V	尺寸 mm									放电条件			最小平均放电时间[a]（初始期）	应用
				h_1		h_6	l_1	l_2	l_3	l_4	l_5		电阻 kΩ	每天放电时间	终止电压 V		
				max	min	min	max	max	—	min	min						
E	2EP3863	6.0	7.8	58.5	55.0	30	38.5	20.5	3	15	190		3.3	24 h	3.0	650 h	放电量检验

[a] 标准条件（见 GB/T 8897.1—2013 中表 5 的初始期放电检验）。

6.6.1.6 第六类电池——4R25X、4LR25X 电池

极端类型：至少绕了 3 圈的螺旋弹簧极端，可压至离电池盒平面 3 mm 以内。

此电池有圆角和斜角两种，应能自由通过直径为 82.6 mm 量规。

一般规定见 GB/T 8897.1。

1——线绕螺旋弹簧极端。

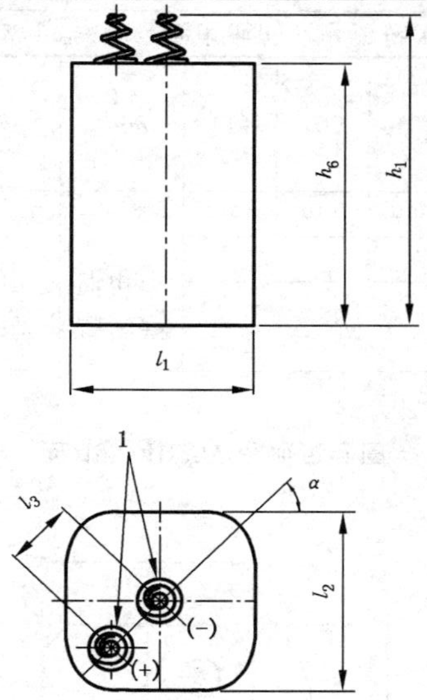

图 14 4R25X、4LR25X 电池尺寸图

电化学体系代号	型号	标称电压 V	最大开路电压 V	尺寸 mm											放电条件			最小平均放电时间[a]（初始期）	应用
				h_1		h_6		l_1		l_2		l_3		α	电阻 Ω	每天放电时间	终止电压 V		
				max	min	max	min	max	min	max	min	max	min	—					
无（见注 1）	4R25X	6.0	6.92	115	108	102	97	67	65	67	65	27	23	45°	8.2	30 min	3.6	350 min	手电筒(1)
															9.1	[b]	3.6	270 min	手电筒(2)
															110	12 h	3.6	155 h	道路警灯
L（见注 2）	4LR25X	6.0	6.72	115	108	102	97	67	65	67	65	27	23	45°	8.2	30 min	3.6	900 min	手电筒(1)
															9.1	[b]	3.6	1 020 min	手电筒(2)
															110	12 h	3.6	310 h	道路警灯

注 1：电池贮存期至少为 12 个月，贮存期电池的放电指标为初始期最小平均放电时间的 80%。

注 2：电池贮存期至少为 12 个月，贮存期电池的放电指标为初始期最小平均放电时间的 90%。

[a] 标准条件（见 GB/T 8897.1—2013 中表 5 的初始期放电检验）。

[b] 每小时的前 30 min 放电，每天 8 h。

6.6.1.7 第六类电池——4R25Y 电池

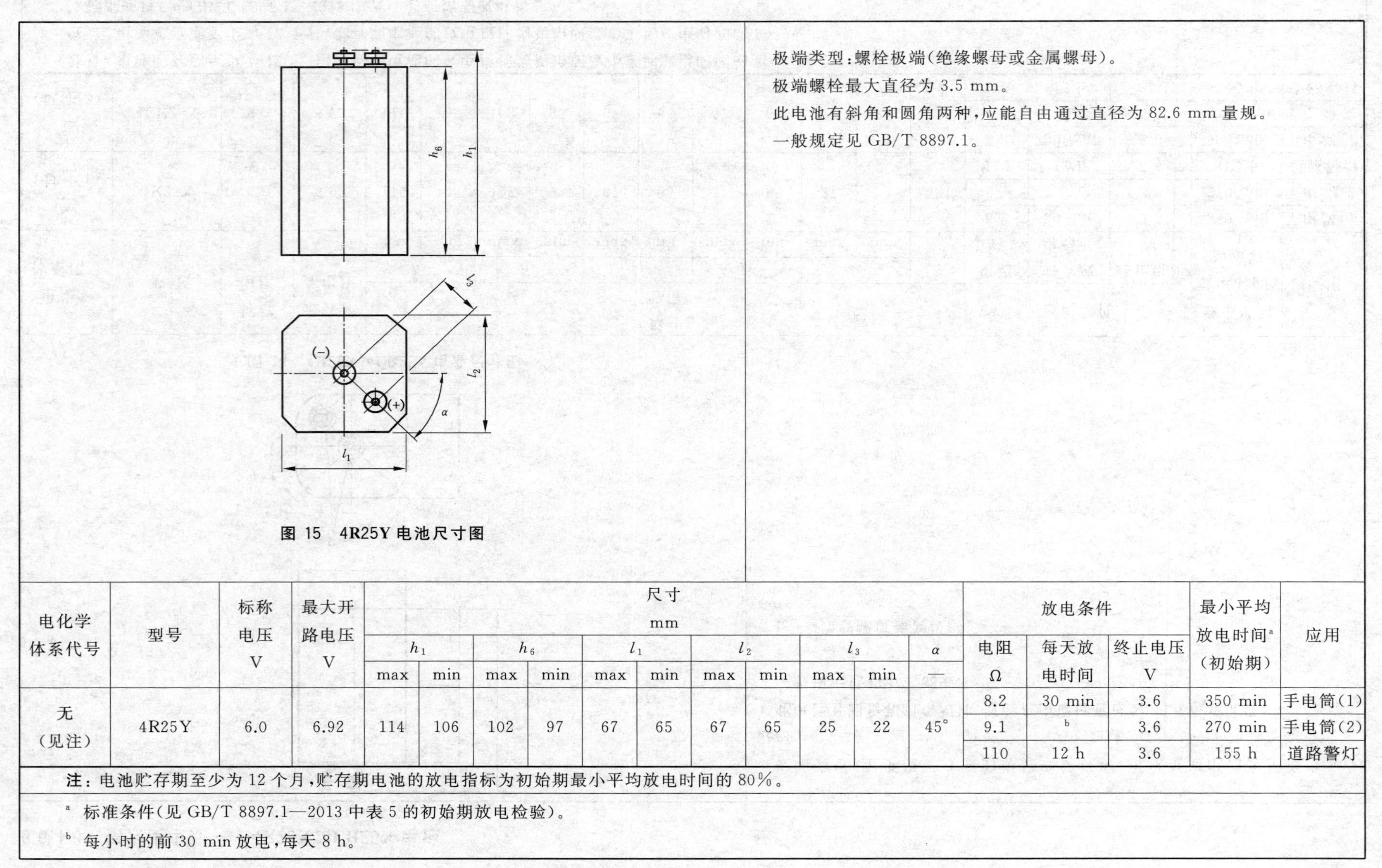

图 15 4R25Y 电池尺寸图

极端类型：螺栓极端(绝缘螺母或金属螺母)。

极端螺栓最大直径为 3.5 mm。

此电池有斜角和圆角两种，应能自由通过直径为 82.6 mm 量规。

一般规定见 GB/T 8897.1。

电化学体系代号	型号	标称电压 V	最大开路电压 V	尺寸 mm											放电条件			最小平均放电时间[a]（初始期）	应用
				h_1		h_6		l_1		l_2		l_3		α	电阻 Ω	每天放电时间	终止电压 V		
				max	min	max	min	max	min	max	min	max	min	—					
无（见注）	4R25Y	6.0	6.92	114	106	102	97	67	65	67	65	25	22	45°	8.2	30 min	3.6	350 min	手电筒(1)
															9.1	[b]	3.6	270 min	手电筒(2)
															110	12 h	3.6	155 h	道路警灯

注：电池贮存期至少为 12 个月，贮存期电池的放电指标为初始期最小平均放电时间的 80%。

[a] 标准条件(见 GB/T 8897.1—2013 中表 5 的初始期放电检验)。

[b] 每小时的前 30 min 放电，每天 8 h。

6.6.1.8 第六类电池——4R25-2、4LR25-2 电池

极端类型：螺栓极端(绝缘螺母)。
极端螺栓最大直径为 4.2 mm。
极端支承面的最小直径为 6.3 mm。
一般规定见 GB/T 8897.1。

1——绝缘螺母。

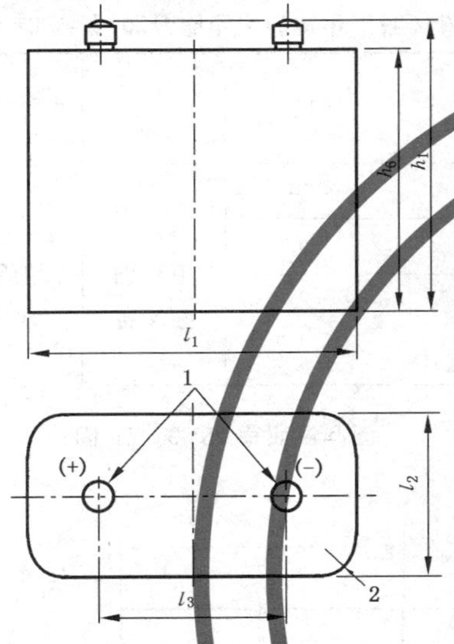

图 16 4R25-2、4LR25-2 电池尺寸图

电化学体系代号	型号	标称电压 V	最大开路电压 V	尺寸 mm											放电条件			最小平均放电时间[a]（初始期）	应用
				h_1		h_6		l_1		l_2		l_3		r	电阻 Ω	每天放电时间	终止电压 V		
				max	min	max	min	max	min	max	min	max	min	min					
无（见注 1）	4R25-2	6.0	6.92	127	—	114.0	109.5	136.5	132.5	73.0	69.0	77.0	75.2	14.0	8.2	30 min	3.6	900 min	手电筒(1)
															9.1	[b]	3.6	696 min	手电筒(2)
															110	12 h	3.6	200 h	道路警灯
L（见注 2）	4LR25-2	6.0	6.72	127	—	114.0	109.5	136.5	132.5	73.0	69.0	77.0	75.4	14.0	8.2	30 min	3.6	1 800 min	手电筒(1)
															9.1	[b]	3.6	2 040 min	手电筒(2)
															110	12 h	3.6	620 h	道路警灯

注 1：电池贮存期至少为 12 个月，贮存期电池的放电指标为初始期最小平均放电时间的 80%。

注 2：电池贮存期至少为 12 个月，贮存期电池的放电指标为初始期最小平均放电时间的 90%。

[a] 标准条件(见 GB/T 8897.1—2013 中表 5 的初始期放电检验)。

[b] 每小时的前 30 min 放电，每天 8 h。

6.6.1.9 第六类电池——6AS4 电池

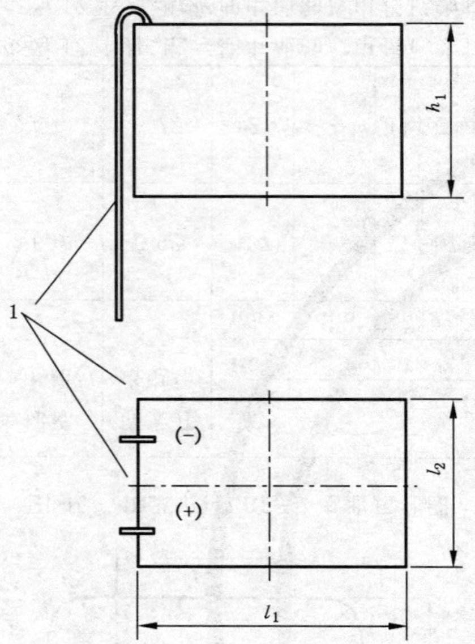

图 17 6AS4 电池尺寸图

极端类型:导线

极端连线最小自由长度为 200 mm。

一般规定见 GB/T 8897.1。

1——导线。

电化学体系代号	型号	标称电压 V	最大开路电压 V	尺寸 mm			放电条件			最小平均放电时间[a]（初始期）	应用
				h_1 max	l_1 max	l_2 max	电阻 Ω	每天放电时间	终止电压 V		
A（见注）	6AS4[b]	8.4	9.30	114	168	113	300	24 h	5.4	80 d	电围栏控制器

注：电池贮存期至少为 12 个月，贮存期电池的放电指标为初始期最小平均放电时间的 80%。

[a] 标准条件（见 GB/T 8897.1—2013 中表 5 的初始期放电检验）。

[b] 电器具设计者应注意确保“A”体系电池的空气入口通畅。

6.6.1.10 第六类电池——6AS6 电池

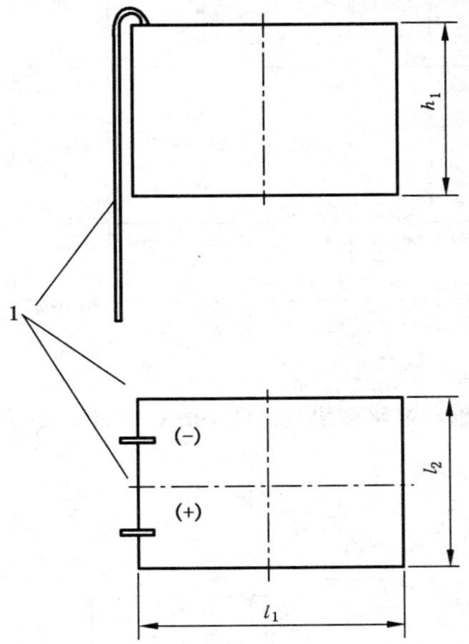

图 18 6AS6 电池尺寸图

极端类型:导线

极端连线最小自由长度为 200 mm。

连线末端可与专用极端相接。

一般规定见 GB/T 8897.1。

1——导线。

电化学体系代号	型号	标称电压 V	最大开路电压 V	尺寸 mm			放电条件			最小平均放电时间[a]（初始期）	应用
				h_1	l_1	l_2	电阻 Ω	每天放电时间	终止电压 V		
				max	max	max					
A（见注）	6AS6[b]	8.4	9.30	162	192	128	300	24 h	5.4	120 d	电围栏控制器

注：电池贮存期至少为 12 个月,贮存期电池的放电指标为初始期最小平均放电时间的 80%。

[a] 标准条件(见 GB/T 8897.1—2013 中表 5 的初始期放电检验)。

[b] 电器具设计者应注意确保“A”体系电池的空气入口通畅。

6.6.1.11 第六类电池——6F22、6LR61、6LP3146 电池

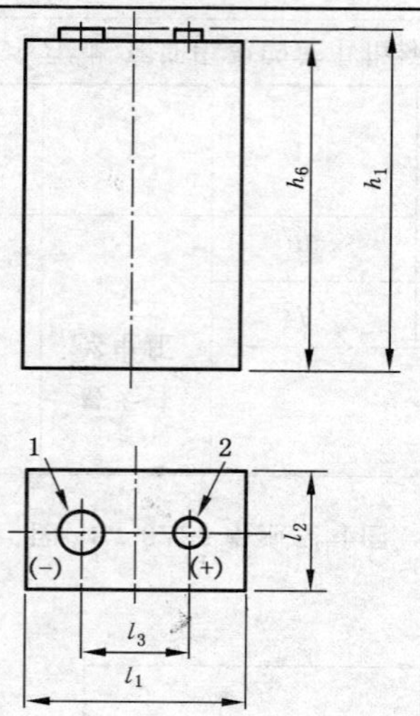

a） 电池

极端类型：小型子母扣

一般规定见 GB/T 8897.1。

1——母扣；

2——子扣。

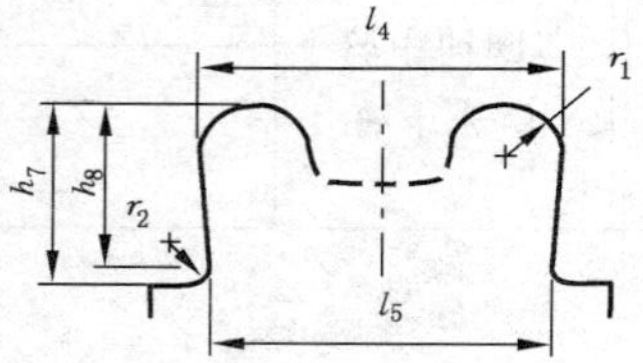

b） 子扣

尺寸 mm											
h_7		h_8		l_4		l_5		r_1		r_2	
max	min	max	min	max	min	max	min	max	min	max	min
3.10	2.90	2.59	2.49	5.77	5.67	5.43	5.33	1.0	0.6	0.5	0.3

图 19 6F22、6LR61、6LP3146 电池尺寸图

电化学体系代号	型号	标称电压 V	最大开路电压 V	尺寸 mm										放电条件			最小平均放电时间[a]（初始期）	应用
				h_1		h_6		l_1		l_2		l_3		电阻 Ω	每天放电时间	终止电压 V		
				max	min	max	min	max	min	max	min	max	min					
无（见注 1）	6F22	9.0	10.38	48.5	46.5	46.4	—	26.5	24.5	17.5	15.5	12.95	12.45	620	2 h	5.4	26 h	时钟收音机
														背景负载 10 000 脉冲负载 620	24 h 1 s/h[b]	7.5	8 d	烟雾探测器[c]
														270	1 h	5.4	8 h	玩具
L（见注 2）	6LR61	9.0	10.08	48.5	46.5	46.4	—	26.5	24.5	17.5	15.5	12.95	12.45	620	2 h	5.4	33 h	时钟收音机
														背景负载 10 000 脉冲负载 620	24 h 1 s/h[b]	7.5	16 d	烟雾探测器[c]
														270	1 h	5.4	12 h	玩具

6.6.1.11（续）

电化学体系代号	型号	标称电压 V	最大开路电压 V	尺寸 mm										放电条件			最小平均放电时间[a]（初始期）	应用
				h_1		h_6		l_1		l_2		l_3		电阻 Ω	每天放电时间	终止电压 V		
				max	min	max	min	max	min	max	min	max	min					
L（见注 2）	6LP3146	9.0	10.08	48.5	46.5	46.4	—	26.5	24.5	17.5	15.5	12.95	12.45	620	2 h	5.4	33 h	时钟收音机
														背景负载 10 000 脉冲负载 620	24 h，1 s/h[b]	7.5	16 d	烟雾探测器[c]
														270	1 h	5.4	12 h	玩具

注 1：电池贮存期至少为 12 个月，贮存期电池的放电指标为初始期最小平均放电时间的 80%。

注 2：电池贮存期至少为 12 个月，贮存期电池的放电指标为初始期最小平均放电时间的 90%。

[a] 标准条件（见 GB/T 8897.1—2013 中表 5 的初始期放电检验）。

[b] 脉冲负载是有效负载，它应单独加载在电池上，而不是并联或串联在背景负载上。见示例：

[c] 这是一项加速检验。

示例：

6.6.1.12　第六类电池——6F100 电池

a）电池

极端类型：标准子母扣。

一般规定见 GB/T 8897.1。

1——母扣；

2——子扣。

b）子扣

尺寸 mm											
h_7		h_8		l_4		l_5		r_1		r_2	
max	min	max	min	max	min	max	min	max	min	max	min
3.30	3.10	2.72	2.62	7.21	7.11	6.72	6.60	0.66	0.53	0.7	0.4

图 20　6F100 电池尺寸图

电化学体系代号	型号	标称电压 V	最大开路电压 V	尺寸 mm										放电条件			最小平均放电时间[a]（初始期）	应用
				h_1		h_6		l_1		l_2		l_3		电阻 Ω	每天放电时间	终止电压 V		
				max	min	max	min	max	min	max	min	max	min					
无（见注）	6F100	9.0	10.38	81	78	77.9	—	66	63	52	50	35.4	34.6	240	4 h	5.4	126 h	收音机

注：电池贮存期至少为 12 个月，贮存期电池的放电指标为初始期最小平均放电时间的 80%。

[a] 标准条件（见 GB/T 8897.1—2013 中表 5 的初始期放电检验）。

7 检验方法

7.1 外观

目视检验。

7.2 尺寸

按 GB/T 8897.1—2013 中 5.6。

7.3 开路电压

按 GB/T 8897.1—2013 中 5.5。

7.4 极端抗接触压力

按 GB/T 8897.1—2013 中 4.1.3.2

7.5 放电性能(MAD 的符合性)

按 GB/T 8897.1—2013 中 5.3。

7.6 泄漏与变形

按 GB/T 8897.1—2013 中 5.7。

8 抽样和质量保证

按 GB/T 8897.1—2013 中 7。当供需双方无协议时,可按附录 E 执行。

9 标志

按 GB/T 8897.1—2013 中 4.1.6。

附　录　A
（资料性附录）
按应用检验分类的电池分类表

表 A.1～表 A.21 列出了本部分中有相同应用检验的所有电池。

表中，电池按标称电压升序排列，标称电压相同时，按体积大小升序排列。

表 A.1　道路警灯

型　　号	标　称　电　压 V
4R25X	6.0
4LR25X	6.0
4R25Y	6.0
4R25-2	6.0
4LR25-2	6.0

表 A.2　工业设备

型　　号	标　称　电　压 V
R40	1.5

表 A.3　电围栏控制器

型　　号	标　称　电　压 V
R40	1.5
6AS4	8.4
6AS6	8.4

表 A.4　收音机

型　　号	标　称　电　压 V
R14P	1.5
R14S	1.5
LR14	1.5
R20P	1.5
R20S	1.5
LR20	1.5
3R12P	4.5
3R12S	4.5
3LR12	4.5
6F100	9.0

表 A.5 收音机/时钟

型　　号	标称电压 V
R03	1.5
LR03	1.5
R6P	1.5
R6S	1.5
LR6	1.5
6F22	9.0
6LR61	9.0
6LP3146	9.0

表 A.6 电子设备

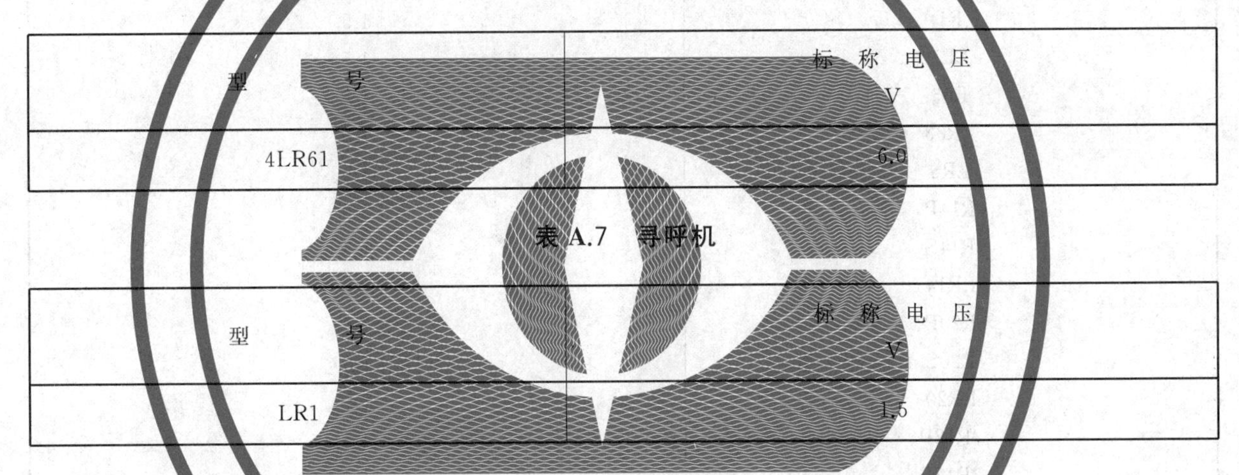

型　　号	标称电压 V
4LR61	6.0

表 A.7 寻呼机

型　　号	标称电压 V
LR1	1.5

表 A.8 助听器

型　　号	标称电压 V
R1	1.5
LR1	1.5
PR41	1.4
PR44	1.4
PR48	1.4
PR70	1.4
SR48	1.55

表 A.9 照相机

型号	标称电压 V
CR15H270	3.0
CR17345	3.0
CR-P2	6.0
2CR5	6.0

表 A.10 手电筒

型号	标称电压 V
LR8D425	1.5
R1	1.5
LR1	1.5
R03	1.5
LR03	1.5
LR6	1.5
R14P	1.5
R14S	1.5
LR14	1.5
R20P	1.5
R20S	1.5
LR20	1.5
3R12P	4.5
3R12S	4.5
3LR12	4.5
4R25X	6.0
4LR25X	6.0
4R25Y	6.0
4R25-2	6.0
4LR25-2	6.0

表 A.11 烟雾探测器

型号	标称电压 V
6F22	9.0
6LR61	9.0
6LP3146	9.0

表 A.12 玩具(马达)

型号	标称电压 V
LR03	1.5
R6P	1.5
LR6	1.5
R14P	1.5
R14S	1.5
LR14	1.5
R20P	1.5
R20S	1.5
LR20	1.5
6F22	9.0
6LR61	9.0
6LP3146	9.0

表 A.13 遥控器

型号	标称电压 V
R03	1.5
LR03	1.5
R6P	1.5
LR6	1.5

表 A.14 数字音响

型号	标称电压 V
R03	1.5
LR03	1.5
LR6	1.5

表 A.15 照相机闪光灯

型号	标称电压 V
LR03	1.5
LR6	1.5

表 A.16 激光指示棒

型　　号	标 称 电 压 V
LR8D425	1.5

表 A.17 便携式立体声音响

型　　号	标 称 电 压 V
LR14	1.5
LR20	1.5

表 A.18 CD/电子游戏机

型　　号	标 称 电 压 V
LR6	1.5

表 A.19 数字照相机

型　　号	标 称 电 压 V
LR6	1.5

表 A.20 自动摄影机

型　　号	标 称 电 压 V
SR44	1.55
4LR44	6.0
4SR44	6.2

表 A.21 磁带录音机

型　　号	标 称 电 压 V
R6P	1.5

附 录 B
（资料性附录）
相互对照索引

具有相同外形尺寸的电池也可属于不同的电化学体系。

表 B.1～表 B.6 对不同电化学体系的外形尺寸上可互换的电池给出比较。

电池按类列表，同一类电池分别按其电化学体系和外形尺寸分类。

电池按标称电压大小升序排列，标称电压相同的按体积大小升序排列。

表 B.1 第一类电池

外形如图 1a)和图 1b)的圆形电池	
按电化学体系分类	按外形尺寸分类
R1、R03、R6P、R6S、R14P、R14S、R20P、R20S LR8D425、LR1、LR03、LR6、LR14、LR20	LR8D425 R1、LR1 R03、LR03 R6P、R6S、LR6 R14P、R14S、LR14 R20P、R20S、LR20

表 B.2 第二类电池

外形如图 2 的圆形电池	
按电化学体系分类	按外形尺寸分类
CR14250、CR15H270、CR17345、CR17450 BR17335	CR14250 CR15H270 BR17335 CR17345 CR17450

表 B.3 第三类电池

外形如图 3 的圆形电池	
按电化学体系分类	按外形尺寸分类
LR9、LR53 CR11108	CR11108［图 3b)］ LR9［图 3a)］ LR53［图 3a)］

表 B.4 第四类电池

外形如图 4 的圆形电池	
按电化学体系分类	按外形尺寸分类
PR70、PR41、PR48、PR44 LR41、LR55、LR54、LR43、LR44 SR62、SR63、SR65、SR64、SR60、SR67、SR66、SR58、SR68、SR59、SR69、SR41、SR57、SR55、SR48、SR54、SR42、SR43、SR44 CR1025、CR1216、CR1220、CR1616、CR2012、CR1620、CR2016、CR2025、CR2320、CR2032、CR2330、CR2430、CR2354、CR3032、CR2450 BR1225、BR2016、BR2325、BR3032	SR62 SR63 SR65 SR64 SR60 SR67 SR66 PR70 SR58 SR68 SR59 SR69 PR41、LR41、SR41 SR57 CR1025 CR1216 LR55、SR55 CR1220 PR48、SR48 BR1225 CR1616 LR54、SR54 CR2012 SR42 CR1620 LR43、SR43 CR2016、BR2016 PR44、LR44、SR44 CR2025 CR2320、BR2320 CR2032 BR2325 CR2330 CR2430 CR2354 CR3032、BR3032 CR2450

表 B.5　第五类电池

其他杂类圆形电池	
按电化学体系分类	按外形尺寸分类
R40 4LR44 2CR13252 4SR44	4LR44、2CR13252、4SR44 R40

表 B.6　第六类电池

杂类非圆形电池	
按电化学体系分类	按外形尺寸分类
3R12P、3R12S、4R25X、4R25Y、4R25-2、6F22、6F100 3LR12、4LR61、4LR25X、4LR25-2、6LR61、6LP3146 6AS4、6AS6 CR-P2、2CR5 2EP3863	4LR61 6F22、6LR61 CR-P2 2CR5 2EP3863 3R12P、3R12S、3LR12 6F100 4R25X、4LR25X 4R25Y 4R25-2、4LR25-2 6AS4 6AS6

附 录 C
（资料性附录）
索 引

本索引提供了特定的电池与其外形尺寸及应用检验和放电容量检验等技术要求所处页码之间的对应关系(见表C.1)。

在本索引中,电池按其型号中字母之后的数字部分升序排列,如果数值相同,则按其字母的顺序排列,若两种电池按这两个规则仍不能明确区分,则再以其型号中字母部分之前的数字升序排列。

表 C.1 索引

电池型号	页码	电池型号	页码	电池型号	页码	电池型号	页码
LR1	8	4LR25X	33	SR57	19	BR2016	22
R1	6	4LR25-2	35	SR58	19	CR2016	21
CR-P2	30	4R25X	33	SR59	19	CR2025	21
LR03	9	4R25Y	34	SR60	19	CR2032	21
R03	6	4R25-2	35	4LR61	29	BR2320	22
6AS4	36	R40	24	SR62	19	CR2320	24
2CR5	31	LR41	18	SR63	19	BR2325	22
6AS6	37	PR41	15	SR64	19	CR2330	21
LR6	9	SR41	19	SR65	19	CR2354	21
R6P	6	SR42	20	SR66	19	CR2430	21
R6S	6	LR43	18	SR67	19	CR2450	21
LR9	13	SR43	20	SR68	19	BR3032	22
3LR12	28	LR44	18	SR69	19	CR3032	21
3R12P	28	4LR44	25	PR70	15	2EP3863	32
3R12S	28	PR44	15	6F100	40	CR11108	13
LR14	10	SR44	20	CR15H270	11	2CR13252	25
R14P	7	4SR44	25	LR8D425	8	CR14250	11
R14S	7	PR48	15	CR1025	21	BR17335	12
LR20	10	SR48	20	CR1216	21	CR17345	12
R20P	7	LR53	13	CR1220	21	CR17450	12
R20S	8	LR54	18	BR1225	22		
6F22	38	SR54	20	CR1616	21		
6LR61	38	LR55	18	CR1620	21		
6LP3146	39	SR55	19	CR2012	21		

附 录 D
（资料性附录）
通俗型号

电池的IEC型号即中国型号与其他国家或地区的电池通俗型号对照见表D.1。

表 D.1 索引

IEC/中国型号	通俗型号	IEC/中国型号	通俗型号	IEC/中国型号	通俗型号
LR1	N	LR41	192	6F100	
R1	N	PR41	312	CR15H270	CR2
CR-P2	223	SR41	384、392	LR8D425	AAAA
LR03	AAA	SR42	344、350、387	CR1025	1025
R03	AAA	LR43	186	CR1216	1216
6AS4		SR43	301、386	CR1220	1220
2CR5	245	LR44	A76	BR1225	
6AS6		4LR44		CR1616	1616
LR6	AA	PR44	675	CR1620	1620
R6P	AA	SR44	303、357	CR2012	2012
R6S	AA	4SR44		BR2016	
LR9		PR48	13	CR2016	2016
3LR12		SR48	309、393	CR2025	2025
3R12P		LR53		CR2032	2032
3R12S		LR54	189、LR1130	BR2320	
LR14	C	SR54	389、390、SR1130	CR2320	2320
R14P	C	LR55	191	BR2325	
R14S	C	SR55	381、391	CR2330	2330
LR20	D	SR57	395、399、SR927	CR2354	2354
R20P	D	SR58	361、362、SR721	CR2430	2430
R20S	D	SR59	396、397、SR726	CR2450	2450
6F22	9V	SR60	363、364、SR621	BR3032	
6LR61	9V	4LR61	J	CR3032	3032
6LP3146	9V、6LF22	SR62	SR516	2EP3863	
4LR25X	Lantern	SR63	379、SR521	CR11108	1/3 N
4LR25-2	Lantern	SR64	SR527	2CR13252	2CR-1/3N、28L
4R25X	Lantern	SR65	SR616	CR14250	CR-1/2AA
4R25Y	Lantern	SR66	376、377、SR626	BR17335	BR-2/3A
4R25-2	Lantern	SR67	SR716	CR17345	123、CR123A
R40		SR68	373、SR916	CR17450	CR-A
		SR69	370、371、SR921		
		PR70	10、536、PR536		

注：在通俗型号后加标“W”字母的电池，表示可应用于手表，此类电池应符合GB/T 8897.3规定的更详细的尺寸和检验要求。

示例：SR626W、SR626SW。

附 录 E
（规范性附录）
检验规则

E.1 交收检验

按 GB/T 8897.1—2013 中 7.1.1 或 7.1.2 进行。

E.2 型式检验

型式检验按表 E.1。

表 E.1 型式检验

<table>
<tr><th>序号</th><th>检验项目</th><th>检验方法</th><th>技术要求</th><th>样本大小 n</th><th colspan="2">允许不合格电池数</th></tr>
<tr><td>1</td><td>外观</td><td>7.1</td><td>清洁、无漏液、无锈蚀、标志清晰</td><td>20</td><td colspan="2">0</td></tr>
<tr><td>2</td><td>尺寸
直径、总高度(圆柱形电池)
长、宽、高(非圆柱形电池)</td><td>7.2</td><td>6</td><td>20</td><td colspan="2">1</td></tr>
<tr><td>3</td><td>开路电压</td><td>7.3</td><td>6</td><td>20</td><td colspan="2">0</td></tr>
<tr><td>4</td><td>极端抗接触压力[a]</td><td>7.4</td><td>GB/T 8897.1—2013 中 4.1.3.2</td><td>20</td><td colspan="2">0</td></tr>
<tr><td>5</td><td>放电性能(MAD符合性)</td><td>6；7.5[b]</td><td>6</td><td rowspan="3">N×9
(N:本标准规定的放电检验项目数)</td><td colspan="2">按 GB/T 8897.1—2013 中 5.3[c]</td></tr>
<tr><td rowspan="2">6</td><td rowspan="2">泄漏和变形</td><td rowspan="2">7.6</td><td rowspan="2">GB/T 8897.1—2013 中 4.2.2 和 4.2.3</td><td>泄漏</td><td>0</td></tr>
<tr><td>变形</td><td>n<20 时,0
20<n<40 时,1
n>40 时,2</td></tr>
<tr><td colspan="7">[a] 该项目仅适用于第四类电池。
[b] 放电条件按 GB/T 8897.1—2013 中 6.1、6.2 和 6.3。
[c] 电池必须满足所有放电检验要求方可判为符合本部分(见 GB/T 8897.1—2013 中 6.3)。</td></tr>
</table>

附　录　F
（资料性附录）
本部分与 IEC 60086-2 的技术性差异及其原因

本部分与 IEC 60086-2 的技术性差异及其原因见表 F.1。

本部分与 IEC 60086-2 在电池最小平均放电时间(MAD)指标上的差异见表 F.2。

表 F.1　本部分与 IEC 60086-2 的技术性差异及其原因

本部分章条号	技术性差异	原　　因
1;7;8	增加了检验方法及抽样和质量保证	目的是列出在 GB/T 8897.1 中规定的相应检验方法及抽样和质量保证的条款号，以方便标准使用者对应查找
1;附录 E	增加了检验规则	IEC 60086 未规定具体的检验或验收规则，为适合我国的国情，保证电池质量，维护消费者利益，本部分增加了附录 E 检验规则
7	提高了一些电池的最小平均放电时间指标(MAD)(详见表 F.2)	我国这些电池的实际放电时间已大大高于 IEC 60086-2 中的指标

表 F.2　本部分与 IEC 60086-2 在电池最小平均放电时间(MAD)指标上的差异

型号	放电条件			初始期最小平均放电时间 MAD		应用
	电阻 Ω	每天放电时间	终止电压 V	IEC 60086-2	本部分	
R1	5.1	5 min	0.9	30 min	40 min	手电筒
R6P	10	1 h	0.9	4.0 h	4.1 h	磁带录音机
	1.8	放电 15 s，停放 45 s，每天 24 h	0.9	60 次	75 次	脉冲检验
R20S	2.2	每小时的前 4 min 放电，每天 8 h	0.9	100 min	150 min	手电筒
	2.2	1 h	0.8	2 h	2.5 h	玩具
LR03	5.1	每小时的前 4 min 放电，每天 8 h	0.9	130 min	145 min	手电筒
	75	4 h	0.9	44 h	50 h	收音机/时钟
LR6	43	4 h	0.9	60 h	65 h	收音机/时钟
6F22	620	2 h	5.4	24 h	26 h	时钟收音机
	270	1 h	5.4	7 h	8.0 h	玩具

ICS 29.220.10
K 82

中华人民共和国国家标准

GB/T 8897.3—2013
代替 GB/T 8897.3—2006

原电池　第3部分:手表电池

Primary batteries—Part 3: Watch batteries

(IEC 60086-3:2011,MOD)

2013-10-10 发布　　　　2014-05-01 实施

中华人民共和国国家质量监督检验检疫总局
中国国家标准化管理委员会　发布

前　言

《原电池》系列标准分为以下5个部分：

——GB/T 8897.1《原电池　第1部分：总则》；

——GB/T 8897.2《原电池　第2部分：外形尺寸和电性能要求》；

——GB/T 8897.3《原电池　第3部分：手表电池》；

——GB 8897.4《原电池　第4部分：锂电池的安全要求》；

——GB 8897.5《原电池　第5部分：水溶液电解质电池的安全要求》。

本部分为《原电池》的第3部分。

本部分按照GB/T 1.1—2009给出的规则起草。

本部分代替GB/T 8897.3—2006《原电池　第3部分：手表电池》。

本部分修改采用IEC 60086-3:2011《原电池　第3部分：手表电池》。

本部分与IEC 60086-3:2011的差异是：

——在表8中增加了在GB/T 8897.2中以旧命名法命名的相应电池的尺寸代码，以便用户对照使用；

——标志要求略不同，以符合我国相关技术法规和标准的要求；

——增加了附录B检验规则，供用户选择使用。

本部分与GB/T 8897.3—2006相比，主要变化如下：

——修改了电池尺寸图；

——删除了G电化学体系(锂-氧化铜体系)；

——修改了电路原理图；

——表8中新增了416、421、1632、2032和2430型号的电池，删除了2420和2425型号的电池；

——增加了电池漏液程度的图示；

——型式检验增加了检验项目：外形、抗机械压力、变形。

本部分由中国轻工业联合会提出。

本部分由全国原电池标准化技术委员会(SAC/TC 176)归口。

本部分起草单位：轻工业化学电源研究所(国家化学电源产品质量监督检验中心)、广东正龙股份有限公司、力佳电源科技(深圳)有限公司、常州达立电池有限公司。

本部分主要起草人：林佩云、黄伟杰、王建、童武勃。

本部分所替代标准的历次版本发布情况如下：

GB/T 7168—1987、GB/T 7168—1996、GB/T 8897.3—2006。

IEC 引言

IEC 60086-3 由 IEC/TC 35 和 ISO/TC 114 联合工作共同制定，IEC 60086 的本部分提供了手表用原电池的特殊技术要求和有关信息，其目的是确保电池和手表能够实现最佳匹配，从而使原电池使用者、手表设计者和电池生产者受益。

今后将持续地对本部分进行详尽的复审，以确保该标准始终能跟上电池和手表技术的发展。

注：电池安全性信息参见 GB 8897.4/IEC 60086-4 和 GB 8897.5/IEC 60086-5。

原电池 第3部分:手表电池

1 范围

本部分规定了手表用原电池的尺寸、型号命名、检验方法、要求及检验规则。

本部分适用于多种检验方法时,制造商在出示电池的电性能和(或)其他性能数据时应说明采用何种检验方法。

2 规范性引用文件

下列文件对于本文件的应用是必不可少的。凡是注日期的引用文件,仅注日期的版本适用于本文件。凡是不注日期的引用文件,其最新版本(包括所有的修改单)适用于本文件。

GB/T 8897.1—2013 原电池 第1部分:总则(IEC 60086-1:2011,MOD)

GB/T 8897.2—2013 原电池 第2部分:外形尺寸和电性能要求(IEC 60086-2:2011,MOD)

GB 8897.4—2008 原电池 第4部分:锂电池的安全要求(IEC 60086-4:2007,IDT)

GB 8897.5—2013 原电池 第5部分:水溶液电解质电池的安全要求(IEC 60086-5:2011,IDT)

ISO 2859(所有部分) 计数抽样检验程序(Sampling procedures for inspection by attributes)

ISO 3951(所有部分) 计量抽样检验程序(Sampling procedures for inspection by variables)

IEC 60410 计数抽样计划和检验程序(Sampling plans and procedures for inspection by attributes)

3 术语和定义

GB/T 8897.1 界定的以及下列术语和定义适用于本文件。

3.1

容抗 capacitive reactance

内阻的一个组成部分,在加上负载的最初几秒内会导致一个电压降。

3.2

容量 capacity

在规定的放电条件下电池所能输出的电荷(电量)。

注:电荷 SI 单位是库仑(1 C=1 A·s),但实际上容量通常用安时(A·h)表示。

3.3

新电池 fresh battery

生产出来未超过 60 d 的未放过电的电池。

3.4

欧姆降 ohmic drop

在加上负载的一瞬间由内阻一个组成部分导致的电压降。

4 外形尺寸和物理性能要求

4.1 电池尺寸、符号及尺寸代码

手表用电池的尺寸和公差应符合图 1、表 1 和表 2 的要求。电池尺寸按 7.1 检验。

图 1 中表示电池外形的符号与 GB/T 8897.2—2013 中第 4 章一致。

单位为毫米

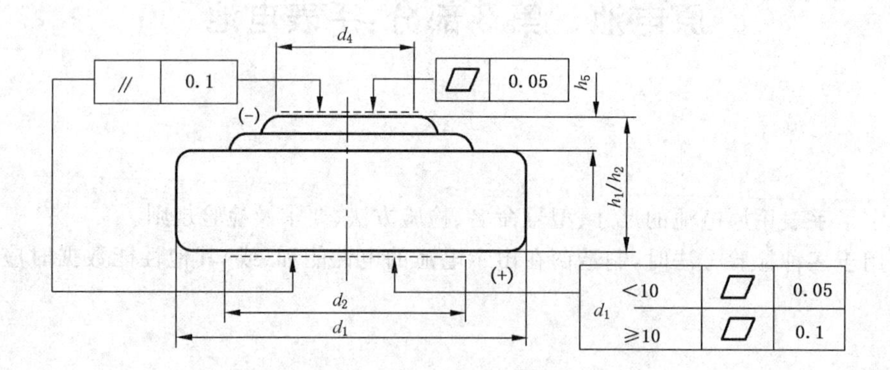

说明：

h_1——电池的最大总高度；

h_2——正、负极接触面之间的最小距离；

h_5——负极接触面凸起的最小值；

d_1——电池的最大和最小直径；

d_2——正极接触面的最小直径；

d_4——负极接触面的最小直径。

注：该字符的编制方法与《原电池》系列标准协调一致。

图 1 尺寸图

4.2 极端

负极接触端(一)：负极接触端(尺寸 d_4)应该符合表 1 和表 2 的要求。此规定不适用于负极端为“双台阶式”的电池。

正极接触端(＋)：电池的圆柱体表面应当与正极端相连。正极接触端应在电池的侧面，但也可以在电池的底部。

4.3 负极极端的突出部分(h_5)

尺寸 h_5 应该符合下列要求：

当 $h_1/h_2 \leqslant 1.65$ 时，$h_5 \geqslant 0.02$；

当 $1.65 < h_1/h_2 < 2.5$ 时，$h_5 \geqslant 0.06$；

当 $h_1/h_2 \geqslant 2.5$ 时，$h_5 \geqslant 0.08$

注：负极接触端应为电池的最高点。

4.4 负极极端的形状

负极的立体空间要求：应当在 45°角以内(见图 2)。

不同高度(h_1/h_2)的电池，其 l_1 的最小值见表 3。

表 1　尺寸及代码

单位为毫米

直径			d_4	高度 h_1/h_2														
				代码[a]														
代码[a]	d_1	公差		10	12	14	16	20	21	25	26	27	30	31	32	36	42	54
				公差														
				0 −0.10	0 −0.15	0 −0.15	0 −0.18	0 −0.20	0 −0.20	0 −0.20	0 −0.20	0 −0.20	0 −0.25	0 −0.25	0 −0.25	0 −0.25	0 −0.25	0 −0.25
4	4.8	0 −0.15					1.65		2.15									
5	5.8	0 −0.15	2.6	1.05	1.25	1.45	1.65		2.15			2.70						
6	6.8	0 −0.15	3.0	1.05	1.25	1.45	1.65		2.15		2.60							
7	7.9	0 −0.15	3.5	1.05	1.25	1.45	1.65		2.10		2.60			3.10		3.60		5.40
9	9.5	0 −0.15	4.5	1.05	1.25	1.45	1.65	2.05				2.70				3.60		
11	11.6	0 −0.20	6.0	1.05	1.25	1.45	1.65	2.05			2.60		3.05			3.60	4.20	5.40
12	12.5	0 −0.25	4.0		1.20		1.60	2.00		2.50								

注：基于公差重叠的原理，表中空格处无法进行标准化。

[a] 见附录 A。

表 2 尺寸及代码

直径			d_4	高度 h_1/h_2					
				代码[a]					
代码[a]	d_1	公差		12	16	20	25	30	32
				公差					
				0 −0.20[b]	0 −0.20[b]	0 −0.25[b]	0 −0.30[b]	0 −0.30[b]	0 −0.30[b]
16	16	0 −0.25	5.0	1.20	1.60	2.0	2.50		
20	20	0 −0.25	8.0	1.20	1.60	2.0	2.50		3.20
23	23	0 −0.30	8.0	1.20	1.60	2.0	2.50		
24	24.5	0 −0.30	8.0	1.20	1.60			3.00	

注：基于公差重叠的原理，表中空格处无法进行标准化。

[a] 见附录 A。

[b] 该公差今后将会减小。

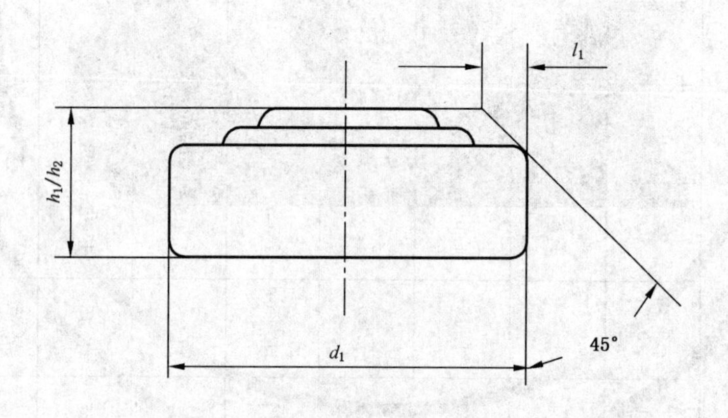

图 2 负极极端的形状

表 3 l_1 的最小值

单位为毫米

h_1/h_2	$l_{1\ min.}$
$1 < h_1/h_2 \leqslant 1.90$	0.20
$1.90 < h_1/h_2 \leqslant 3.10$	0.35
$3.60 \leqslant h_1/h_2 \leqslant 4.20$	0.70
$5.40 \leqslant h_1/h_2$	0.90

4.5 抗接触压力

通过一直径为 1 mm 的钢珠，施加表 4 规定的力 F 于正、负极接触区中心 10 s，不应产生有损电池正常功能的变形，即经此项检验之后，电池应能通过第 7 章所规定的各项检验。

表 4 不同尺寸的电池应施加的力 F

电池尺寸		力
d_1/mm	h_1/h_2/mm	F/N
＜7.9	＜3.0	5
	⩾3.0	10
⩾7.9	＜3.0	10
	⩾3.0	10

4.6 变形

电池尺寸应始终符合相关规定，包括放电到达终止电压的时候。

注 1：如果电池放电至低于终止电压，B、C、L 和 S 体系电池的高度可增加达 0.25 mm。

注 2：连续放电时，B 和 C 体系电池的高度有可能减小。

4.7 泄漏

未放过电的电池以及有要求时按 7.2.6 检验过的电池应按 7.3 进行检验，其可接受的不合格数由供需双方商定。

4.8 标志

4.8.1 总则

电池的型号和极性应标在电池上。其他标志可标在包装上：

a) 按附录 A 命名的型号；

b) 生产时间(年和月)和保质期，或建议的使用期的截止期限；

生产时间(年和月)可用代码表示。该代码由年份的最后一位数和表明月份的一个数字组成。10 月、11 月和 12 月分别用字母 O、Y 和 Z 表示。

示例：41：2014 年 1 月；4Y：2014 年 11 月。

c) 正极端的极性(＋)；

d) 标称电压；

e) 制造厂或供应商的名称、商标和地址；

f) 执行标准编号；

g) 含汞量(适用时)；

h) 安全使用注意事项；

i) 防止误吞电池的警示。详见 GB 8897.4—2008 中 7.2m) 和 9.2 以及 GB 8897.5—2013 中 7.1.1 和 9.2。

注 1：电池标志不应妨碍电接触。

注 2：电池型号应按附录 A 的命名标注。如需加标电池俗称，可参见 GB/T 8897.2—2013 中附录 D。

注 3：扣式电池的汞含量不大于 0.005 mg/g 时，标明“无汞”；汞含量大于 0.005 mg/g、不大于 20 mg/g 时，应标明“汞含量⩽20 mg/g”或“Hg⩽20 mg/g”。参见 GB 24428—2009 中 9。

4.8.2 处理

电池处理方法的标志应符合当地法规的要求。

5 电性能要求

5.1 电化学体系、标称电压、终止电压和开路电压

有关电化学体系、标称电压、终止电压和开路电压的要求见表5。

表5 已标准化的电化学体系

体系字母代码	负极	电解质	正极	标称电压 V_n/V	终止电压 EV/V	开路电压 U_{OC} 或 OCV/V	
						最大值	最小值
B	锂(Li)	有机电解质	一氟化碳 $(CF)x$	3.0	2.0	3.70	3.00
C	锂(Li)	有机电解质	二氧化锰 (MnO_2)	3.0	2.0	3.70	3.00
L	锌(Zn)	碱金属氢氧化物	二氧化锰 (MnO_2)	1.5	1.0	1.68	1.50
S	锌(Zn)	碱金属氢氧化物	氧化银 (Ag_2O)	1.55	1.2	1.63	1.57

5.2 闭路电压 U_{cc}(CCV)、内阻和阻抗

闭路电压和内阻按7.2测定。交流阻抗用LCR三用表(电感、电容、电阻测量计)测定。

极限值由供需双方商定。

5.3 容量

应按7.2.6进行持续约30 d连续放电检验,由供需双方商定对容量的要求。

5.4 容量保持率

容量保持率是指在给定的放电条件下测定的同一批样品电池在20 ℃±2 ℃和相对湿度45%~75%下贮存12个月后的容量与其新电池容量之比。

容量保持率由供需双方商定,按7.2.6进行检测。电池贮存12个月后的容量保持率至少应为90%。

6 抽样与质量保证

6.1 总则

所采用的抽样方案或产品质量指数由供需双方商定,当双方无协议时,建议采用6.2和(或)6.3的方案,若供需双方同意也可采用附录B的方案。

6.2 抽样

6.2.1 计数抽样检验

需要进行计数抽样检验时，所选择的抽样方案应符合 IEC 60410 和(或)ISO 2859 的规定，要规定检验项目和接收质量限(AQL)(同型号的电池至少检验 3 只)。

6.2.2 计量抽样检验

需要进行计量抽样检验时，所选择的抽样方案应符合 ISO 3951 的规定，要规定检验项目、样本大小和接收质量限(AQL)。

6.3 产品质量指数

可考虑采用 GB/T 8897.1 产品质量指数中一个指数。

7 检验方法

7.1 外形和尺寸

7.1.1 外形要求

负极接触件的外形适宜采用光学投影法或采用如图 3 所示的开口量规进行检查。

测量方法应由供需双方商定。

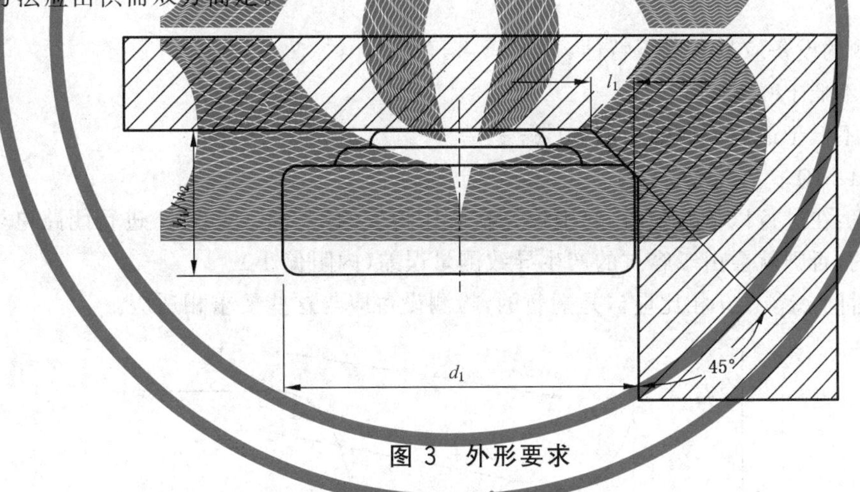

图 3 外形要求

7.2 电性能

7.2.1 环境条件

除非另有规定，样品电池应在 20 ℃±2 ℃的温度和 45%～75%的相对湿度下进行检验。

电池有可能在低温下使用，因此建议应进行 0 ℃±2 ℃和－10 ℃±2 ℃下的补充检验。

7.2.2 等效电路-等效内阻-直流法

任何电子元件的电阻都是通过计算该元件两端的电压降 ΔU 和流过该元件并导致电压降的电流变量 Δi 的比值来确定的，$R=\Delta U/\Delta i$。

注：类似地，任何电化学电池的直流内阻按式(1)确定：

$$R_i(\Omega)=\frac{\Delta U(\mathrm{V})}{\Delta i(\mathrm{A})} \qquad \cdots\cdots(1)$$

(watermark)

直流内阻用图 4 的瞬间电压示意图来说明：

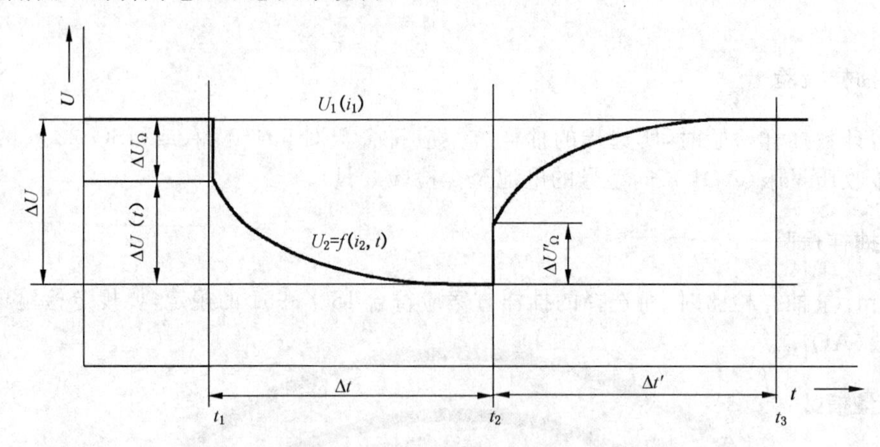

图 4　瞬间电压示意图

由图中可见，构成 ΔU 的两部分电压降性质不同，如式(2)所示：

$$\Delta U = \Delta U_\Omega + \Delta U(t) \qquad \cdots\cdots(2)$$

第一部分欧姆降 ΔU_Ω($t=t_1$ 时)与时间无关，它是由电流的增加 Δi 而引起的，其关系式为：

$$\Delta U_\Omega = \Delta i \times R_\Omega \qquad \cdots\cdots(3)$$

式中 R_Ω 是纯欧姆电阻。第二部分 $\Delta U(t)$ 与时间有关，是由电化学因素(容抗)引起的。

7.2.3　设备

用于电压检测的设备应具有以下特性：

——准确度：不低于 0.25%；

——精密度：不低于最后一位数字的 50%；

——内阻：≥1 MΩ；

——测量时机：在进行以下检验时，要确保是在电压瞬变的平台区(见图 5)进行闭路电压的测量是很重要的，否则就会由于容抗的产生导致测量误差(内阻偏小)。

测量所需的时间 $\Delta t'$ 与 Δt 相比应当是短暂的，检测设备应与这些要求相适应。

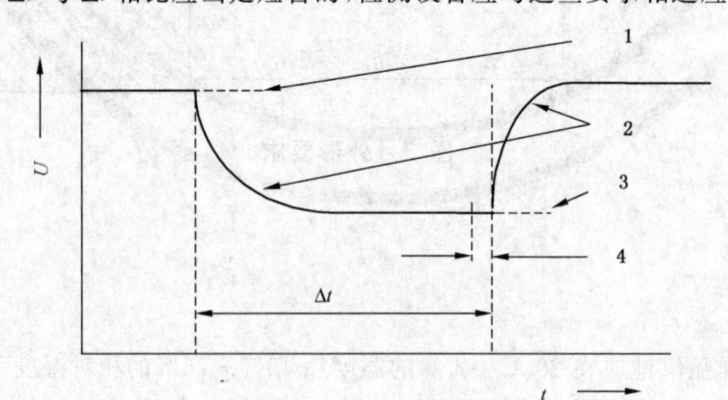

说明：

1——开路电压 U_{oc}(OCV)；

2——容抗的影响；

3——闭路电压 U_{cc}(CCV)；

4——$\Delta t'$(测量 U_{cc} 的时间)。

图 5　曲线：$U=f(t)$

7.2.4 开路电压U_{oc}(OCV)和闭路电压U_{cc}(CCV)的测量

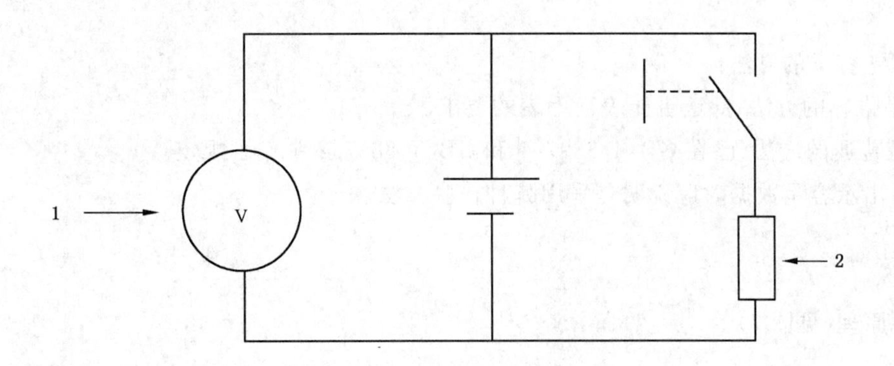

说明：

1——读出U_{cc}/U_{oc}；

2——R_m,为测量电阻。

图 6 电路原理

首先测量开路电压U_{oc}:进行测量时将开关断开；

接着测量闭路电压U_{cc}:进行测量时闭合开关,使被测电池与负载R_m.相连,持续时间为Δt。Δt见表 6。

表 6 闭路电压U_{cc}(CCV)的测量方法

检测方法	电解质为 KOH 的电池[a]		所有其他电池	
	R_m/Ω	Δt/s	R_m/Ω	Δt/ms
A[b]	150±0.75	1±0.05	1 500±7.5	10±0.5
B[c]	150±0.75	0.5～2.0	470±2.35	500～2 000
C[d]	200±1.0	5±0.25	2 000±10	7.8±0.39
注：R_m应包括被测量电池连接线的电阻以及开关的接触电阻。				

[a] 该电池适用于需要有高峰值电流输出的应用。

[b] 方法 A(推荐的检验方法):需要专用测试仪器。

[c] 方法 B:无方法 A 的测试仪器时使用。

[d] 方法 C:只有在供需双方同意下才使用。

7.2.5 内阻R_i的计算

内阻按式(4)计算：

$$R_i = \frac{U_{oc} - U_{cc}}{U_{cc}/R_m} \quad \cdots\cdots(4)$$

注：U_{cc}/R_m表示通过放电电阻R_m输出的电流(见 7.2.4)。

7.2.6 容量的测定

7.2.6.1 总则

有两种测定容量的方法：

方法A是推荐的方法，此法更能表征手表的要求。

方法B是普通的方法，已在GB/T 8897.1和GB/T 8897.2中作了规定。

生产商在出示容量数据时应说明是采用哪种检验方法。

7.2.6.2 方法A

a) 电路原理(见图7)

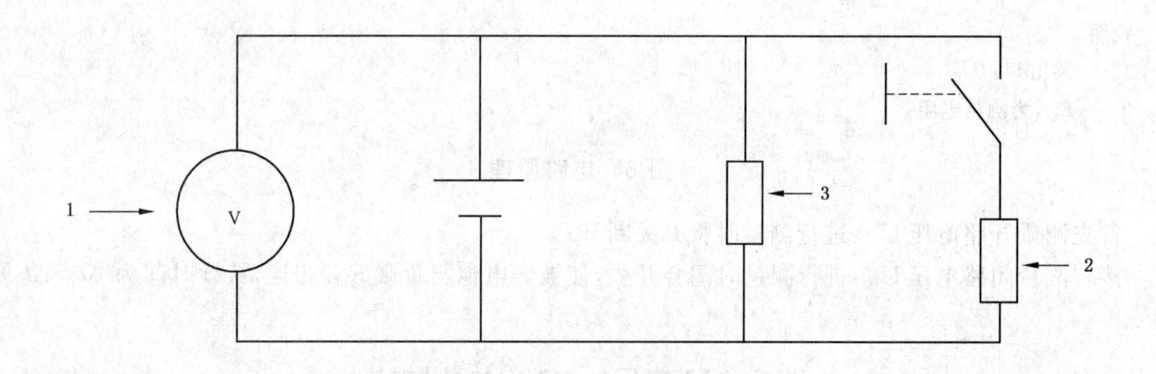

说明：

1——读出 U_{cc}/U_{oc}；

2——R_m 为测量电阻；

3——R_d 为连续放电电阻。

图7 方法A的电路原理

b) 检验程序

进行放电时间约为30 d的恒电阻放电检验，其负载电阻 R_d 的值(在表8中规定)应包括外电路所有的电阻，准确度应在±0.5%以内。

c) 容量的确定

一旦电池固定性地连接上 R_d，每天至少要测量一次开路电压 U'_{oc} 和闭路电压 U_{cc}，直至 U_{cc} 首次低于终止电压。终止电压在表5作了规定。

1) 首先测量 U'_{oc}：由于 R_d 大大高于 R_m，U'_{oc} 约等于 U_{oc}。进行测量时开关断开。

2) 接着测量 U_{cc}：将被测电池与 R_m 相连，在表7规定的时间 Δt 内开关合上。

表7 测量 U_{cc}(CCV)的方法A

电解质为KOH的电池		所有其他电池	
R_m/Ω	Δt/s	R_m/Ω	Δt/ms
150±0.75	1±0.05	1 500±7.5	10±0.5

注 1：负载电阻(包括外电路各个部分的电阻)应符合表 7 和表 8 的规定。

3） 容量 C 的计算：电池容量为各部分容量 C_p 之和。在每次测量后 C_p 按式(5)计算：

$$C_p = \frac{U'_{oc} \times t_i}{R_d} \qquad (5)$$

式中：

t_i——两次测量的间隔时间。

$$C = \sum C_p$$

注 2：建议在放电末期每天测量若干次以便获得足够的准确度。

7.2.6.3 **方法 B**

a） 电路原理(见图 8)

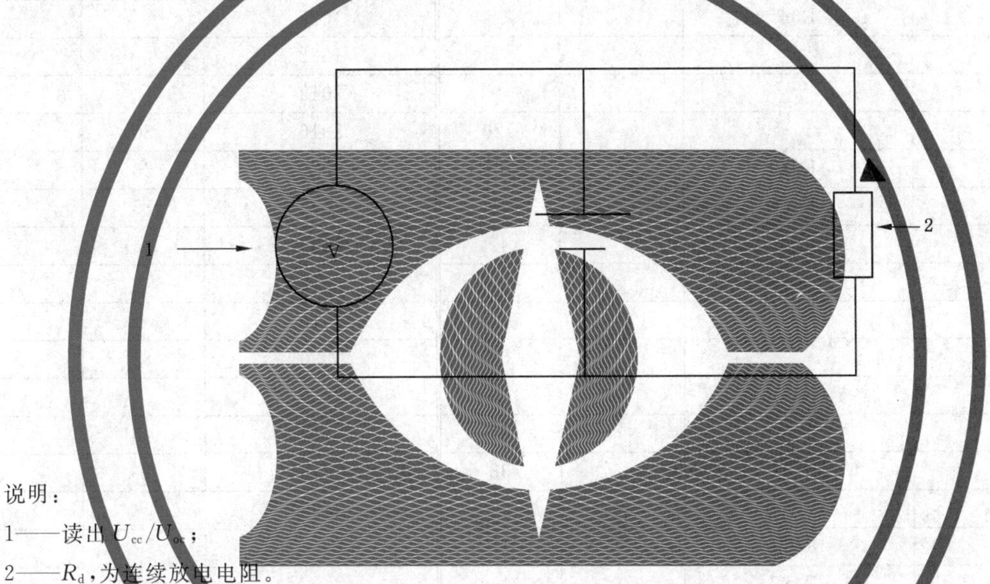

说明：

1——读出 U_{cc}/U_{oc}；

2——R_d，为连续放电电阻。

图 8 方法 B 的电路原理

b） 检验程序：按 7.2.6.2b)。

c） 容量的确定：当被测电池的闭路电压首次降低到表 5 规定的终止电压时，计算时间 t 并定义为放电时间(使用寿命)。

容量按式(6)计算：

$$C = \frac{U_{cc}(\text{平均})}{R_d} t \qquad (6)$$

式中：

C ——容量；

U_{cc}(平均) ——在放电时间(0～t)内 U_{cc} 的平均电压值；

t ——放电时间(使用寿命)。

表 8　放电电阻值

尺寸代码		电化学体系代码		尺寸代码	电化学体系代码	
GB/T 8897.3—2013	GB/T 8897.2—2013	L	S	GB/T 8897.3—2013 GB/T 8897.2—2013	C	B
		放电电阻 kΩ			放电电阻 kΩ	
416				1212		
421				1216		
510				1220	62	
512				1225		
514				1612		
516	R62		150	1616		
521	R63		100	1620	47	
527	R64		68	1625		
610				1632		
612				2012		
614			120	2016	30	
616	R65		100	2020	30	
621	R60		68	2025	15	
626	R66		47	2032		
710				2312		
712			100	2316		
714			68	2320	15	
716	R67		68	2325		
721	R58		47	2412		
726	R59		33	2416		
731			27	2430		
736	R41		22			
754	R48		15			
910						
912						
914						
916	R68		47			
920			33			
927	R57		22			
936	R45		15			
1110						
1112						
1114						
1116			39			
1120			22			
1126	R56		15			
1130	R54		15			
1136	R42		15			
1142	R43		10			
1154	R44		6.8			

注：空白处未填入的放电电阻值尚在研究中。

7.2.7 按方法 A 放电时内阻 R_i 的计算(选择项,可做可不做)

按 7.2.6 的程序每次测量 U'_{oc} 和 U_{cc} 之后,可采用式(7)计算电池的内阻。

$$R_i = \frac{U'_{oc} - U_{cc}}{U_{cc}/R_m} \qquad \cdots\cdots(7)$$

7.3 耐漏液性能

7.3.1 预置条件及预检验

电池在进行 7.3.2 和 7.3.3 的检验之前先按第 8 章进行外观检验。

电池在进行 7.3.2.1 和 7.3.2.2 的检验之前,应分别在规定的温度下(40 ℃和 45 ℃)预置 2 h,以避免在高湿度下形成冷凝。

7.3.2 高温高湿检验

7.3.2.1 推荐的检验方法

电池应在表 9 规定的条件下贮存。

表 9 推荐的检验方法的贮存条件

温度 ℃	相对湿度 %	检验时间 d
40±2	90～95	30 或 90
注:进行快速例行质量控制检验时,检验时间可为 30 d,而对新的电池进行质量鉴定检验时,检验时间应为 90 d。		

7.3.2.2 供选择的检验方法

经供需双方同意可选择表 10 的检验条件。

表 10 供选择的检验方法的贮存条件

温度 ℃	相对湿度 %	检验时间 d
45±2	90～95	20 或 60
注:进行快速例行质量控制检验时,检验时间可为 20 d,而对新的电池进行质量鉴定检验定时,检验时间应为 60 d。		

7.3.3 温度循环检验

电池应按图 9 的规定进行 150 次温度循环检验。

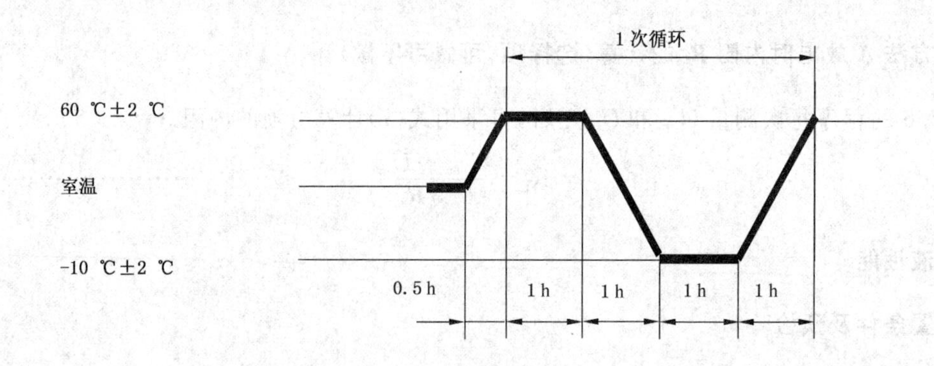

图 9 温度循环检验

相对湿度在室温下应为 50%～60%，随后它将随着温度的变化而变化。

8 外观检查及合格条件

8.1 预置条件

电池在进行外观检查之前或在进行了第 7 章所规定的检验之后，要在室温及相对湿度为 45%～70%下至少存放 24 h。

注 1：应在电解质结晶后观察漏液，必要时电池存放时间可超过 24 h。

注 2：此项检查适用于未使用过的电池、使用过的电池、或已做过不同检验的电池。

8.2 放大倍率

外观检查应在 10 x 或 15 x 的放大倍率下进行，要检出轻微的漏液需要 15 x 的放大倍率。

8.3 照明

进行外观检查时，被检电池表面的漫射白光的照度为 900 lx～1 100 lx。

8.4 漏液程度及分类

漏液程度及分类见表 11。

表 11 漏液程度及分类

漏液程度		图示	定义
类别	等级		
盐析	S1		用肉眼无法看出的，需在 15 x 的放大倍率下能看出的在密封圈附近很少量的漏液，其影响范围应小于密封圈周长的 10%

表 11（续）

漏液程度		图示	定义
类别	等级		
盐析	S2		肉眼可看出的在密封圈附近的轻微漏液。在15 x的放大倍率下，可以看出漏液的影响范围超过密封圈周长的10％
	S3		肉眼可看出在密封圈两侧有漏液扩散形成的污斑，但污斑未扩展到负极接触面
污斑	C1		在密封圈两侧有漏液扩散形成的污斑，但污斑未扩展到负极接触面的中心部分
	C2		漏液扩散形成的污斑已扩展到负极接触面的中心部分

表 11（续）

漏液程度		图示	定义
类别	等级		
漏液	L1		在覆盖着整个负极接触面的污斑上部分堆积着源自电解质的液体结晶形成的聚集物
	L2		在覆盖着整个负极接触面的污斑上全部堆积着源自电解质的液体结晶形成的聚集物

8.5 可接收合格条件

漏液程度的可接收水平和不合格数的比例由供需双方协商决定。

漏液程度超过 S1 的新电池不能提交质量鉴定。已按 7.3.2 检验过的电池，其可接收指标可适当放宽。若有必要外观检查可规定用照片作参考。

附　录　A
（规范性附录）
型号命名

以遵循本部分为目的而生产的手表电池应按如下所示命名型号，即用一个体系字母代码和其他数字和代码来命名，字母 W 则表示执行 GB/T 8897.3 或 IEC 60086-3。

示例：

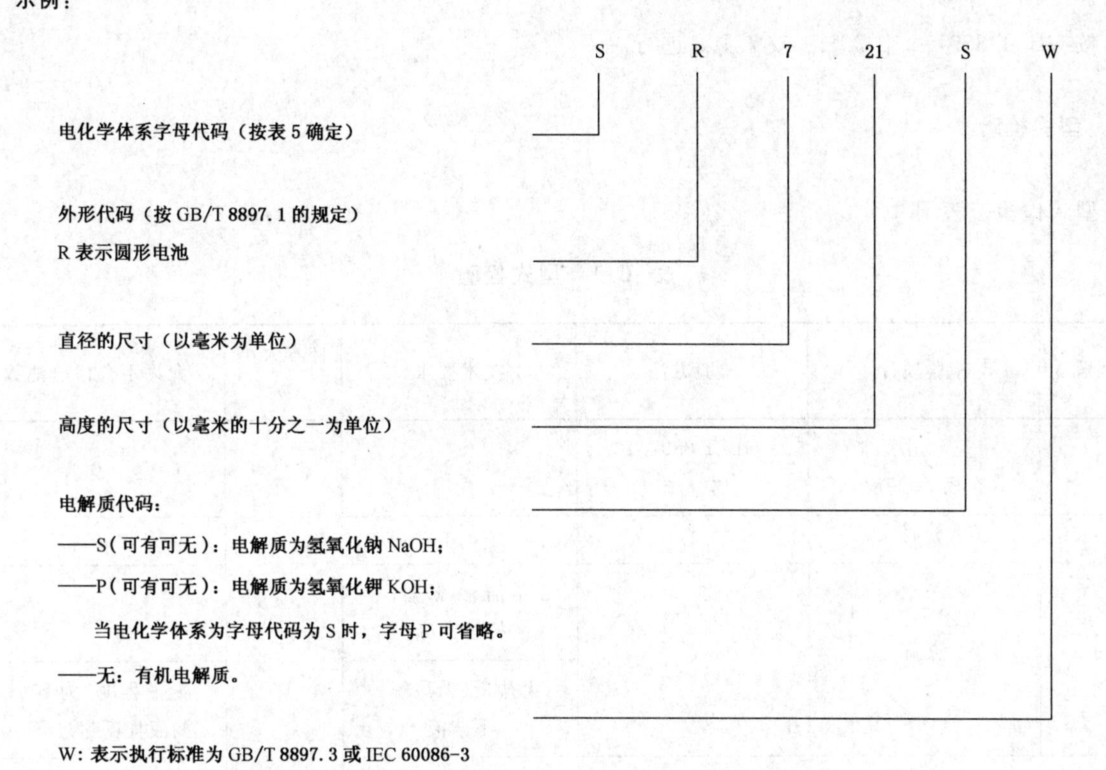

附　录　B
（规范性附录）
检验规则

B.1　交收检验

按 GB/T 8897.1 中 7.1.1 或 7.1.2 进行。

B.2　型式检验

型式检验按表 B.1。

表 B.1　型式检验

序号	检验项目	检验方法	技术要求	样本大小 n	允许不合格电池数
1	尺寸（直径、总高度）	GB/T 8897.1 中 5.6	4.1	20	0
2	外形	7.1.1	4.1		0
3	外观	8	清洁、无锈蚀、标志清晰		0
			无盐析、无污斑、不漏液		漏液程度[c] 为 S1:1 漏液程度超过 S1:0
4	开路电压	7.2.4	5.1		0
5	抗接触压力	4.5	4.5		0
6	耐漏液性能	7.3.1；7.3.2.1	无盐析、无污斑、不漏液	20	漏液程度[d] 为 S1:2 漏液程度超过 S1:0
7	容量或放电时间	7.2.6.2	GB/T 8897.2 中 6.4.1[b]	9	按 GB/T 8897.1 中 5.3
8	变形（直径、总高度）	GB/T 8897.1 中 5.6	4.6		0
9	容量保持率	7.2.6.2[a]	5.4	9	按 GB/T 8897.1 中 5.3

[a] 电池在标准条件下贮存 12 月后进行放电量检验；
[b] 放电时间要求按 GB/T 8897.2—2013 中 6.4.1，容量要求由供需双方协商确定；
[c] 漏液程度分类见表 11。

参 考 文 献

[1] IEC 60068-2-78:2001 环境检验 第2-78部分:检验 检验Cab:潮湿热,稳定态(IEC 60068-2-78:2001,Environmental testing—Part 2-78:Tests—Test Cab:Damp heat,steady state)

[2] ISO 8601:2004 数据参数和交换格式 信息交换 日期与时间的表达(ISO 8601:2004,Data elements and interchange formats—Information interchange—Representation of dates and times)

ICS 29.220.10
K 82

中华人民共和国国家标准

GB 8897.4—2008/IEC 60086-4:2007
代替 GB 8897.4—2002

原电池　第4部分:锂电池的安全要求

Primary batteries—Part 4: Safety of lithium batteries

(IEC 60086-4:2007,IDT)

2008-12-30 发布　　2010-03-01 实施

中华人民共和国国家质量监督检验检疫总局
中国国家标准化管理委员会　发布

前　言

本部分的第4章、第5章、第6章、第9章为强制性的，其余为推荐性的。

《原电池》分为以下5个部分：

——GB/T 8897.1《原电池　第1部分：总则》

——GB/T 8897.2《原电池　第2部分：外形尺寸和电性能要求》

——GB/T 8897.3《原电池　第3部分：手表电池》

——GB 8897.4《原电池　第4部分：锂电池的安全要求》

——GB 8897.5《原电池　第5部分：水溶液电解质电池的安全要求》

本部分是《原电池》的第4部分。

本部分等同采用IEC 60086-4:2007《原电池　第4部分：锂电池的安全要求》(第3版)。

本部分与IEC 60086-4:2007相比，仅做下述编辑性修改：

——"规范性引用文件"中的引用标准替换为我国相应的国家标准；

——用小数点符号"."代替小数点符号","；

——用"本标准"代替"本国际标准"；

——用"本部分"代替"本国际标准本部分"；

——删除国际标准中资料性概述要素(包括封面、目次、前言)。

本部分代替GB 8897.4—2002《原电池　第4部分：锂电池的安全要求》。

本部分与GB 8897.4—2002的主要技术性差异参见附录D。

本部分的附录A、附录B、附录C、附录D均为资料性附录。

本部分由中国轻工业联合会提出。

本部分由全国原电池标准化技术委员会(SAC/TC 176)归口。

本部分主要起草单位：国家轻工业电池质量监督检测中心、福建南平南孚电池有限公司、成都建中锂电池有限公司、吴江出入境检验检疫局、常州达立电池有限公司、力佳电源科技(深圳)有限公司。

本部分参加起草单位：武汉力兴(火炬)电源有限公司、广东正龙股份有限公司、广州市番禺华力电池有限公司。

本部分主要起草人：林佩云、刘燕、黄星平、吴一帆、王彩娟、徐平国、王建、王传义、黄伟杰、张超明。

本部分所代替标准历次版本发布情况如下：

——GB 8897.4—2002。

引　言

安全的概念与保护人民生命财产不受损害密切相关。本部分规定了锂电池的检验方法和要求。本部分所采用的IEC 60086-4第3版是在依据ISO/IEC导则,同时参考了所有适用的国家标准和国际标准的基础上制定的。

锂电池不同于传统的使用水溶液电解质的原电池,因为它们含有易燃物质。

因此,在设计、生产、销售、使用和处理锂电池时认真考虑安全性是重要的。基于锂电池的特殊性,作为消费品的锂电池最初是小尺寸和低功率的,而高功率电池被用于特殊工业和军事上,这类电池必须由专业人员进行更换。IEC/TC 35当时就是在这种背景下起草了IEC 60086-4的第1版。

然而,从20世纪80年代开始,高功率的锂电池开始广泛应用于消费领域,主要用作照相机的电源。随着对高功率电池需求的显著增长,不同的生产厂开始生产高功率锂电池。在这种情况下,IEC 60086-4第2版中增加了对高功率锂电池的安全要求。

本部分(采用IEC 60086-4第3版)的主要目标是使本部分的锂电池运输检验项目与GB 21966协调一致。

附录A是锂电池安全设计指南。附录B是以锂电池作电源的电器具的安全设计指南。附录A和附录B是依据参考文献[18]、同时考虑了照相机用锂电池的使用经验而制定的。

安全就是避免不可接受的风险。没有绝对的安全:风险总是存在的。因此产品、过程或服务只可能有相对的安全。安全就是在“理想的绝对安全”和“满足需求并考虑其他因素”之间寻求最佳平衡点的情况下将风险降低到可以接受的程度。(“满足需求”指产品、过程或服务满足要求;“其他因素”指用户利益、适用性、成本效率和社会公约等因素。)

安全会形成不同的问题,因此不可能提出一套适用于所有情况的精确的规定和建议。但是,当明智地遵循“适合时采用”时,本部分将是相当协调的安全规范。

原电池　第4部分:锂电池的安全要求

1　范围

本部分规定了锂原电池的检验项目和要求,以保证锂原电池在预期的使用以及可合理预见的误使用情况下安全工作。

注:GB/T 8897.2中已标准化的锂原电池应符合本部分中所有适用的要求。不言而喻,本部分也可以用来检测和/或保证未标准化的锂原电池的安全性。但是无论属于上述的哪种情况,都不声明或者保证符合(或不符合)本部分要求的电池能够满足(或不能满足)用户的任何特殊用途或需求。

2　规范性引用文件

下列文件中的条款通过本部分的引用而成为本部分的条款。凡是注日期的引用文件,其随后所有的修改单(不包括勘误的内容)或修订版均不适用于本部分,然而,鼓励根据本部分达成协议的各方研究是否可使用这些文件的最新版本。凡是不注日期的引用文件,其最新版本适用于本部分。

GB/T 8897.1　原电池　第1部分:总则(GB/T 8897.1—2008,IEC 60086-1:2007,MOD)

GB/T 8897.2　原电池　第2部分:外形尺寸和电性能要求(GB/T 8897.2—2008,IEC 60086-2:2007,MOD)

3　术语和定义

下列术语和定义适用于本部分。

3.1

总锂量　aggregate lithium content

一个电池中包含的所有单体电池的总的锂含量。

3.2

原电池　primary battery

装配有使用所必需的装置(如外壳、极端、标志及保护装置)的、由一个或多个单体原电池构成的电池。

3.3

扣式单体电池　button cell

总高度小于直径的圆柱形单体电池,形似纽扣或硬币。

3.4

[单体]原电池　primary cell

按不可以充电设计的、直接把化学能转变为电能的电源基本功能单元。由电极、电解质、容器、极端、通常还有隔离层组成。

3.5

单元电池　component cell

装入一个电池内的单体电池。

3.6

圆柱形单体电池　cylindrical cell

总高度等于或大于直径的圆柱形单体电池。

3.7

放电深度 depth of discharge

电池放出的容量占额定容量的百分比。

3.8

完全放电 fully discharge

电池放电深度为100%时的荷电状态。

3.9

伤害 harm

对人体健康的损伤或危害，或对财产或环境的损害。

3.10

危害性 hazard

造成伤害的潜在源。

3.11

预期的使用 intended use

按供方提供的信息对产品、过程或服务的使用。

3.12

大电池 large battery

总锂量超过500 g的电池。

3.13

单体大电池 large cell

总锂量超过12 g的单体电池。

3.14

单体锂电池 lithium cell

负极为锂或含锂的非水电解质单体电池。

3.15

标称电压 nominal voltage

用来标识某单体电池、电池或电化学体系的一个适当的电压近似值。

3.16

开路电压 open circuit voltage

放电电流为零时电池的电压。

3.17

矩形的 prismatic

描述各面均为矩形的平行六面体形状的电池。

3.18

保护装置 protective devices

诸如保险丝、二极管或其他电气或电子的限流装置，用来切断电流、阻断某个方向的电流或限制电路中电流。

3.19

额定容量 rated capacity

在规定的条件下测得的并由制造商声明的电池容量。

3.20

可合理预见的误使用 reasonably foreseeable misuse

未按供方的规定对产品、过程或服务的使用，但这种结果是由很容易预见的人为活动所引起的。

3.21

风险 risk

对发生伤害的可能性及伤害的严重性的综合衡量。

3.22

安全 safety

没有不可接受的风险。

3.23

未放电的 undischarged

电池放电深度为0%时的荷电状态。

4 安全要求

4.1 设计

锂电池按其化学组成(阳极、阴极和电解质)、内部结构(碳包式和卷绕式)以及实际形状(圆柱形、扣式、矩形)来分类。在电池的设计阶段就必须考虑各个方面的安全问题,要认识到不同的锂体系、不同的容量和不同的电池结构其安全性有很大的差异。

以下有关安全的设计理念对所有的锂电池均适用:

a) 通过设计防止温度异常升高超过制造商规定的临界值;

b) 通过设计限制电流,从而控制电池的温度升高;

c) 锂电池应设计成能释放电池内部过大的压力或能排除在运输、预期的使用和可合理预见的误使用情况下的严重破裂。

锂电池安全指南见附录A。

4.2 质量计划

制造商应制定质量计划,规定在生产过程中对材料、零配件、单体电池和电池的检验程序,并在电池生产的整个过程中加以实施。

5 抽样

5.1 总则

按照公认的统计学方法在产品批中抽取样品。

5.2 检验样品

检验的样品数见表1。用相同的样品按顺序进行检验A至检验E。从检验F至检验M每一项检验都要求用新的电池。

注:检验G和检验F两项中选做一项,如何选择取决于哪一项更适合模拟受检电池类型的内部短路。

表1 电池样品数

<table>
<tr><td></td><td colspan="2">单体电池和由一个单体电池构成的电池</td><td colspan="2">由多个多单体电池构成的电池</td></tr>
<tr><td rowspan="2">检验A至检验E的样品数</td><td>未放电的电池</td><td>完全放电的电池</td><td>未放电的电池</td><td>完全放电的电池</td></tr>
<tr><td>10</td><td>10</td><td>4[a]</td><td>4[a]</td></tr>
<tr><td rowspan="2">检验F至检验G的样品数</td><td>未放电的电池</td><td>完全放电的电池</td><td colspan="2" rowspan="2">电池不需要进行该检验,但其中的单元电池应已先行通过该检验。</td></tr>
<tr><td>5(扣式和圆柱形电池)
10(矩形电池)</td><td>5(扣式和圆柱形电池)
10(矩形电池)</td></tr>
<tr><td rowspan="2">检验H的样品数</td><td>未放电的电池</td><td>完全放电的电池</td><td colspan="2" rowspan="2">电池不需要进行该检验,但其中的单元电池应已先行通过该检验。</td></tr>
<tr><td>不适用</td><td>10</td></tr>
</table>

表 1（续）

	单体电池和由一个单体电池构成的电池		由多个多单体电池构成的电池	
检验 I 至检验 K 的样品数	未放电的电池	完全放电的电池	未放电的电池	完全放电的电池
	5	不适用	5	不适用
检验 L 的样品数	未放电的电池	完全放电的电池	不适用	
	5(+15)[b]	不适用		
检验 M 的样品数	50％放电深度的电池	75％放电深度的电池	不适用	
	5(+15)[b]	5(+15)[b]		

[a] 在检验电池时，除非它们的单元电池或由这些单元电池组成的电池先行检验过，那么被检电池的数量应当这样确定：这些电池中所包含的单元电池的数量至少应等于该检验项目所要求检测的单体电池的数量。

示例 1：假如检验一个内含 2 个单元电池的电池，那么检验所需的电池数为 5，如果这些单元或由这些单元电池组成的电池先前已检验过，那么所需检验的电池数为 4。

示例 2：假如检验内含 3 个或更多个单元电池的电池，那么检验所需的电池数为 4。

[b] 括号中是未放电的附加电池。

6　检验和要求

6.1　总则

6.1.1　检验项目

检验项目见表 2。

表 2　检验项目

电池构成类型	检验项目												
	A	B	C	D	E	F	G	H	I	J	K	L	M
	高空模拟	热冲击	振动	冲击	外部短路	重物冲击	挤压	强制放电	非正常充电	自由跌落	热滥用	不正确安装	过放电
单个	√	√	√	√	√	√	√	√	√	√	√	√[a]	√[b]
多个	√	√	√	√	√	不适用[c]	不适用[c]	不适用[c]	√	√	√	不适用	不适用

注：电池构成类型

单个：单体电池（cell）或由一个单体电池构成的电池（battery）

多个：由多个单体电池（cell）构成的电池（battery）

[a] 只适用于 CR17345、CR15H270 和具有卷绕式结构的、有可能发生不正确安装并被充电的相似类型的电池。

[b] 只适用于 CR17345、CR15H270 和具有卷绕式结构的、有可能过放电的相似类型的电池。

[c] 电池不需要进行该项检验，但其单元电池应已通过该项检验。

6.1.2　安全注意事项

警示：

要采取适当的防护措施，按程序进行检验，否则有可能造成伤害。

拟定这些检验项目时，是假定检验是由有资格、有经验的技术人员在采取适当的防护措施下进行的。

6.1.3 环境温度

除非另有规定，检验均在环境温度为(20±5)℃下进行。

6.1.4 参数测量误差

所有控制值的准确度(相对规定值而言)或测量值准确度(相对实际参数而言)应在以下误差范围内：

a) 电压：±1%；

b) 电流：±1%；

c) 温度：±2 ℃；

d) 时间：±0.1%；

e) 尺寸：±1%；

f) 容量：±1%。

以上的误差由测量仪器、所采用的测量技术以及检验过程中所有其他的误差综合组成。

6.1.5 预放电

当检验要求进行预放电时，应采用能获得其额定容量的电阻性负载、或采用制造商规定的电流将受检电池放电至相应的放电深度。

6.1.6 附加电池

当检验需要附加电池时，应使用和受检电池同类型的、而且最好是同批次的电池。

6.2 检验结果的判定标准

6.2.1 短路

电池在检验后开路电压低于检验前开路电压的90%的情况。

此要求不适用于完全放电态的受检电池。

6.2.2 过热

在检验中电池的外壳温度升高到170 ℃以上。

6.2.3 泄漏

在检验中电池以非设计预期的形式漏出电解质、气体或其他物质。

6.2.4 质量损失

在检验中，电池质量的损失量超过表3所给出的质量损失最大极限值。电池的质量损失 $\Delta m/m$ 按下式计算：

$$\Delta m/m = \frac{m - m_1}{m} \times 100\%$$

式中：

m——检验前电池的质量；

m_1——检验后电池的质量。

表3 质量损失最大极限值

电池的质量 m	质量损失限($\Delta m/m$)/%
$m \leqslant 1$ g	0.5
1 g$<m\leqslant 5$ g	0.2
$m>5$ g	0.1

6.2.5 泄放

在检验中，电池通过专门设计的功能部件泄出气体以释放内部过大的压力。气体中可能裹挟着各种物质。

6.2.6 着火

在检验中被检电池发出火焰。

6.2.7 破裂

在检验中，由于单体电池的容器或电池外壳的损坏，导致气体排出、液体溢出或固体的喷出，但未发生爆炸。

6.2.8 爆炸

在检验中，源自电池任何部件的固体物质穿破如图1所示的金属网罩。电池放在钢板的中央，罩上网罩，该网罩用直径为0.25 mm的退火铝丝编织而成，网格密度为每厘米(6～7)根铝丝。

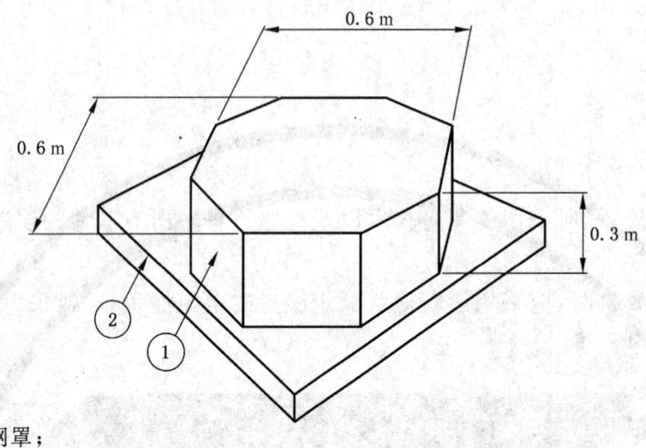

①——八边形的铝丝网罩；

②——钢板。

图1 网罩示意图

6.3 检验及要求一览表

本部分规定了锂电池在预期的使用情况下的安全检验项目(检验A至D)和可合理预见的误使用情况下的安全检验项目(检验E至M)。

表4 检验和要求

检验项目代号		项目名称	要求
预期的使用检验	A	高空模拟	无质量损失、不泄漏、不泄放、不短路、不破裂、不爆炸、不着火
	B	热冲击	无质量损失、不泄漏、不泄放、不短路、不破裂、不爆炸、不着火
	C	振动	无质量损失、不泄漏、不泄放、不短路、不破裂、不爆炸、不着火
	D	冲击	无质量损失、不泄漏、不泄放、不短路、不破裂、不爆炸、不着火
可合理预见的误使用检验	E	外部短路	不过热、不破裂、不爆炸、不着火
	F	重物撞击	不过热、不爆炸、不着火
	G	挤压	不过热、不爆炸、不着火
	H	强制放电	不爆炸、不着火
	I	非正常充电	不爆炸、不着火
	J	自由跌落	不泄放、不爆炸、不着火
	K	热滥用	不爆炸、不着火
	L	不正确安装	不爆炸、不着火
	M	过放电	不爆炸、不着火
用相同的电池依次进行检验A至检验E。 检验F和检验G两项中选做一项，由制造商决定哪一项检验更适合模拟相关类型的电池内部短路。			
注：检验结果的判定标准详见6.2。			

6.4 预期的使用检验

6.4.1 检验 A:高空模拟

a) 目的

模拟低气压环境下的空运。

b) 检验方法

在环境温度下,被检电池在不大于 11.6 kPa 的压力下至少放置 6 h。

c) 要求

电池在检验中应无质量损失、不泄漏、不泄放、不短路、不破裂、不爆炸、不着火。

6.4.2 检验 B:热冲击

a) 目的

通过温度循环的方法来评价电池的整体密封性能和内部的电连接性能。

b) 检验方法

被检电池在温度为 75 ℃的环境下至少放置 6 h,然后在−40 ℃的环境下至少放置 6 h。不同温度的转换时间应不超过 30 min。每个被检电池进行 10 个循环后,在环境温度下至少放置 24 h。

大电池在检验温度下的存放时间应至少为 12 h 而非 6 h。

用做过高空模拟检验的电池来进行该项检验。

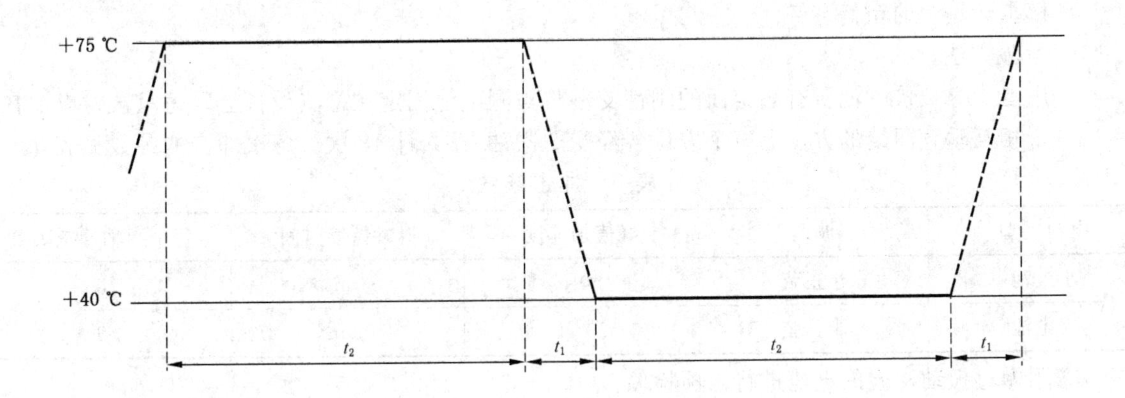

注:$t_1 \leqslant 30$ min;

$t_2 \geqslant 6$ h(对于大电池则为 12 h);

图形显示的是 10 次循环中一个循环。

图 2 热冲击步骤

c) 要求

电池在检验中应无质量损失、不泄漏、不泄放、不短路、不破裂、不爆炸、不着火。

6.4.3 检验 C:振动

a) 目的

模拟在运输中的振动。本检验条件基于 ICAO[2]所规定的振动范围。

b) 检验方法

以能如实传递振动但不致电池变形的方式将被检电池牢牢地固定在振动设备的振动平台上。按表 5 的规定对被检电池进行正弦波振动。在三个相互垂直固定的方位上每个方位各进行 12 次循环,每个方位循环时间共计 3 h。其中的一个方位应垂直于电池的极端面。

用做过热冲击检验的电池做该项检验。

表 5　振动波形(正弦曲线)

频率范围		幅值	对数扫频循环时间 (7 Hz-200 Hz-7 Hz)	轴向	循环次数
从	到				
$f_1=7$ Hz	f_2	$a_1=1\ g_n$	15 min	X	12
f_2	f_3	$s=0.8$ mm		Y	12
f_3	$f_4=200$ Hz	$a_2=8\ g_n$		Z	12
最后回到 $f_1=7$ Hz				总计	36

注：振动幅值是位移或加速度的最大绝对值。例如：0.8 mm 的位移幅值相当于 1.6 mm 的峰-峰值位移。

表中：

f_1,f_4——下限、上限频率

f_2,f_3——交越点频率($f_2\approx17.62$ Hz,$f_3\approx49.84$ Hz)

a_1,a_2——加速度幅值

s——位移幅值

c）　要求

电池在检验中应无质量损失、不泄漏、不泄放、不短路、不破裂、不爆炸、不着火。

6.4.4　**检验 D:冲击**

a）　目的

模拟运输中的粗暴装卸。

b）　检验方法

用能支撑被检电池所有固定面的刚性支座将被测电池固定在检测设备上。每只被检电池在三个相互垂直固定的方位上每个方位各经受 3 次冲击,共计 18 次。各次冲击的参数见表 6。

表 6　冲击参数

电池类型	波形	峰值加速度	脉冲持续时间	每个半轴冲击次数
小电池	半正弦	150 g_n	6 ms	3
大电池	半正弦	50 g_n	11 ms	3

用做过振动检验的电池进行该项检验。

c）　要求

电池在检验中应无质量损失、不泄漏、不泄放、不短路、不破裂、不爆炸、不着火。

6.5　可合理预见的误使用检验

6.5.1　检验 E：外部短路

a）　目的

模拟导致外部短路的条件。

b）　检验方法

在被检单体电池或电池的外壳温度稳定在 55 ℃后,在此温度下对电池进行外部短路,外电路的总阻值应小于 0.1 Ω,持续短路至电池外壳温度回落到 55 ℃后至少再继续短路 1 h。

继续观察被检样品 6 h。

用做过冲击检验的电池进行该项检验。

c）　要求

电池在检验之中以及在 6 h 的观察期内应不过热、不破裂、不爆炸、不着火。

6.5.2　检验 F:重物撞击

a）　目的

模拟电池内部短路。

注：为了和联合国关于《危险货物运输建议　检验和标准手册》[17]中的运输检验相协调，GB 21966已经包含了重物撞击检验。IEC认为将该项检验描述为误用检验比运输检验更合适。重物撞击是否能真正模拟电池内部短路还未经证实。对某些类型的单体电池来说，挤压检验更能模拟电池内部短路的情形。因此，挤压检验可作为模拟电池内部短路的检验方法之一。重物撞击和挤压两项检验中可任选一项。

b) 检验方法

将被检的单体电池或单元电池放在一平板上，在样品中央横放一根直径为15.8 mm的钢棒，使一9.1 kg的重物从61 cm±2.5 cm的高度落在此钢棒上。

圆柱形或矩形电池在经受重物撞击时，其纵轴应平行于平板，同时又垂直于放在样品上中央位置的钢棒的纵轴。矩形电池还应绕其纵轴旋转90°，以保证其宽、窄两面均经受重物撞击。扣式电池在经受重物撞击时，其扁平面应平行于平板，钢棒横放在电池的中心。

每个被检的单体电池或单元电池只经受一次重物撞击。

继续观察被检样品6 h。

用未做过其他检验的单体电池或单元电池进行该项检验。

当此项检验不适合模拟电池内部短路时，则不应进行此项检验。

c) 要求

电池在检验之中以及在6 h的观察期内应不过热、不爆炸、不着火。

6.5.3 检验G：挤压

a) 目的

模拟电池内部短路。

注：对某些类型的电池来说，挤压检验比重物撞击检验更适合模拟电池内部短路，因此该项检验是模拟电池内部短路的备选项目之一。

b) 检验方法

通过台钳或具有圆柱形活塞的液压油缸施加压力，使受检的单体电池或单元电池在两个平面之间被挤压。从最初的接触点开始，以约1.5 cm/s的速度持续进行挤压，直至挤压力达到大约为13 kN立即释压。

例：可通过活塞直径为32 mm的液压油缸产生压力，直至压力达到17 MPa（约13 kN）。

对于圆柱形电池，挤压时电池的长轴应平行于挤压装置的挤压面；对于矩形电池，挤压力应施加于垂直于电池长轴的两个轴向中的一个，下次再挤压另一轴向；对于扣式电池，则挤压其平面。

每一个单体电池或单元电池只挤压一次。

观察电池至少6 h以上。

用未做过其他检验的单体电池或单元电池进行该项检验。

只有当检验F：重物撞击不适用于模拟电池内部短路时，才进行该项检验。

c) 要求

电池在检验之中以及在6 h的观察期内应不过热、不爆炸、不着火。

6.5.4 检验H：强制放电

a) 目的

评价单体电池耐强制放电的能力。

b) 检验方法

单体电池在环境温度下与12 V直流电源串联连接，以电池制造商规定的最大持续放电电流作为初始电流强制放电。

将一个大小和功率合适的负载电阻与被检单体电池以及直流电源串联以获得规定的放电电流。

每一个单体电池被强制放电的时间t_d等于：

$$t_d = \frac{C_r}{I_i}$$

式中：

t_d——放电时间；

C_r——电池的额定容量；

I_i——放电初始电流。

用完全放电的电池进行该项检验。

在强制放电结束后，观察受检电池 7 d。

c) 要求

电池在检验中和 7 d 的观察期内应不爆炸，不着火。

6.5.5 检验 I：非正常充电

a) 目的

模拟在电器具中的电池经受外电源的反向电压的情形，例如，装了有缺陷的二极管的存储器备份设备（见 7.1.1）。该检验条件基于 UL 1642[15]。

b) 检验方法

每个电池反向接于一直流电源上，经受三倍于制造商规定的非正常充电电流 I_c。除非该直流电源可以设定电流，则应当在电池上串联一个阻值和功率恰当的电阻器来获得规定的充电电流。

检验时间由下式算得：

$$t_d = 2.5 \times C_n / (3 \times I_c)$$

式中：

t_d——检验时间。为了加快检验，允许调整检验参数，使得检验时间 t_d 不超过 7 d；

C_n——标称容量；

I_c——由制造商规定的进行该项检验的非正常充电电流。

c) 要求

电池在检验中不爆炸，不着火。

6.5.6 检验 J：自由跌落

a) 目的

模拟电池意外跌落的情形，该检验条件基于 GB/T 2423.8/IEC 60068-2-32[7]。

b) 检验方法

受检电池从 1 m 的高度跌落在混凝土表面上，每个电池应跌落 6 次，矩形电池的六个面朝下各一次，圆柱形电池在三个轴向上（如图 3 所示），每个轴向各两次，然后将受检电池放置 1 h。

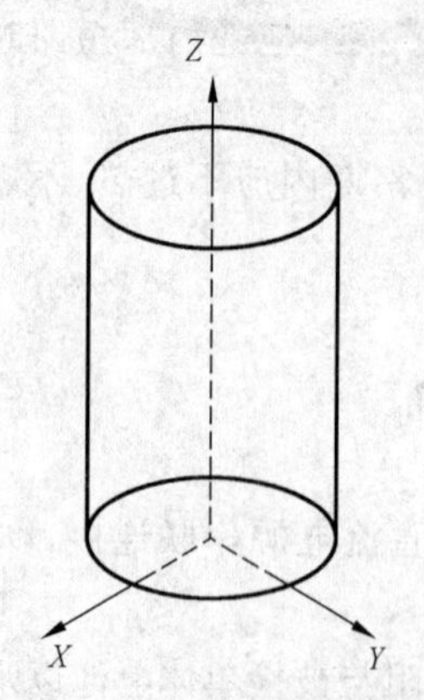

图 3　自由跌落的轴向

用未放过电的电池进行该项检验。

c) 要求

电池在检验中及 1 h 的观察期内应不泄放,不爆炸,不着火。

6.5.7 检验 K:热滥用

a) 目的

模拟电池遭受极端高温的情形。

b) 检验方法

将检验电池置于烘箱内,以 5 ℃/min 的速度升温至 130 ℃并在此温度下保持 10 min。

c) 要求

电池在检验中不爆炸,不着火。

6.5.8 检验 L:不正确安装

a) 目的

模拟内含一个单体电池的电池被倒装的情形。

b) 检验方法

一个受检电池和 3 个未放过电的、相同型号的内含一个单体电池的附加电池以如图 4 所示的方式串联连接,受检电池与其他电池反向连接。

回路的电阻应不大于 0.1 Ω。

接通该电路 24 h,或者直至电池外壳的温度恢复到环境温度。

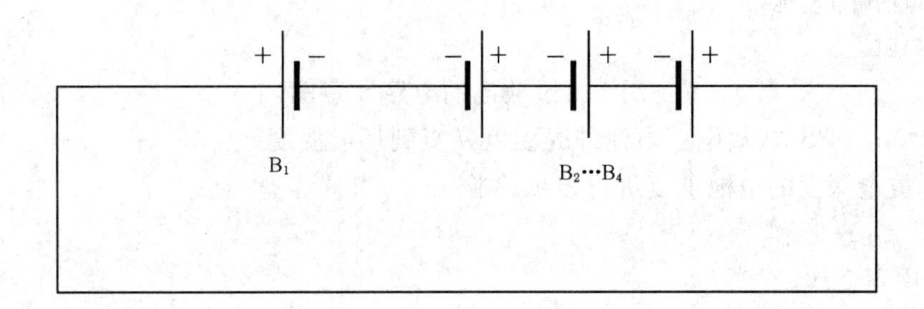

B_1——受检电池;

$B_2 \cdots B_4$——未放电的附加电池。

图 4 不正确安装的电路

c) 要求

电池在检验中应不爆炸,不着火。

6.5.9 检验 M:过放电

a) 目的

模拟一个已放过电的电池与其他未放过电的电池(均为内含一个单体电池的电池)串联相接的情形,进而模拟电池用于马达驱动的装置,通常需 1 A 以上的电流。

注:CR17345 和 CR15H270 电池普遍用于电流为 1 A 以上马达驱动的装置。对于非标准化的电池,其电流可能不同。

b) 检验方法

被检电池预放 50%放电深度后和三个同型号、未放电的电池串联连接。

电阻 R_1 按图 5 与电池组串联,R_1 的阻值见表 7。

表 7 过放电的负载电阻

电池型号	负载电阻 R_1/Ω
CR17345	8.20
CR15H270	8.20

注：当其他卷绕式的电池标准化后，该表将被修订和扩充。

示例：在对 CR17345 和 CR15H270 电池标准化时，R_1 的值是根据图 5 中电池组的终止电压并按下列公式计算得出的：

$$R = 4 \times 2.0\ \mathrm{V}/1\ \mathrm{A}$$

式中：

2.0——GB/T 8897.2 中规定的该电池的终止电压；

1 A——检验电流。

R 值经舍入后最接近于 GB/T 8897.1—2008 中表 5 的某个值确定为 R_1 值。

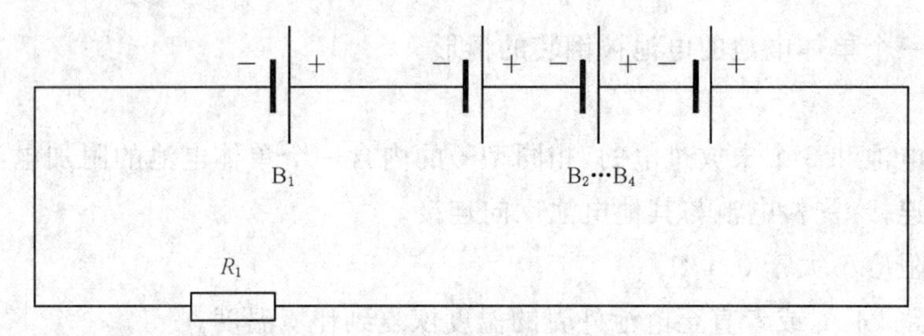

B_1——受检电池，分别进行 50%预放电和 75%预放电两次检验；

$B_2 \cdots B_4$——未放电的附加电池；

R_1——负载电阻。

图 5 过放电的电路示意图

将被检电池放电 24 h，或放电至电池外壳温度恢复到环境温度。

用预放 75%放电深度的电池重复进行该项检验。

c) 要求

电池在检验中不爆炸，不着火。

6.6 在相关技术规范中应有的信息

若在相关的技术规范引用本部分，当适用时，应给出以下参数：

	对应的条款
a) 制造商规定的预放电电流值；	6.1.5
b) 确定“重物撞击”和“挤压”两项检验哪一项更适合模拟电池内部短路的情形；	6.5.2 和 6.5.3
c) 制造商规定的进行检验 H：强制放电的最大的连续放电电流值；	6.5.4
注 1：当一个电池和其他电池串联时，或者当电池没有旁路二极管对它进行保护时，电池可能被强制放电。当适用时，应在技术规范中对此加以说明。	
d) 制造商规定的进行检验 I 的非正常充电电流值。	6.5.5
注 2：当一个电池和其他电池串联连接并且这个电池反接时，或者当一个电池与一个电源并联连接并且其保护装置不能正常工作时，这个电池就可能被非正常充电。当适用时，应在技术规范中对此加以说明。	

6.7 评价和报告

发出的检验报告应考虑包含下列内容：

a) 检验机构的名称和地址；

b) 申请者的名称和地址(适用时)；

c) 检验报告的唯一性标识；

d) 检验报告日期；

e) 被检电池的特征(见 4.1)；

f) 检验情况描述、检验结果及 6.6 提及的参数；

g) 报告签发者的姓名及身份。

7 安全信息

7.1 电器具设计安全注意事项(参见附录 B)

7.1.1 充电保护

当一个存储器备份电路中包含锂原电池时，应该用一个阻断二极管和限流电阻或其他保护装置来防止主电源对电池充电(见图 6)。

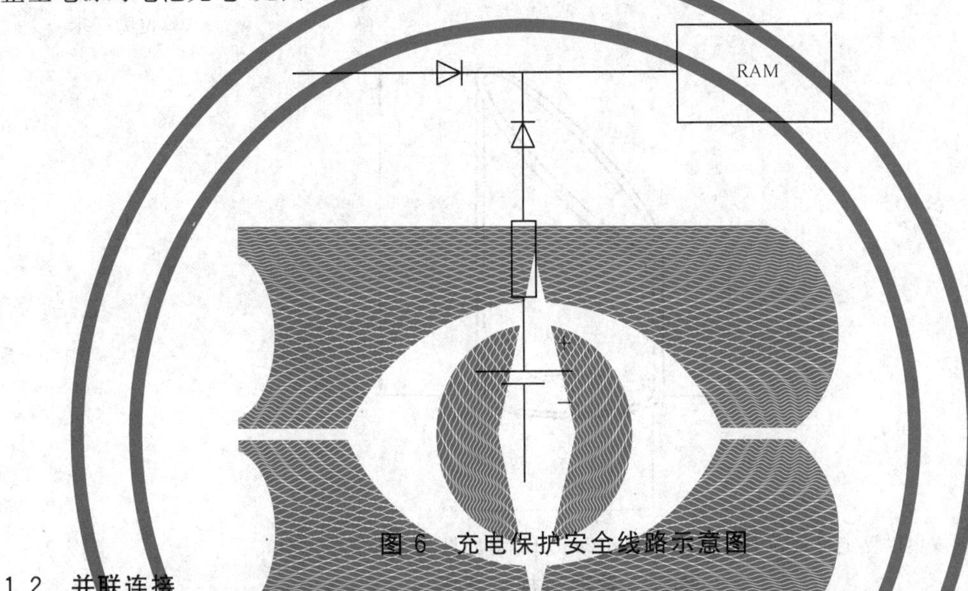

图 6 充电保护安全线路示意图

7.1.2 并联连接

在设计电池舱时应避免电池并联连接。但如果确实需要并联连接，应听取电池制造商的意见。

7.2 使用电池的安全注意事项

正确使用时，锂电池是安全可靠的电源。但如果误用或滥用，则可能发生泄漏或泄放，极端情况下还会爆炸和/或着火。

在使用锂电池时应注意以下事项：

a) 注意电池和电器具上“+”和“−”标志，将电池正确装入电器具。如果电池反装，电池有可能被充电或短路，从而导致电池过热、泄漏、泄放、破裂、爆炸、着火和人身伤害。

b) 不要将电池短路。当电池的正极(+)和负极(−)相互连接时，电池就短路了。例如：随意将电池放在装有钥匙或硬币的口袋里时，电池就可能会发生短路，从而导致泄放、泄漏、爆炸、着火和人身伤害。

c) 不要对电池充电。试图对不可再充电的电池(原电池)进行充电会使电池内部产生气体和/或热量，导致泄漏、泄放、爆炸、着火和人身伤害。

d) 不要使电池强制放电。当电池被外电源强制放电时，电池电压将被强制降至设计值以下，使电池内部产生气体，可能导致泄漏、泄放、爆炸、着火和人身伤害。

e) 不要将新旧、不同型号或品牌的电池混用。更换电池时，要用同一品牌、同一型号的新电池同时更换全部电池。不同品牌、不同型号的电池或新旧电池混用时，由于存在电压或容量的差异，可能会使某些电池过放电或强制放电，从而导致泄漏、泄放、爆炸、着火和人身伤害。

f) 应立即从电器具中取出耗尽电能的电池并妥善处理。如果放过电的电池长时间留在电器具中,有可能发生电解质泄漏,导致电器具的损坏和/或人身伤害。

g) 不要使电池过热。电池过热,可能会导致泄漏、泄放、爆炸、着火和人身伤害。

h) 不要直接焊接电池。焊接电池的热量可能会导致电池泄漏、泄放、爆炸、着火和人身伤害。

i) 不要拆解电池。拆解电池,接触电池内的部件是有害的,可能导致人身伤害或着火。

j) 不要使电池变形。电池不能被挤压、穿刺或遭受其他类型破坏。这些陋习会导致泄漏、泄放、爆炸、着火和人身伤害。

k) 不要用焚烧方式处理电池。焚烧电池时,积聚的热量可能会导致电池爆炸、着火和人身伤害。除了可采用被认可的可控制的焚烧炉外,不能焚烧电池。

l) 外壳损坏的锂电池不能与水接触。金属锂遇水会产生氢气、着火、爆炸和/或造成人身伤害。

m) 电池应远离儿童。尤其要将易被吞下的电池放在儿童拿不到的地方,特别是那些能放入图7所示的吞咽量规的电池。误吞电池应马上就医。

单位为毫米

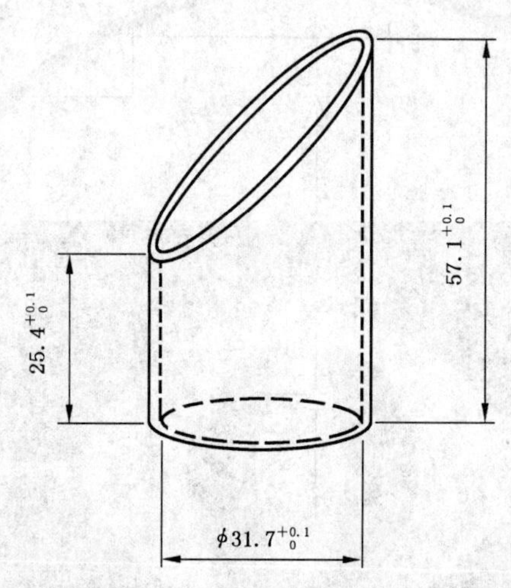

注:此量规用以界定可被吞下的部件,ISO 8124-1[14]对此量规做了定义。

图7 吞咽量规示意图

n) 无成人监护时不允许儿童更换电池。

o) 不要密封和/或改装电池。将电池密封或进行其他改装后,电池的安全泄放装置有可能被堵塞而引起爆炸并造成人身伤害。如果必须要对电池进行改装,应当征求电池制造商的意见。

p) 不用的电池应存放在原始包装中,远离金属物体。假如包装已打开,不要将电池混在一起。去掉包装的电池容易和金属物体混在一起,使电池发生短路,导致泄漏、泄放、爆炸、着火和人身伤害。防止这类情况发生的最好的方法之一是将不用的电池存放在原始包装中。

q) 如果长时间不使用电池,应将电池从电器具中取出(应急用途除外)。立即从已不能正常工作的电器具或预计长期不用的电器具(如摄像机、照相闪光灯)中取出电池是有益的。虽然现在市场上的大部分锂电池有良好的耐泄漏性,但是已部分放电或完全放电的电池比未用过的电池容易泄漏。

7.3 包装

电池应适当包装,以避免电池在运输、装卸及推放过程中损坏。应选择合适的包装材料及设计,防止电池意外导电、短路、移位、极端腐蚀及免受环境的影响。

7.4 电池纸板箱的装卸

电池纸板箱应小心装卸,粗暴装卸可能导致电池短路或受损,从而导致泄漏、爆炸或着火。

7.5 运输

7.5.1 总则

锂电池运输的检验和要求见GB 21966[11]。

根据联合国关于危险货物运输的建议[16]制定锂电池国际运输规则。

运输规程会被修订,因此运输锂电池应参考下列规则的最新版本。

7.5.2 空运

锂电池的空运规程在国际民航组织(ICAO)出版的《危险货物航空运输安全技术导则》[2]和国际航空协会(IATA)出版的《危险货物规则》[1]中规定。

7.5.3 海运

锂电池的海运规程在国际海运组织(IMO)出版的《国际海运危险货物规则》(IMDG)[12]中规定。

7.5.4 陆运

锂电池道路和铁路运输规则由一国或多国制定。虽然越来越多的管理者采用联合国的《规章范本》,仍然建议在货运之前应参考所在国制定的运输规则。

7.6 陈列和贮存

锂电池陈列和贮存的相关要求如下:

a) 电池应贮存在通风、干燥和凉爽的环境中。高温或高湿有可能导致电池性能下降和/或电池表面腐蚀。

b) 电池箱堆叠的高度不可超过制造商规定的高度。假如太多的电池箱堆叠在一起,最下层箱中的电池有可能受损并导致电解质泄漏。

c) 勿将电池陈列或贮存在阳光直射或遭受雨淋之处。当电池受潮时,电池的绝缘性能会降低,有可能发生电池自放电和腐蚀;高温会导致电池性能下降。

d)电池应保存在原包装中。若拆开包装将电池混在一起,电池有可能短路或损坏。

详见附录C附加信息。

7.7 处理

在不违反我国法规的情况下,锂原电池可作为公共垃圾处理。

处理电池时,在运输、贮存和装卸的过程中要注意以下安全事项:

a) 不要拆解电池。锂电池中的某些成分是易燃、有害的,会造成伤害、着火、破裂或爆炸。

b) 除可采用被认可的可控制的焚烧炉外,不能焚烧电池。锂会剧烈燃烧,锂电池在火中会爆炸。锂电池燃烧后的产物是有毒的、有腐蚀性的。

c) 将回收的锂电池存放在干净、干燥的环境中,避免阳光直射,远离极端热源。污物和潮湿可能造成电池短路和发热。发热可能引起易燃气体的泄漏,从而导致着火、破裂或爆炸。

d) 将回收的电池存放在通风良好的地方。使用过的电池可能还有剩余电荷。如果电池被短路、非正常的充电或强制放电,会造成易燃气体的泄漏。从而导致着火、破裂或爆炸。

e) 不要将回收的电池和其他材料混在一起。使用过的电池可能还有剩余的电荷。如果电池被短路、非正常的充电或强制放电,所产生的热量会点燃易燃的废物,如油腻的破布、纸张或木头,从而导致着火。

f) 保护电池的极端。应采用绝缘材料对电池极端进行保护,尤其是对高电压的电池。不保护极端会发生短路、非正常充电和强制放电。从而导致泄漏、着火、破裂或爆炸。

8 使用说明

使用说明如下:

a) 要正确选择尺寸和类型最合适的电池作预期的使用。应保留随电器具提供的信息资料,用作选择电池的参考。

b) 更换电池时应同时更换一组电池中的所有电池。

c) 电池装入电器具前,应清洁电池和电器具的接触件。

d) 确保装入电池时极性(+ 和—)正确。

e） 立即从电器具中取出电能已耗尽的电池。

9 标志

9.1 总则

除小电池外(见 9.2)，每个电池上应标标明以下内容：

a） 型号；

b） 生产时间(年和月)和保质期，或建议的使用期的截止期限；

c） 正负极端的极性(适用时)；

d） 标称电压；

e） 制造厂或供应商的名称和地址；

f） 商标；

g） 执行标准编号；

h） 安全使用注意事项(警示说明)；

i） 防止误吞小电池的警告[可参见 7.2 中的 m)]。

9.2 小电池

电池外表面过小，不能标下 9.1 规定的各项信息时，电池上应标明 9.1a)型号和 9.1c)极性。9.1 中规定的其他各项应标在电池的直接包装上。

扣式电池的生产时间(年和月)可用编码表示。

附 录 A
（资料性附录）
锂电池安全指南

设计民用高功率锂电池应遵循下列安全指南。该指南为参考资料。

表 A.1 电池设计指南

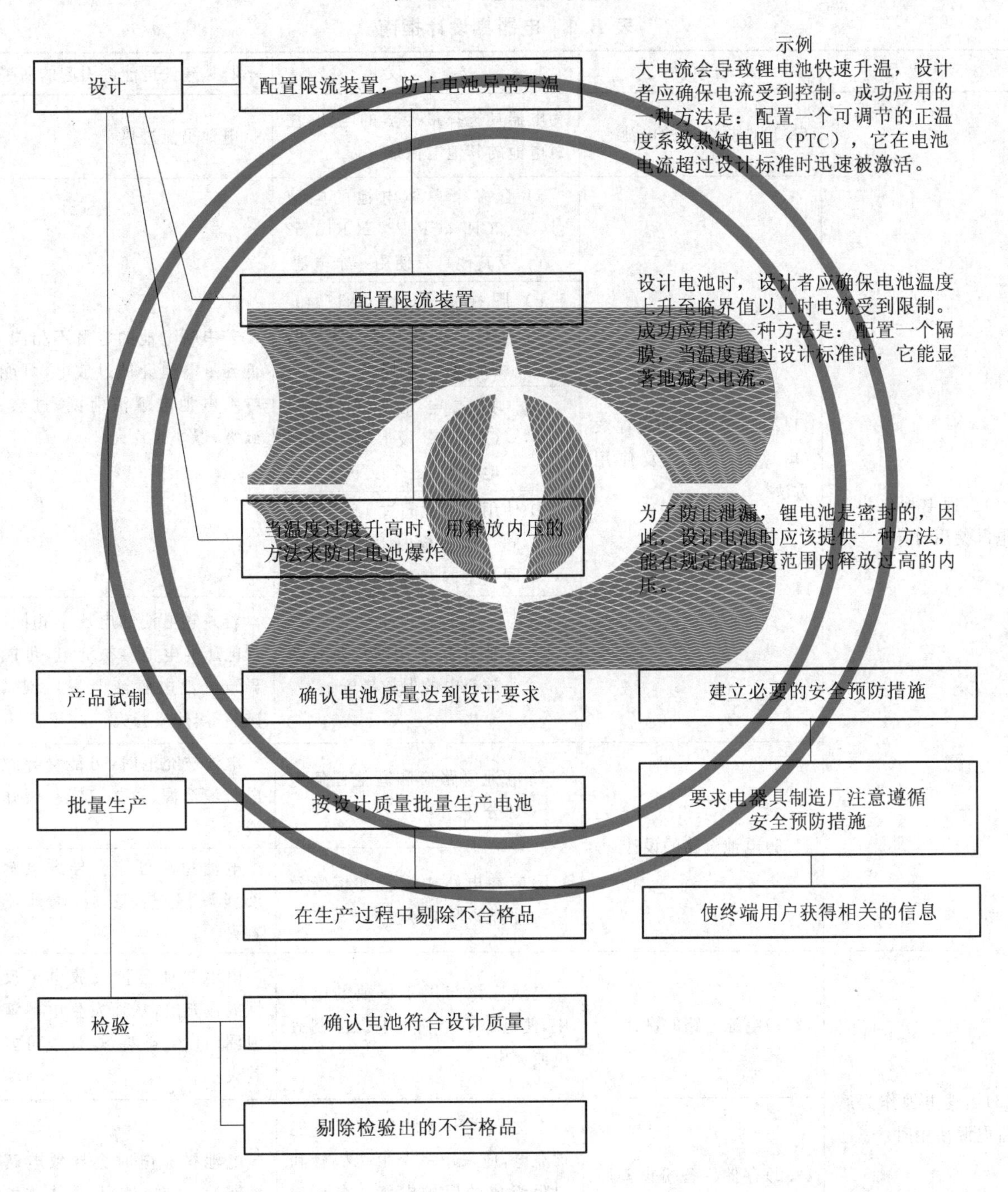

附 录 B
（资料性附录）
用锂电池作电源的电器具设计者指南

表B.1是供用锂电池作电源的电器具设计者使用的指南（也可参见GB 8897.5—2006附录B电池舱设计指南[19]）。

表B.1 电器具设计指南

项 目	分项目	建 议	不听从建议可能会引起的后果
(1)当锂电池作为主电源使用时	(1.1)选择合适的电池	为电器具选择最合适的电池，注意电池的其他电性能	电池可能过热
	(1.2)确定使用的电池数(串联或并联[a])及使用方法	a) 含多个单体电池的电池(2CR5，CR-P2，2CR13252及其他)，只使用一个电池	若串联电池的容量不相同，低容量电池会被过放电，可能导致电池电解液泄漏、过热、破裂、爆炸或着火
		b) 圆柱形电池(CR17345，CR11108及其他)，使用的电池数：三个以下	
		c) 扣式电池(CR17345，CR11108及其他)，使用电池数：三个以下	
		d) 使用的电池超过1个时，在同一电池舱内不可使用不同类型的电池	
		e) 电池并联使用时[a]，要有防止被充电的保护措施	若并联电池的电压不相同，低电压的电池会被充电，可能导致电池电解液泄漏、过热、破裂、爆炸或着火
	(1.3)电池电路的设计	a) 电池电路应和其他任何电源分开	电池被充电时，可能会导致电解液泄漏、过热、破裂、爆炸或着火
		b)应在电路中配置如熔断丝那样的保护装置	电池短路可能会导致电解液泄漏、过热、破裂、爆炸或着火
(2)当锂电池作为后备电源使用时	(2.1)电池电路的设计	电池应该与用于单独的电路中，使电池不会被主电源强制放电或充电	电池可能会被过放电至反性或被充电，从而发生电解液泄漏、过热、破裂、爆炸或可能着火
	(2.2)存储器备份设备用电池电路的设计	电池和主电源相连时有可能被充电，应采用一个由二极管和电阻组成的保护电路。在预期的电池寿命期间，二极管漏电电流的总量应低于电池容量的2%	电池被充电时会导致电解液泄漏、过热、破裂、爆炸或可能着火

表 B.1（续）

项　目	分项目	建　议	不听从建议可能会引起的后果
(3)电池夹具和电池舱		a) 电池舱应设计成当电池倒装时电路就开路。电池舱上应清晰永久地标明电池的正确方向	若不采取措施防止电池倒装，可能发生的电池电解液泄漏、过热、破裂、爆炸或着火会损坏电器具
		b) 电池室应设计成只允许规定尺寸的电池能装入并形成电接触	电器具可能会损坏或无法工作
		c) 电池室应设计成允许产生的气体排出	由于气体的产生使电池内压过高时，电池舱有可能受损
		d) 电池室应设计成能够防水	
		e) 电池室应设计成在密封的情况下能防爆	
		f) 电池舱应和电器具产生热量的相隔离	过热可能会使电池变形、电解液泄漏
		g) 电池室应被设计成不易被儿童打开	儿童可能会取出并吞下电池
(4)电接触件和极端		a) 电接触件和极端的材料及形状应合适，使之能形成并保持有效的电接触	接触不良时电接触件会产生热量
		b) 应设计辅助电路防止电池倒装	电器具可能会被损坏或无法工作
		c) 电接触件和极端应设计成能防止电池倒装	电器具可能会损坏。电池可能发生电解液泄漏、过热、破裂、爆炸或着火
		d) 应避免直接焊接电池	电池可能会泄漏、过热、破裂、爆炸或着火
(5)标明必要的注意事项	(5.1)标在器具上	电池舱上应清晰地标明电池的方向(极性)	电池倒装后被充电会导致电解液泄漏、过热、破裂、爆炸或着火
	(5.2)写在使用手册上	应写明正确使用电池的注意事项	可能会因不正确使用电池发生事故

[a] 见7.1.2。

附 录 C
（资料性附录）
关于电池陈列和贮存的附加信息

本附录是对“7.6 锂电池陈列和贮存”的详细补充。

贮存区应清洁、凉爽、干燥、通风、能防风避雨。

正常的贮存温度应在＋10 ℃～＋25 ℃之间，不能超过＋30 ℃。应避免长时间处于极端湿度(相对湿度高于95％或低于40％)下，因为这样的湿度对于电池和电池包装都有害。因此，电池不应贮存在暖气片或锅炉旁，也不应直接置于阳光下。

尽管在室温下电池的贮存寿命很长，但是在采取特殊预防措施后存放在的较低温度下时电池的贮存寿命更长。电池应密封在特殊的保护性的包装中(如密封包装袋或其他包装)，在电池温度回升至室温过程中仍应保留包装，以免电池上出现冷凝水。加速回升温度是有害的。

冷藏后恢复至室温的电池即可使用。

如果电池制造厂认可的话，电池可装在电器具内或放在包装内贮存。

电池可堆放的高度显然取决于包装箱的强度。一般规定，纸质包装箱堆放高度不得超过1.5 m，木箱不超过3 m。

上述建议也适用于电池在长途运输中的存放。电池应存放在远离船舶发动机的地方。夏季不应长期放在不通风的金属棚车(集装箱)内。

生产出的电池应立即配送，由配送中心周转到用户。为了实行存货按次序周转(先进的先出)，应妥善安排好贮存和陈列区域，并在包装上作好标记。

附 录 D
（资料性附录）
本部分与2002年版相比的主要技术性差异

与2002年版相比，本部分的主要技术性差异为：

——检验项目和检验方法与GB 21966相协调；

——增加了检验项目F：重物撞击和检验项目H：强制放电。增加检验项目F是为了和GB 21966相协调，检验项目重新编号，部分检验项目被修订或删除，带括号的项目其检验方法有较大的变化。详见表D.1。

表D.1 本版与2002年版检验项目及项目编号对比一览表

检验项目	项目编号	
	2002年版	本版
高空模拟	C-3	A
热冲击	(C-1)	B
振动	B-1	C
冲击	B-2	D
外部短路	D-1	E
重物撞击		F
挤压	E-2	G
强制放电		H
非正常充电	D-4	I
自由跌落	E-1	J
热滥用	F-1	K
不正确安装	D-3	L
过放电	D-6	M

参 考 文 献

[1] IATA,国际航空运输协会(IATA),魁北克:《危险货物规则》(每年修订)

[2] 国际民航组织(ICAO),蒙特利尔:《危险货物航空安全运输技术导则》

[3] IEC 60050-482:2004 国际电工词汇 第482部分:原电池和蓄电池

[4] IEC 60027-1:1992 电技术使用的字母符号 第1部分:总则

[5] GB/T 2423.10—2008 环境检验 第2部分:检验方法 检验Fc:振动(正弦曲线)(IEC 60068-2-6:1995,IDT)

[6] GB/T 2423.5—1995 环境检验 第2部分:检验方法 检验Ea和导则:冲击(IEC 60068-2-27:1987,IDT)

[7] GB/T 2423.8—1995 环境检验 第2部分:检验方法 检验Ed:自由跌落(IEC 60068-2-32:1990,IDT)

[8] IEC 60617(所有部分) 图表制作符号

[9] IEC 62133 含碱性或其他非酸性电解质的蓄电池 便携式密封单体蓄电池和由这些单体蓄电池组成的电池的安全要求

[10] IEC 61960 碱性或其他非酸性电解质蓄电池 便携式锂蓄电池

[11] GB 21966 锂原电池和蓄电池在运输中的安全要求(GB 21966—2008,IEC 62281:2004,IDT)

[12] 国际海事组织(IMO),伦敦:《国际海运危险货物规则》

[13] ISO/IEC 指南51:1999 安全方面 标准中涉及安全条款的编写指南

[14] ISO 8124-1 玩具安全要求 第1部分:涉及机械和物理性能的安全要求

[15] UL 1642 UL实验室 《锂电池标准》

[16] 联合国,纽约和日内瓦:《危险货物建议 规章范本》(每两年修订一次)

[17] 联合国,纽约和日内瓦:2003《危险货物运输建议 检验和标准手册》第38.3章

[18] 日本电池协会《照相机用锂电池安全设计和生产指南》(第2版,1998年3月)

[19] GB 8897.5—2006 原电池 第5部分:水溶液电解质电池的安全要求(IEC 60086-5:2005,MOD)

ICS 29.220.10
K 82

中华人民共和国国家标准

GB 8897.5—2013/IEC 60086-5:2011
代替 GB 8897.5—2006

原电池 第5部分：水溶液电解质电池的安全要求

Primary batteries—Part 5:Safety of batteries with aqueous electrolyte

(IEC 60086-5:2011,IDT)

2013-10-10 发布

2015-01-01 实施

中华人民共和国国家质量监督检验检疫总局
中国国家标准化管理委员会 发布

前言

本部分的全部技术内容为强制性。

GB/T(GB) 8897《原电池》标准分为5个部分:

——GB/T 8897.1《原电池 第1部分:总则》;

——GB 8897.2《原电池 第2部分:外形尺寸和电性能要求》;

——GB/T 8897.3《原电池 第3部分:手表电池》;

——GB 8897.4《原电池 第4部分:锂电池的安全要求》;

——GB 8897.5《原电池 第5部分:水溶液电解质电池的安全要求》。

本部分为GB(/T) 8897的第5部分。

本部分按照GB/T 1.1—2009给出的规则起草。

本部分代替GB 8897.5—2006《原电池 第5部分:水溶液电解质电池的安全要求》。

本部分等同采用IEC 60086-5:2011《原电池 第5部分:水溶液电解质电池的安全要求》。

本部分与GB 8897.5—2006相比,主要变化如下:

——修改了电池术语和定义;

——等同采用IEC 60086-5:2011,圆柱形锌-二氧化锰电池须进行试验D项目;

——增加了对矩形单体电池的检验要求(表1);

——电池各项安全检验均增加了“不着火”的要求;

——修改了对电池标志的要求;

——增加了附录C(资料性附录) 安全警示图。

与本部分中规范性引用的国际文件有一致性对应关系的我国文件如下:

——GB/T 8897.1—2013 原电池 第1部分:总则(IEC 60086-1:2011,MOD)

——GB/T 8897.2—2013 原电池 第2部分:外形尺寸和电性能要求(IEC 60086-2:2011,MOD)

本部分由中国轻工业联合会提出。

本部分由全国原电池标准化技术委员会(SAC/TC 176)归口。

本部分起草单位:广州市虎头电池集团有限公司、轻工业化学电源研究所(国家化学电源产品质量监督检测中心)、福建南平南孚电池有限公司、中银(宁波)电池有限公司、浙江野马电池有限公司、四川长虹新能源科技有限公司、广东正龙股份有限公司、常州达立电池有限公司、嘉善宇河电池有限公司、宁波豪生电池有限公司、力佳电源科技(深圳)有限公司。

本部分主要起草人:林佩云、邱仕洲、张清顺、谢红卫、陈水标、王胜兵、黄伟杰、童武勃、律永成、徐雅敏、王建。

本部分所代替标准的历次版本发布情况如下:

——GB 8897.5—2006。

IEC 引言

安全的概念与保护人民生命财产不受损害密切相关。IEC 60086-5 规定的水溶液电解质原电池的安全性能要求和检验方法,是依据 ISO/IEC 导则并参考了所有适用的国家标准和国际标准而制定的。本部分还包含了关于包装、使用、仓储和运输方面的信息以及供电器具设计人员参考的关于电池舱设计的指南。

安全是避免伤害风险和要求产品性能满足其他要求之间的一种平衡。不可能有绝对的安全,即使是安全度最高的产品,也只能是相对的安全。因此,要在风险性评估和安全判断的基础上来确定产品的安全性。

由于安全会引起不同的问题,因此不可能提出一整套适用于各种情况的严密防范措施和建议。但是,当明智地以“适合时采用”为基点时,本部分将是一个合理适用的安全标准。

原电池　第5部分：水溶液电解质电池的安全要求

1　范围

本部分规定了水溶液电解质原电池的安全性能要求和检验方法。

本部分适用于以保证电池在正常使用以及在可以预见到的误用情况下安全使用。

2　规范性引用文件

下列文件对于本文件的应用是必不可少的。凡是注日期的引用文件，仅注日期的版本适用于本文件。凡是不注日期的引用文件，其最新版本(包括所有的修改单)适用于本文件。

IEC 60086-1:2011　原电池　第1部分：总则(Primary batteries—Part 1:Gerneral)

IEC 60086-2:2011　原电池　第2部分：外形尺寸和电性能要求(Primary batteries—Part 2:Physical and electrical specifications)

IEC 60068-2-6　环境试验　第2-6部分：试验Fc　振动(正弦)[Environmental testing—Part 2-6:Tests—Test Fc:Vibrations(sinusoidal)]

IEC 60068-2-27　环境试验　第2-27部分：试验Ea　冲击(Environmental testing—Part 2-27:Tests—Test Ea and guidance:Shock)

IEC 60068-2-31　环境试验　第2-31部分：试验Ec　粗暴装卸冲击(主要用于设备型样品)(IEC 60068-2-31,Environmental testing—Part 2-31:Tests—Test Ec:Rough handling shocks,primarily for equipment-type specimens)

3　术语和定义

IEC 60086-1:2011界定的以及下列术语和定义适用于本文件。

3.1

电池　battery

装配有使用所必需的装置(如外壳、极端、标志及保护装置)的一个或多个单体电池。

3.2

扣式电池　button battery

小型的圆形电池，其总高度尺寸小于直径尺寸；电池外型符合IEC 60086-2:2011的图3和图4。

3.3

[单体]电池　cell

直接把化学能转变成电能的一种电源，是由电极、电解质、容器、极端、通常还有隔离层组成的基本功能单元。

3.4

圆柱形电池　cylindrical(cell or battery)

总高度等于或大于直径的圆柱形状的电池或单体电池。

3.5

电池爆炸　battery explosion

从电池的任何部位瞬间喷射出固体物质距离电池 25 cm 之外。

3.6

伤害　harm

对人体健康的损伤。

3.7

危险　hazard

伤害的潜在源。

3.8

指定使用　intended use

按供方提供的信息使用产品、过程和服务。

3.9

泄漏　leakage

电解质、气体或其他物质从电池内意外逸出。

3.10

标称电压　nominal voltage

V_n（符号）

用以标识某种电池或电化学体系的适当的电压的近似值。

3.11

原电池　primary cell or battery

按不可以充电设计的电池。

3.12

矩形电池　prismatic cell or battery

各面成直角的平行六面体形状的单体电池或电池。

3.13

保护装置　protective device

诸如保险丝、二极管或其他电气或电子的限流器，用来阻断电路中的电流。

3.14

可以预见到的误用　reasonably foreseeable misuse

可以预见到的，人们因行为习惯而不按供方的要求使用产品、过程和服务。

3.15

风险　risk

发生伤害的可能性及严重程度。

3.16

圆形电池　round cell or battery

横截面为圆形的电池或单体电池。

3.17

安全　safety

没有不可接受的风险。

3.18

未放电的　undischarged

原电池放电深度为0%时的荷电状态。

3.19

泄放　venting

设计的有意释放电池内部过大压力的一种方式，以防止发生爆炸。

4　安全要求

4.1　设计

4.1.1　总则

电池应设计成在正常(指定)的条件下使用时安全无危险性。

4.1.2　泄放

所有的电池都应安装释放压力的功能部件，或者其结构应设计成当电池内部压力超过防爆值时能释放过大的压力。如果必须将多个单体电池封装在一个外壳内，则所使用的密封剂和密封方法应不会导致电池在正常工作时发生过热或影响压力释放部件的工作。

应选择适当的电池外壳材料和/或最终的装配设计，使得当有一个或多个单体电池发生泄放时，电池外壳本身不会发生危险。

4.1.3　绝缘电阻

在500 V～600 V电压下，电池上外露的金属表面之间(不包括电接触面和任一个极端)的绝缘电阻应不小于5 MΩ。

4.2　质量计划

生产厂应制定质量计划，规定在生产过程中对材料、零配件、单体电池和成品电池的检验程序，并在生产电池的整个过程中加以实施。

5　抽样

5.1　总则

按经认可的统计方法在产品批中抽取样品。

5.2　型式鉴定抽样

型式鉴定抽样数按图1。

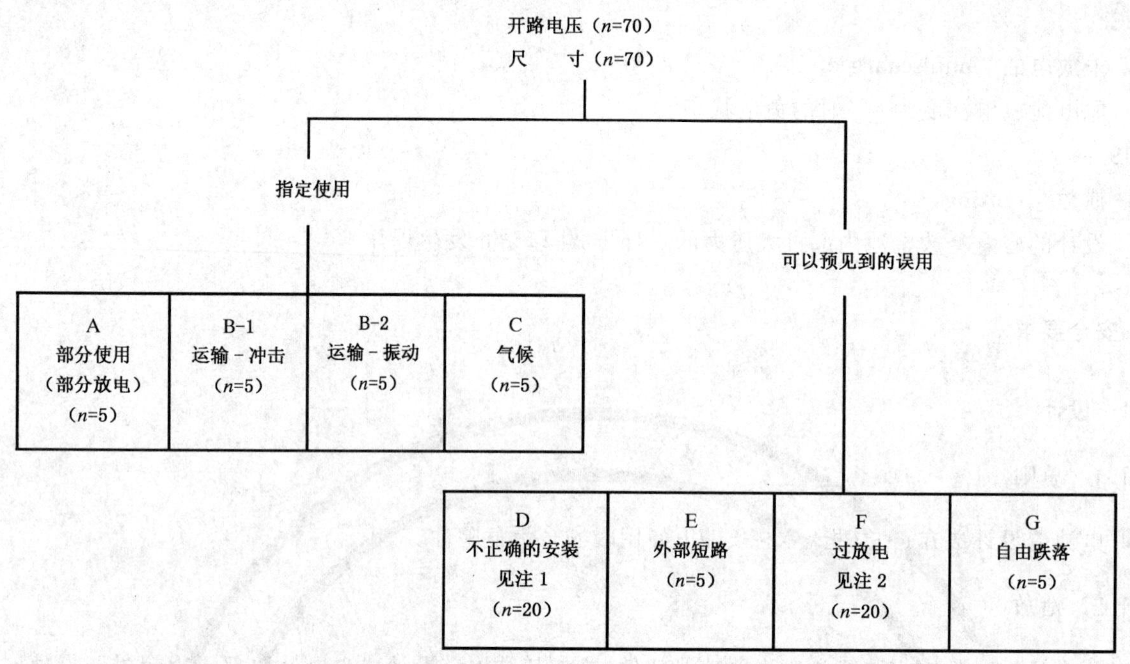

注1：4个电池串联，其中一个反向连接(共5组)。

注2：4个电池串联，其中一个是放过电的(共5组)。

图1　型式鉴定检验抽样及所需样品数

6　检验和要求

6.1　总则

6.1.1　适用的安全检验项目

适用的安全检验项目见表1。

表2和表6中的检验项目模拟电池在指定使用和可以预见到的误用时可能遇到的情形。

表1　检验项目

体系字母代号	负极	电解质	正极	单体电池的标称电压 V	外形	检验项目						
						A	B-1 B-2	C	D	E	F	G
—	锌 (Zn)	氯化铵、氯化锌	二氧化锰 (MnO_2)	1.5	R	√	√	√	√	√	√	√
					B	NR						
					Pr	√	√	√	√	√	√	√
					M	√	√	√	NR	√	√	√
A	锌 (Zn)	氯化铵、氯化锌	氧气 (O_2)	1.4	R	√	√	√	NR	√	√	√
					B	NR						
					Pr	√	√	√	√	√	√	√
					M	√	√	√	NR	√	√	√

表 1（续）

体系字母代号	负极	电解质	正极	单体电池的标称电压 V	外形	检验项目						
						A	B-1 B-2	C	D	E	F	G
L	锌 (Zn)	碱金属氢氧化物	二氧化锰 (MnO_2)	1.5	R	√	√	√	√	√	√	√
					B	√	√	√	NR	√	NR	√
					Pr	√	√	√	√	√	√	√
					M	√	√	√	NR	√	NR	√
P	锌 (Zn)	碱金属氢氧化物	氧气 (O_2)	1.4	R	NR						
					B	NR	√	√	NR	√	NR	√
					Pr	√	√	√	√	√	√	√
					M	NR						
S	锌 (Zn)	碱金属氢氧化物	氧化银 (Ag_2O)	1.55	R	√	√	√	NR	√	NR	√
					B	√	√	√	NR	√	NR	√
					Pr	√	√	√	√	√	√	√
					M	NR						

检验项目代号：

A：部分使用(部分放电)后存放

B-1：运输-冲击

B-2：运输-振动

C：气候-温度循环

D：不正确安装

E：外部短路

F：过放电

G：自由跌落

其他代号说明：

R：圆柱形电池(见 3.4)

B：扣式电池(见 3.2)

Pr：矩形单体电池(见 3.12)

M：含多个单体电池的电池

√：要求做检验

NR：不要求做检验

注：容量低于 250 mA·h 的 L 体系和 S 体系的扣式单体电池或电池以及容量低于 700 mA·h 的 P 体系扣式单体电池或电池免做任何检验。

6.1.2 安全警示

警示：

在检验过程中如果不采取适当的防护措施，则有可能造成人身伤害。

在拟定这些检验方法时，是假定检验已采取了适当的防护措施，由有经验、有资格的技术人员来进行的。

6.1.3 环境温度

除非另有规定，检验应在(20±5)℃下进行。

6.2 指定使用

6.2.1 指定使用的检验项目及要求

指定使用的检验项目及要求见表 2。

表 2 指定使用的检验项目及要求

<table>
<tr><th colspan="2">检验项目</th><th>所模拟的指定使用</th><th>要求</th></tr>
<tr><td>电性能检验</td><td>A</td><td>电池部分使用(部分放电)后贮存</td><td>不泄漏
不着火
不爆炸</td></tr>
<tr><td rowspan="2">环境检验</td><td>B-1</td><td>运输-冲击</td><td>不泄漏
不着火
不爆炸</td></tr>
<tr><td>B-2</td><td>运输-振动</td><td>不泄漏
不着火
不爆炸</td></tr>
<tr><td>气候-温度环境</td><td>C</td><td>气候-温度循环</td><td>不着火
不爆炸</td></tr>
</table>

6.2.2 指定使用检验方法

6.2.2.1 检验 A:电池部分使用(部分放电)后贮存

a) 目的

该项检验模拟已装入电器具的电池在关掉电器具后已部分放电的情形。这些电池可能会长时间地放在电器具内或者从电器具中取出后长时间的存放。

b) 检验方法

将未经放电的电池样品按 IEC 60086-2:2011 中规定的该型号电池负载电阻最小的放电方式放电，放电时间为最小平均放电时间(MAD)的 50%,放电后再在 45 ℃±5 ℃下贮存 30 d。

c) 要求

电池在检验过程中应不泄漏、不着火、不爆炸。

6.2.2.2 检验 B-1:运输-冲击

a) 目的

该检验模拟装有电池的电器具不小心被跌落的情形。检验条件在 IEC 60068-2-27 作了一般性规定。

b) 检验方法

未放电电池进行如下检验。

按表 3 规定的条件和表 4 规定的步骤进行检验。

冲击脉冲:施加于电池的冲击脉冲要求如下:

第 1 步 记录电池的开路电压。

第 2 步～第 4 步 按表 3 规定和表 4 的步骤进行冲击检验。

第5步 电池搁置1 h。

第6步 记录检验结果。

c) 要求

电池在检验过程中应不泄漏、不着火、不爆炸。

表3 冲击脉冲

加速度		波形
最初3 ms最小平均加速度	最大加速度	
$75g_n$	$125g_n$～$175g_n$	半正弦
注：g_n=9.806 65 m/s²。		

表4 检验步骤

步骤	搁置时间	电池取向	冲击次数	目视检验时段
1	—	—	—	检验前
2	—	见注	1次	—
3	—	见注	1次	—
4	—	见注	1次	—
5	1 h	—	—	—
6	—	—	—	检验后
注：在电池互相垂直的3个方向上各冲击一次。				

6.2.2.3 检验B-2：运输-振动

a) 目的

该检验模拟运输中的振动，检验条件在IEC 60068-2-6中作了一般性规定。

b) 检验方法

未放电电池进行如下检验。

按下列条件及表5中的步骤进行检验。

振动——对电池施加振幅为0.8 mm，最大总振幅为1.6 mm的简谐运动。频率变化1 Hz/min，频率范围10 Hz～55 Hz。电池分别承受相互垂直的3个方向的振动，每个方向往(10 Hz～55 Hz)、返(55 Hz～10 Hz)振动(90±5)min。

表5 检验步骤

步骤	搁置时间	电池取向	振动时间	目视检验时段
1	—	—	—	检验前
2	—	见注	每次(90±5)min	—
3	—	见注	每次(90±5)min	—
4	—	见注	每次(90±5)min	—
5	1 h	—	—	—
6	—	—	—	检验后
注：在电池互相垂直的3个方向上各振动一次。				

第1步　记录电池的开路电压。

第2步～第4步　按表5的步骤和6.2.2.3的规定进行振动检验。

第5步　电池搁置1 h。

第6步　记录检验结果。

c)　要求

电池在检验过程中应不泄漏、不着火、不爆炸。

6.2.2.4　检验C:气候-温度循环

a)　目的

该检验用来评估经过温度循环后有可能被削弱的电池的整体密封性能。

b)　检验方法

未放电电池按以下方法进行检验。

温度循环步骤(见下1)至7)和/或图2):

1)　置电池于检验舱内,在30 min(t_1)内将检验舱温度升至70 ℃±5 ℃;
2)　保持在此温度下4 h(t_2);
3)　在30 min(t_1)内将检验舱温度降至20 ℃ ±5℃,并保持在此温度下2 h(t_3);
4)　在30 min(t_1)内将检验舱温度降至−20 ℃±5 ℃,并保持在此温度下4 h(t_2);
5)　在30 min(t_1)内将检验舱温度升至20 ℃±5 ℃;
6)　重复以上步骤继续进行另9个循环;
7)　经上述10个循环后,再存放7 d后进行检验。

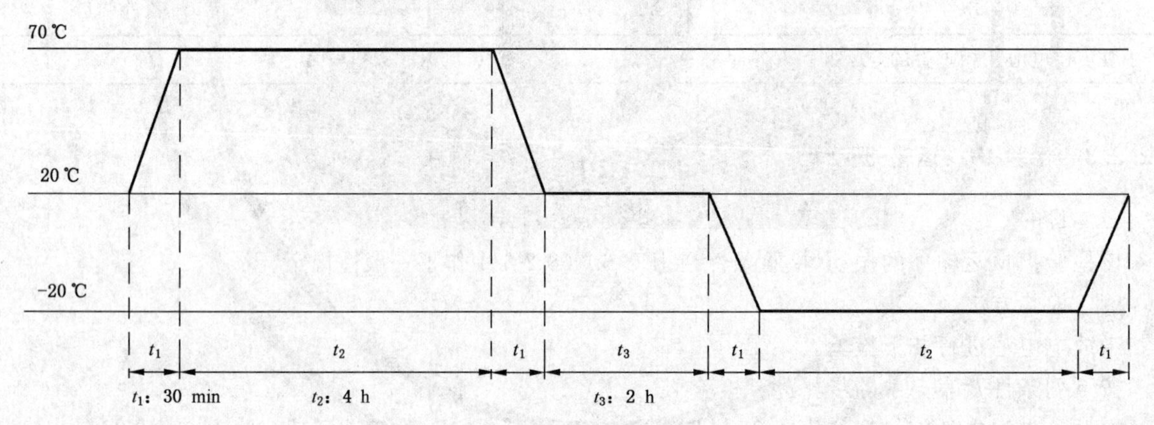

图2　温度循环步骤

c)　要求

电池在检验过程中应不着火、不爆炸。

6.3　可以预见到的误用

6.3.1　可预见误用的检验和要求(见表6)

表6　可预见误用的检验和要求

检验项目		所模拟的误用	要求
电性能检验	D	不正确的安装	不着火 不爆炸[a]

表 6（续）

检验项目		所模拟的误用	要求
电性能检验	E	外部短路	不着火 不爆炸
	F	过放电	不着火 不爆炸
环境检验	G	自由跌落	不着火 不爆炸

[a] 见 6.3.2.1 b)的注 2。

6.3.2 可预见误用的检验方法

6.3.2.1 检验 D:不正确的安装

a) 目的

该检验模拟一组(4 个电池串联)电池中有一个电池反向连接的情形。

b) 检验方法

如图 3 所示,4 个相同商标、型号和来源的未放电电池串联连接,其中一个电池(B1)反向连接,接通该回路 24 h 或至电池外壳温度降至环境温度。

电路中相互连接的电阻应不大于 0.1 Ω。

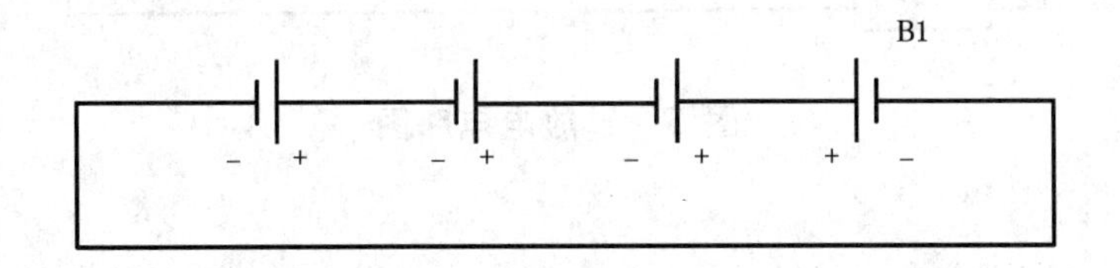

图 3 不正确的安装(4 个电池串联)电路图

注 1:图 3 的回路模拟一种典型的误用情况。

注 2:原电池不可被充电,然而当 3 个或多个串联的电池中有一个电池反向安装时,这个反向的电池就处于被充电的状况。虽然圆柱形电池已设计成能释放内部过高的压力,但是在某些情况下仍有可能发生爆炸。所以应该清晰明了地提醒使用者要根据电池的极性(+和—)正确装入电池,以避免造成伤害(见 9.1i))。

c) 要求

电池在检验过程中应不着火、不爆炸(见 6.3.2.1 b)的注 2)。

6.3.2.2 检验 E:外部短路

a) 目的

该检验模拟电池在日常使用时可能发生的外部短路。

b) 检验方法

未放电电池按图 4 连接。接通该回路 24 h 或至电池外壳温度降至环境温度。

电路中的连接电阻应不大于 0.1 Ω。

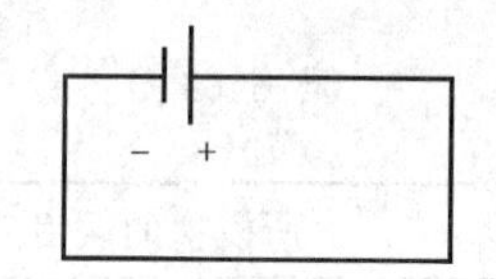

图 4　外部短路电路图

c)　要求

电池在检验过程中应不着火、不爆炸。

6.3.2.3　检验 F:过放电

a)　目的

该检验模拟 1 个已放电的电池与另外 3 个未放电电池串联的情形。

b)　检验方法

一个未放电电池(C1)按 IEC 60086-2:2011 规定的(以时间单位表示的)MAD 值最高的那项应用检验或放电量检验的条件放电,直至负荷电压降至 $n\times0.6$ V(n 为该电池中的单体电池数),然后将该放过电的电池(C1)和 3 个相同商标、型号和来源的未放电电池按图 5 所示串联连接。接通回路直至总的负荷电压降至 $4\times(n\times0.6$ V)。

R1 的电阻值应约为 IEC 60086-2:2011 中规定的该电池电阻负载检验中的最小电阻阻值的 4 倍,并最终确定为最接近于 IEC 60086-1:2011 中 6.4 的某个阻值。

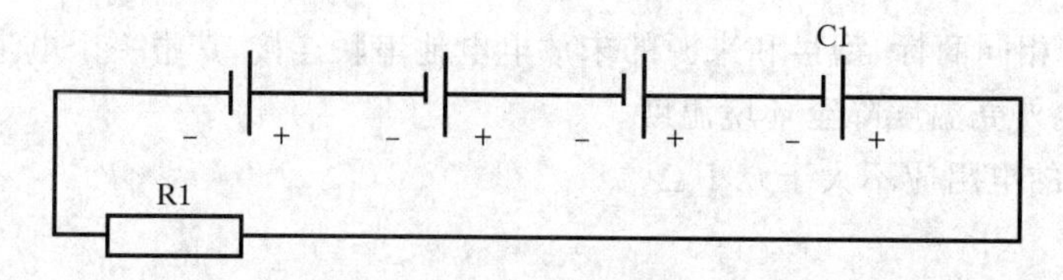

图 5　过放电电路图

c)　要求

电池在检验过程中应不着火、不爆炸。

6.3.2.4　检验 G:自由跌落

a)　目的

该检验模拟电池突然跌落的情形,检验条件依据 IEC 60086-2-31。

b)　检验步骤

未放电电池从 1 m 高度跌落在混凝土表面上,每个被测电池应跌落 6 次,矩形电池的 6 个面上各 1 次,圆形电池如图 6 所示在 3 个轴向上各两次,然后将被测电池放置 1 h。

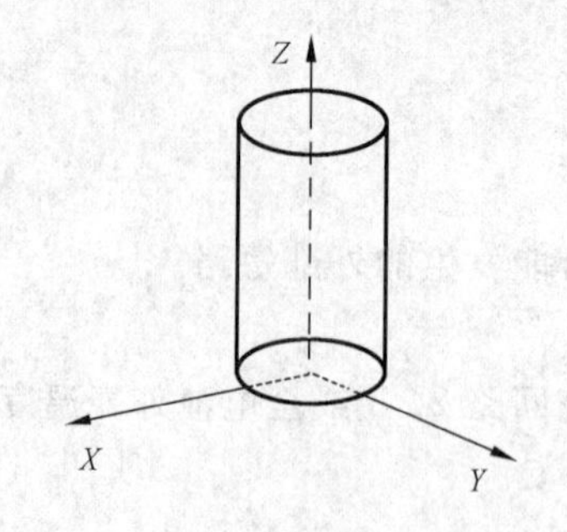

图 6　自由跌落的 ***XYZ*** 轴向

c) 要求

电池在检验过程中应不着火、不爆炸。

7 安全信息

7.1 使用电池安全注意事项

当正确使用时，水溶液电解质电池是一种安全可靠的电源。但是如果误用或滥用电池，则可能导致泄漏，在极端情况下还有可能爆炸和/或着火。

a) 应按电池及电器具上标明的极性标志(+和−)正确地装入电池。不正确装入电器具的电池有可能被短路或充电，使电池温度迅速升高，导致泄放、泄漏、爆炸和人身伤害。

b) 不要使电池短路。当电池的正极(+)和负极(−)直接连接时，电池就被短路了。例如，把电池和钥匙或硬币一起放在衣袋或手提包里，电池就可能被短路，从而有可能导致泄放、泄漏、爆炸和人身伤害。

c) 不要对电池充电。试图对不可充电的原电池充电会使电池内部产生气体和/或热量，导致泄放、泄漏、爆炸和人身伤害。

d) 不要强制电池放电。当电池被外电源强制放电时，电池的电压将被迫降至设计值以下并使电池内部产生气体，有可能导致泄放、泄漏、爆炸和人身伤害。

e) 不要将新旧电池或不同类型或牌号的电池混用。更换电池时，要用相同牌号、相同类型的新电池同时换掉所有的电池。当不同牌号或种类的电池一起使用，或新旧电池一起使用时，由于电池的电压或容量的不同，会使一些电池过放电而导致泄放、泄漏和爆炸，有可能造成人身伤害。

f) 应及时从电器具中取出电量已耗尽的电池并妥善处理。放过电的电池长时间留在电器具中有可能发生电解液泄漏而造成电器具损坏和/或人身伤害。

g) 不要加热电池。电池被加热后有可能发生泄放、泄漏和爆炸并导致人身伤害。

h) 不要直接焊接电池。当直接焊接电池时，电池有可能因受热而损坏，导致内部短路并引起泄放、泄漏和爆炸，可能导致人身伤害。

i) 不要拆卸电池。拆卸电池时与电池内的部件接触是有害的，可能会导致人身伤害或着火。

j) 不要破坏电池。不要对电池挤压、打孔或进行其他形式的破坏，如此滥用可导致泄放、泄漏、爆炸及人身伤害。

k) 不要用火处理电池。用火处理电池时，所产生的热量可导致电池爆炸和人身伤害。不要焚烧电池，除非被允许在可以控制的炉子里进行处理。

l) 电池应放在儿童拿不到的地方。易被儿童吞下的电池一定要放在儿童拿不到的地方，尤其是尺寸在吸入量规(见图7)限度范围以内的小电池。万一误吞电池应立即就医。

m) 无成人监督时不要让儿童更换电池。

n) 不要密封和/或改装电池。对电池进行密封或其他改装，可能导致电池的安全泄放装置被堵塞而引起爆炸和人身伤害，如果必须要对电池进行改装时应征求电池生产厂的意见。

o) 将不用的电池放在原包装内，远离易引起短路的金属物体。如果包装已经拆掉，不要把电池乱混在一起。去掉包装的电池可能会和金属物体混在一起，造成电池短路，从而引发泄放、泄漏、爆炸和人身伤害。避免发生短路的最好的方法之一是将不用的电池存放在原包装内。

p) 从预计将长时间不用的电器具中(紧急用途的电器具除外)取出电池。及时从已不能正常工作或估计较长时间不使用的电器具(如照相机、照相闪光灯等等)中取出电池是有益的。虽然现在市场上的大部分电池都带有保护性外套或采用其他容纳泄漏物的方式，但已部分放过电或电能已耗尽的电池比未用过的电池更易泄漏。

单位为毫米

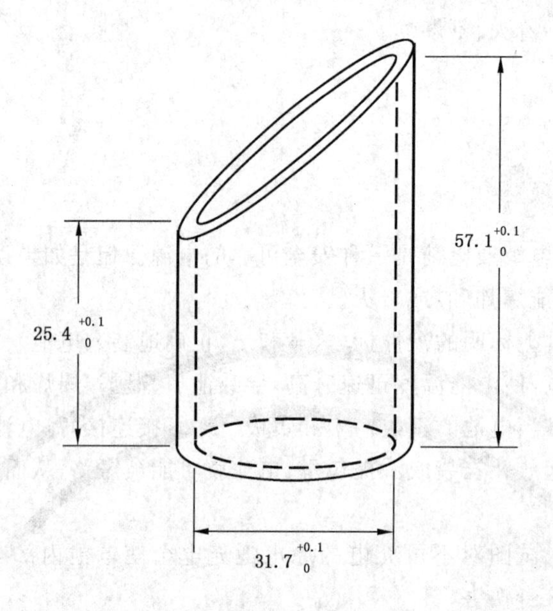

图7 吸入量规(内尺寸)

7.2 包装

应采用适当的包装,以避免电池在运输、装卸和堆放过程中损坏,应选择适当的包装材料和包装结构,防止电池意外导电、极端腐蚀,并有适当保护以免受环境影响。

7.3 箱装电池的装卸

粗暴装卸箱装电池会使电池受损,电性能下降,可能导致泄漏、爆炸或着火。

7.4 陈列和贮存

a) 电池应贮存在通风良好、阴凉干燥处。高温或高湿可能会损害电池性能或造成电池表面腐蚀。

b) 电池箱不应层层堆叠(或不应超过规定的高度)。如果过多的电池箱堆叠着,最底层箱中的电池有可能发生变形并导致泄漏。

c) 贮存在仓库或陈列在零售店中的电池不应当长时间暴露在阳光直射处或置于雨淋之处。电池受潮后其绝缘电阻减小,有可能发生自放电及锈蚀。

d) 不要将去掉包装的电池混堆在一起,以避免电池机械损伤或相互短路。当电池混堆在一起时,有可能受到机械损伤或由于外部短路引起过热,从而发生泄漏和/或爆炸。为避免发生危险,电池在使用前应保留在其包装内。

e) 其他信息详见附录A。

7.5 运输

在运输装载电池时,电池包装箱应稳妥叠放以防跌落。包装箱不能叠得太高,否则会压坏最底层的电池箱。要有抵御恶劣天气的防护措施。

7.6 处理

a) 不要拆卸电池;

b) 除使用可控制的炉子外,不要用火处理电池;

c) 在不违背当地法规的情况下，原电池可作为公共垃圾处理；

d) 对废电池有回收规定的地方，要考虑下列几点：

- 将收集的废电池存放在非导电的容器中。
- 将收集的废电池存放在通风良好的地方。因为有些用过的电池还有残余的电量，这些电池有可能被短路、充电或被强制放电并释放出氢气。如果收集电池的容器和存放处通风不良，氢气将会聚集，遇火源就会发生爆炸。
- 不要将收集的电池与其他物质或材料放在一起，因为有些用过的电池还有残余电量，这些电池有可能被短路、充电或被强制放电，由此产生的热量有可能引燃易燃的废物如油布、纸张或木头并引起火灾。
- 要注意保护废电池的极端，尤其是电压高的电池，以防止短路、充电和强制放电，例如可用绝缘带将电池的极端包起来。
- 不遵循这些建议有可能导致电池泄漏、着火和/或爆炸。

8 使用说明

a) 要始终正确地选择最合适的电池(尺寸和型号)用于某种指定的用途。随电器具提供的、可帮助人们正确选用电池的资料应妥善保存以供参考；

b) 同时更换一组电池中的所有电池；

c) 电池装入电器具前应清洁电池和电器具的电接触件；

d) 确保按极性(＋和－)正确装入电池；

e) 长时间不使用电器具时应取出电池；

f) 及时从电器具中取出电量已耗尽的电池。

9 标志

9.1 一般规则

除小电池(见 9.2)外，每个电池上均应标明以下内容：

a) 型号；

b) 生产时间(年和月)和保质期，或建议的使用期的截止期限；

c) 正极极端的极性(＋)；

d) 标称电压；

e) 制造厂或供应商的名称和地址；

f) 商标；

g) 执行标准编号；

h) 安全使用注意事项(警示说明)；

i) 含汞量(“低汞”或“无汞”)(适用时)。

标志的位置见表 7。

注：应标我国电池型号(即 IEC 型号)。如需加标其他国家或地区的俗称，可参见 IEC 60086-2:2011 的附录 D。

9.2 小电池的标志

a) 小电池主要是 IEC 60086-2:2011 中的第三类和第四类电池。小电池的表面太小，无法标上 9.1 的所有内容，对于这类电池，9.1 a)型号和 9.1 c)极性应标在电池上；9.1 中的其他标志可标在电池的直接包装(销售包装)上而不标在电池上。

b) 对于P-体系电池，9.1 a)型号可标在电池、密封条或包装上；9.1 c)极性可标在电池的密封条上和/或电池上，9.1中的其他标志可标在电池的直接包装(销售包装)上而不标在电池上。

c) 应有防止误吞小电池的注意事项(见7.1中l))。

表7 标志要求

标志	电池 (除小电池外)	小电池	
			P体系电池
a) 型号	A	A	C
b) 生产时间(年和月)和保质期，或建议的使用期的截止期限	A	B	B
c) 正极端的极性(+)	A	A	D
d) 标称电压	A	B	B
e) 制造厂或供应商的名称和地址	A	B	B
f) 商标	A	B	B
g) 执行标准编号	A	B	B
h) 安全使用注意事项(警示说明)	A	B[a]	B[a]
i) 含汞量("低汞"或"无汞")(适用时)	A	B	B

A:应标在电池上；
B:可标在电池的直接包装(销售包装)上而不标在电池上；
C:可标在电池、密封条或直接包装(销售包装)上；
D:可标在电池的密封条上和/或电池上。

[a] 应有防止误吞小电池的注意事项(见7.1中l))。

附 录 A
（资料性附录）
关于7.4的附加信息

本附录的目的是概述一些好的实践经验，更确切地说，是根据经验告诉人们避免一些有害的做法。它以建议的形式告知电池生产厂、批发商、使用者以及电器具的设计者。

贮存及库存周转

a) 正常的贮存温度应在10 ℃～25 ℃之间，不应当超过30 ℃。应避免长时间处于极端湿度（相对湿度高于95%或低于40%）下，因为这样的湿度对电池和包装都有害。因此电池不应存放在散热器或锅炉等热源旁，也不应置于阳光直射处。

b) 尽管在室温下贮存的电池其寿命较长，但在采取了特殊预防措施后存放在较低的温度下，电池的贮存寿命会得以提高。电池应密封在专门的保护性包装中（如密封塑料袋之类），在电池温度回升至环境温度的过程中仍应保留此包装，以保护电池免受冷凝水的影响。快速升温是有害的。

c) 冷藏后恢复至室温的电池应尽快使用。

d) 如果电池生产厂认为合适的话，电池可以装在电器具或其包装内贮存。

e) 电池可堆放的高度取决于包装箱的强度。一般规定纸箱堆放高度不超过1.5 m，木箱不超过3 m。

f) 上述建议也适用于电池在长途运输中的存放条件，因此电池应存放在远离船舶发动机的地方；夏季不应当长时间地滞留在金属棚车（集装箱）内。

g) 生产出的电池应立即发送，通过配送中心周转到用户。可实行存货按次序周转（先进的货先发出），贮存区和陈列品应作适当的安排，并在包装上作适当的标记。

附 录 B
（资料性附录）
电池舱设计指南

B.1 背景

B.1.1 概述

以电池作电源的电器具技术的日益发展，促使原电池在化学和结构两方面趋于成熟，电池容量和放电能力得以提高。电池技术的不断发展进步以及人们对电池安全性和最佳性能两方面需求的认识，使之对所报导的电池故障大多数是由于消费者偶然误用导致电池滥用所造成的说法得以确认。

下列内容可以帮助以电池作电源的电器具设计者们大大减少或消除电池故障。

B.1.2 电池舱设计不佳导致电池故障

电池舱设计不良可导致电池反向装入或使电池短路。

B.1.3 由于电池反向引起的潜在危险

在由3个或更多的电池串联组成的电路中（见图B.1），如果有一个电池反向，就存在下列潜在的危险：

a） 该反向电池被充电；

注：充电电流受外电路/负载的限制。

b） 该反向电池内部产生气体；

c） 该反向电池发生泄放；

d） 该反向电池的电解质泄漏。

注：电池的电解质对人体组织是有害的。

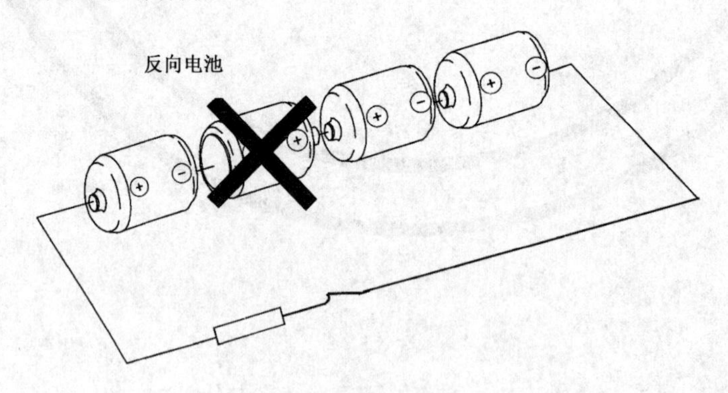

图B.1 示例：串联连接时有一个电池反向

B.1.4 由短路引起的潜在危险

a） 大电流通过导致热量产生；

b） 产生气体；

c） 发生泄放；

d) 电解质泄漏；

e) 产生的热量损坏绝缘的外包装(如造成外包装收缩)。

注：电池的电解质对人体组织有害，产生的热量有可能导致灼伤。

B.2 电器具设计指南

B.2.1 首先考虑的关键因素

该指南主要针对尺寸范围从R1到R20的圆柱形电池，所涉及到的电池体系一般是碱性锌-二氧化锰体系和碳锌体系。虽然这两个体系是可以互换的，但是这两个体系的电池决不能放在一起使用。

在电池舱设计的初期阶段，就应当注意到这两个体系下述的外形差异和允许的设计特征。

a) 碱性锌-二氧化锰电池的正极极端与电池外壳相连。

b) 碳锌电池的正极极端与电池外壳绝缘。

c) 这两种类型的电池都有绝缘的外包装，可以是纸、塑料或其他非导电的材料。外包装偶尔也可能是金属的(导电性的)，但此时它是与电池的基本单元相绝缘的。

d) 在设计构成电器具的负极接触件时，应当注意到有些电池的负极端可能是凹进去的(解释参见IEC 60086-1:2011中4.1.3)。因此为了确保能形成良好的电接触，电器具应避免采用完全扁平的接触件。

e) 无论在什么环境下，电池的连接件或电器具电路上的任何部分都不能和电池的外包装相接触。如果电池舱的设计允许发生上述情况，则要冒发生短路的风险。

注：例如，当装入电池时，用作负极连接件的螺旋状的(非圆柱形的)弹簧应当被均匀地压下而不是架在电池的外壳上。(不建议电器具与电池正极的接触采用弹簧连接件。)

B.2.2 其他要考虑的重要因素

a) 建议生产以电池作电源的电器具公司与电池行业保持密切的联系。在电器具设计之初就应考虑现有的各种电池的性能。只要有可能，就应选择IEC 60086-2中已有的电池类型。

b) 电池舱应设计成使电池易于装入而不易掉出。

c) 电池舱应设计成能防止幼儿易于接触到电池。

d) 尺寸不应当局限于某一电池厂的电池，否则当要更换装入不同来源的电池时就会有麻烦。在设计电池舱时应考虑到IEC 60086-2所规定的电池尺寸和公差；

e) 清晰地标明所用电池的类型、极性(+和-)的正确排列及电池装入的方向。

f) 虽然电池的耐泄漏性能已得到极大改善，但偶尔仍会发生泄漏。如果电池舱无法与电器具完全隔开时，应将其置于适当的位置，使电器具因电池泄漏而损坏的可能性降至最小。

g) 电器具的电路应设计成当每个电池的电压降至0.7 V时，即串联电池的总电压降至$0.7 \times n_s$时(n_s为串联连接的电池数)电器具就不能工作。低于此电压的电池继续放电会使电池内发生不利的化学反应而导致泄漏。

B.3 防止电池反向安装的措施

B.3.1 概述

为了解决由于电池反向安装而带来的问题，在电池舱的设计阶段就应当考虑要确保电池不会装错，或者即使装错也无法形成电接触。

B.3.2 正极接触件的设计

对于 R03、R1、R6、R14、R20 这些尺寸的电池，建议按图 B.2 和图 B.3 所示设计电池舱，同时还要采取措施防止电池在电池舱中不必要的移动。

注：电池的接触件应加以防护以防止发生短路。

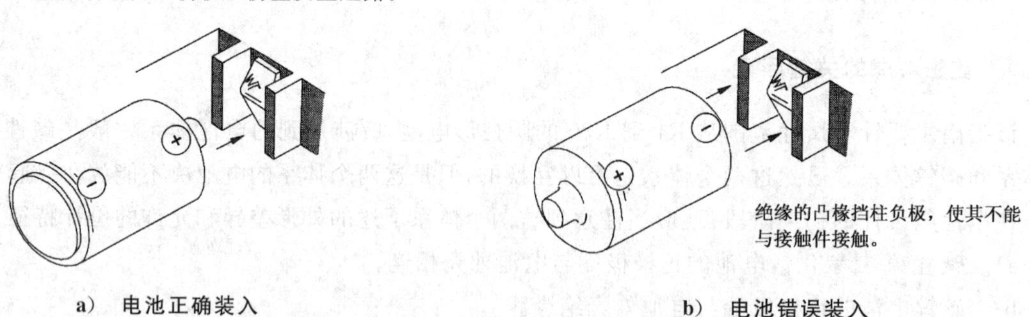

图 B.2 正极接触件隐藏在凸椽之间

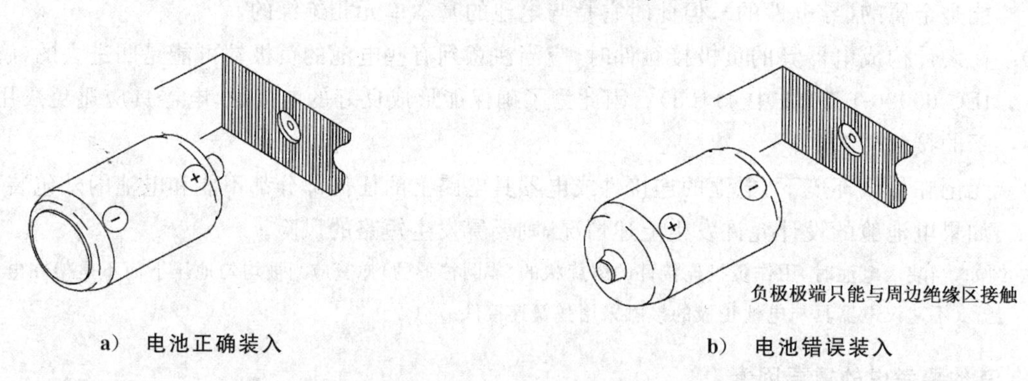

图 B.3 正极接触件凹隐在周围的绝缘体中

B.3.3 负极接触件的设计

为 R03、R1、R6、R14 和 R20 尺寸的电池设计电池舱的建议见图 B.4。

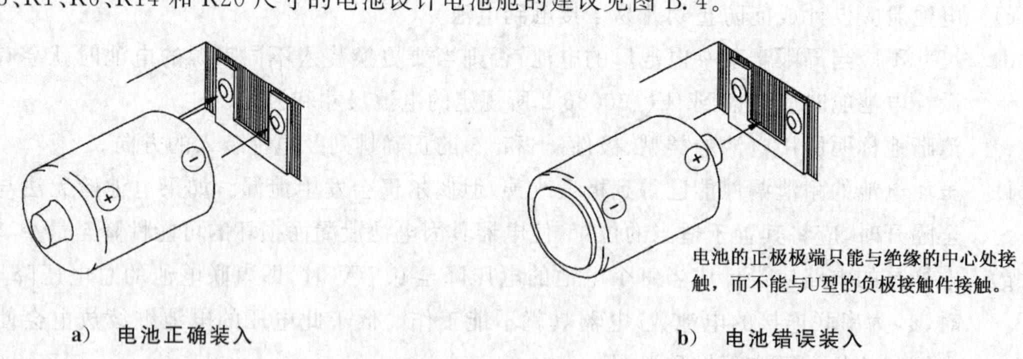

图 B.4 U 型的负极接触件使得电池的正极不能与之形成接触

B.3.4 设计时应考虑电池的朝向

为了避免反向装入电池，建议所有的电池应朝向一致，图 B.5a)和图 B.5b)为两个示例。

图 B.5a)展示的是电池在电器具中安置的首选方式，而图 B.5b)是一个可选方式。

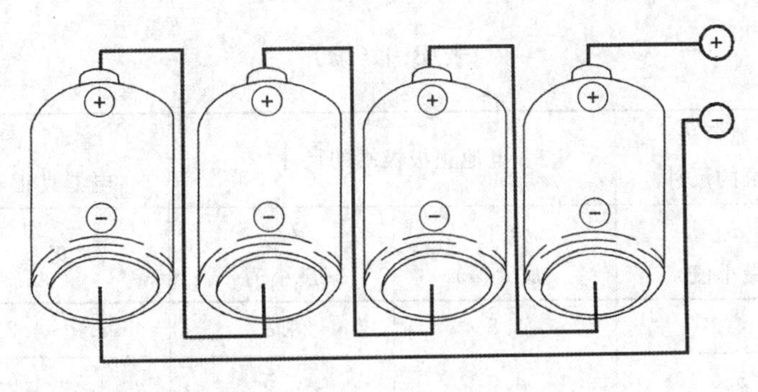

说明：正极接触保护应如图B.2或图B.3所示。

a) 首选的电池朝向

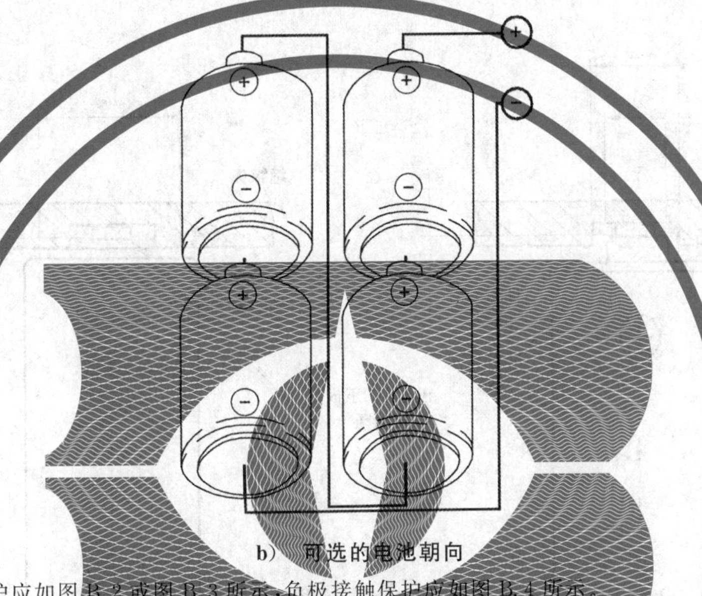

b) 可选的电池朝向

注1：正极接触保护应如图B.2或图B.3所示，负极接触保护应如图B.4所示。

注2：图B.5b)的排列方式只能实际用于R14和R20尺寸的电池，因为其他尺寸电池的负极区(相应规范中的尺寸C)较小。

图 B.5 电器具内电池排列的首选方式

(watermark: publisher logo)

B.3.5 尺寸

表B.1列出了有关电池极端尺寸的临界值和电器具正极接触件尺寸的推荐值。参照图B.6并依据表B.1所示的尺寸所设计的正极接触件，当电池反向装入、电池的负极极端遭遇电器具的正极接触件时，就会出现“安全断开”的情形，即不会形成电接触。

表 B.1 电池极端尺寸及图 B.6 所示的电器具正极接触件的推荐尺寸　　单位为毫米

相关电池	电池负极极端的尺寸	电池正极极端的尺寸		图B.6所示的电器具正极接触件的推荐尺寸	
	d_6[a] (最小值)	d_3[a] (最大值)	h_3[a] (最小值)	X	Y
R20,LR20	18.0	9.5	1.5	9.6～11.0	0.5～1.4
R14,LR14	13.0	7.5	1.5	7.6～9.0	0.5～1.4
R6,LR6	7.0	5.5	1.0	5.6～6.8	0.4～0.9

表 B.1(续)

单位为毫米

相关电池	电池负极极端的尺寸	电池正极极端的尺寸		图 B.6 所示的电器具正极接触件的推荐尺寸	
	d_6[a]（最小值）	d_3[a]（最大值）	h_3[a]（最小值）	X	Y
R03,LR03	4.3	3.8	0.8	3.9～4.2	0.4～0.7
R1,LR1	5.0	4.0	0.5	4.1～4.9	0.1～0.4

[a] 参见 IEC 60086-2:2011。

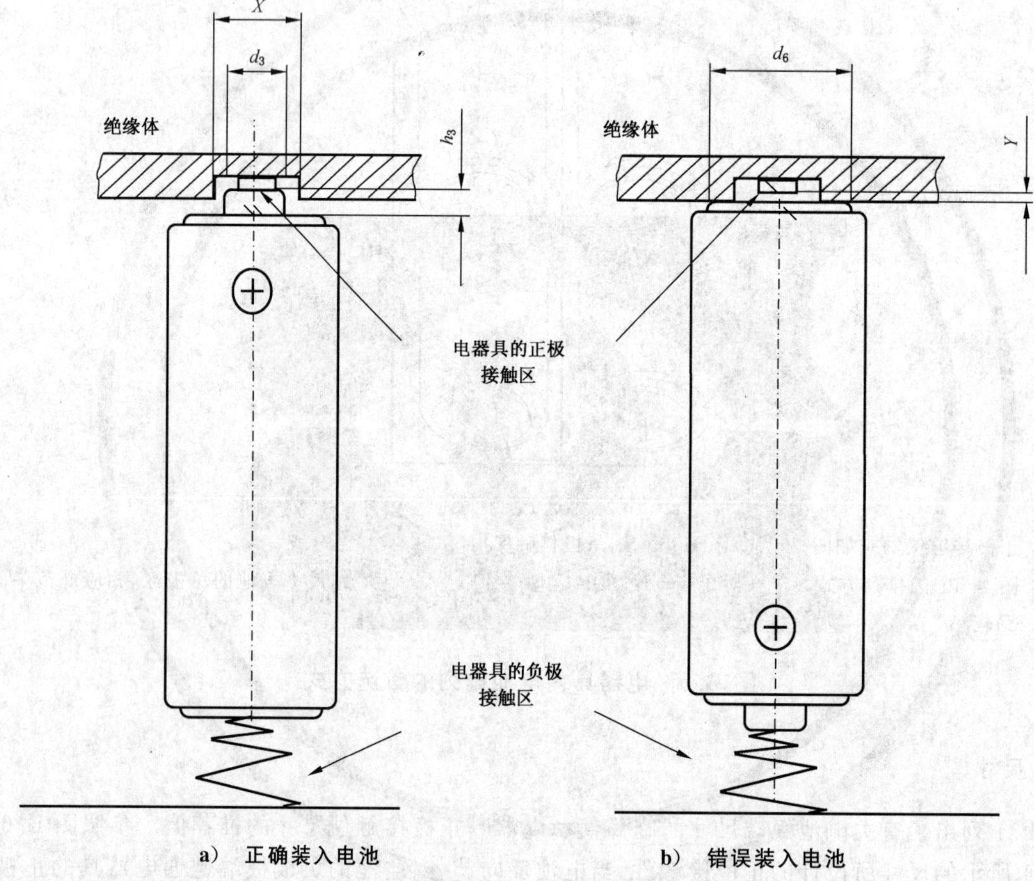

a) 正确装入电池　　b) 错误装入电池

注：电器具的正极接触件凹隐在周围的绝缘体中。

图 B.6 电器具正极接触件设计示例

该凹孔的直径应大于电池正极极端的直径(F)但应小于电池负极极端的直径(C)。图 B.6a)中电池的安装是正确的。在图 B.6b)中电池是反向安装的，在这种情况下，电池的负极极端只能与四周的绝缘体相接触，从而避免形成电接触。

图 B.6 中的字母符号的说明见下：

d_6：电池负极极端接触面的最小外径。

d_3：电池突起的正极极端的最大直径。

h_3：电池正极极端突起面的最小高度。

X：电器具正极接触件的凹孔的直径，X 应大于 d_3 但小于 d_6。

Y：电器具正极接触件的凹孔的深度，Y 应当小于 h_3。

B.4 防止电池短路的方法

B.4.1 防止因电池外包装套损坏而短路的方法

就碱性锌-二氧化锰电池而言，包着绝缘外套(见 B.2.1c))的钢壳具有和正极相同的电压。如果该层绝缘外套被电器具中导电线路的任何一处割裂或刺破的话，就可能发生如图 B.7 所示的短路(应当注意的是，如果电器具遭受物理性滥用，如受到非正常的振动、跌落等，上述的损伤则有可能进一步加重)。

注 1：由短路造成的各种潜在的危险见 B.1.3 中的说明。

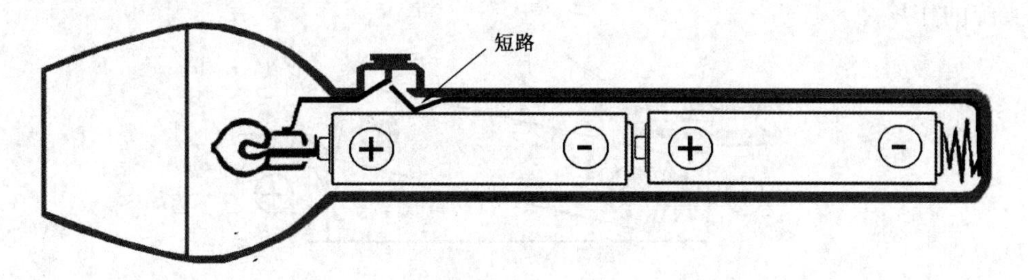

图 B.7 短路示例：开关刺穿绝缘外套

注 2：虽然图 B.7 所举的例子一般指碱性锌-二氧化锰电池体系，但在该附录中提到电池都是可以互换的(见 B.2.1)。

预防措施：如图 B.8 所示放置绝缘材料可以防止开关损坏电池外包装套。

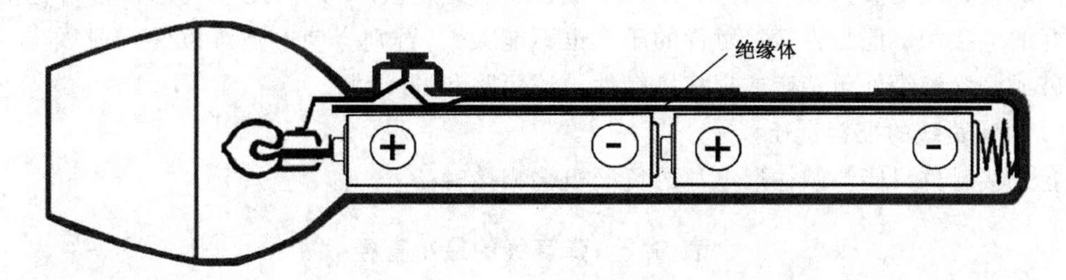

图 B.8 用绝缘方式防止短路的典型示例

为避免短路，电器具电路中的任何部分(包括用来固定电池接触件的可导电的铆钉和螺丝等)都不能和电池的外壳接触。

B.4.2 当采用弹簧卷作为接触件连接电池时防止电池外部短路的方法

如图 B.9 所示放置电池时(先放入正极端)，有可能使负极(—)弹簧接触件扭曲变形，继而在电池完全装入时(如图 B.10 所示)割破或刺穿电池的绝缘外包装套。

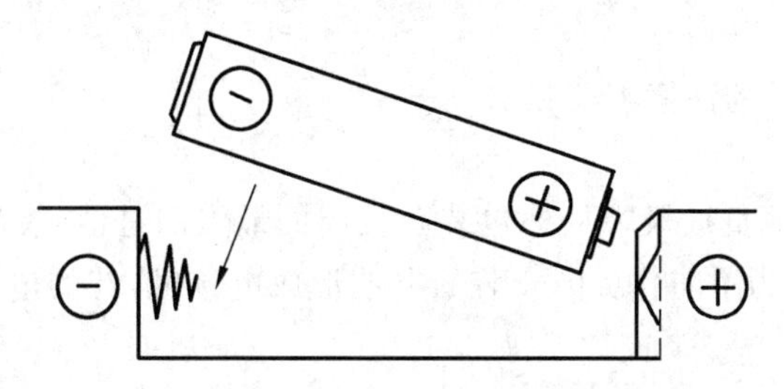

图 B.9 逆着弹簧安装(应避免发生这种情况)

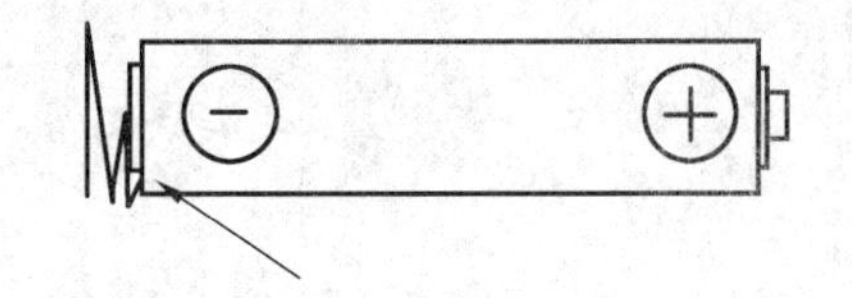

a） 弹簧滑到外套之下并接触到金属外壳

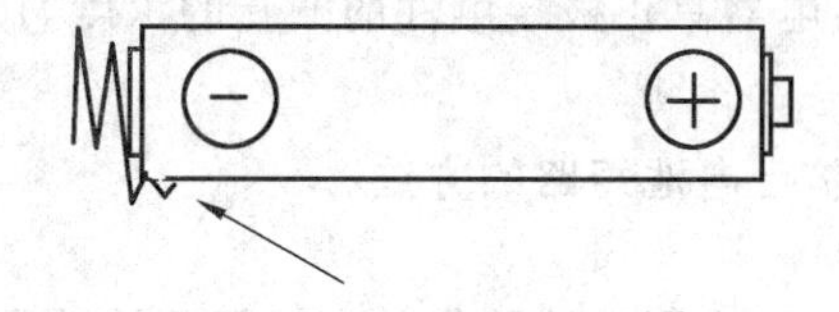

b） 外套被刺穿

图 B.10 弹簧扭曲变形的示例

预防措施：为了避免发生如图 B.10 所示的情形，建议电池舱的设计应使得当电池正确装入（负极先进）时能如图 B.11 所示的那样均匀地压住弹簧卷。图 B.11 中负极连接件上方的绝缘导板起到了能确保如此实施的作用。

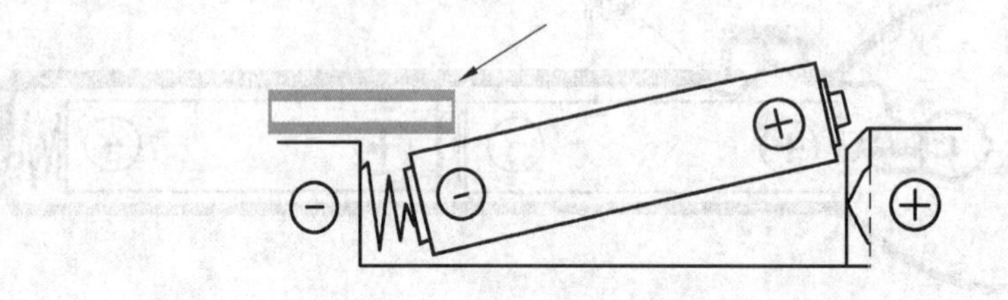

图 B.11 装入电池时的保护措施示例

弹簧卷的顶端（即最终与电池极端接触的部位）应当弯向弹簧卷的中心，使其尖锐的边缘不会碰到电池的外包装套。

弹簧线的直径应足够大，应符合表 B.2 的规定。弹簧接触件的压力应足够大，使电池能始终形成并保持良好的电接触。但是弹簧接触件的压力也不能太大，否则会使电池难以装入或取出。压力过大有可能割破或刺穿绝缘外包装套或损坏接触件导致短路和/或泄漏。

表 B.2 为弹簧线的推荐直径。

弹簧卷式接触件只能与圆柱形电池的负极极端相接触。

表 B.2 弹簧线的最小直径

电池类型		弹簧线最小直径 mm
R20	LR20	0.8
R14	LR14	0.8
R6	LR6	0.4
R03	LR03	0.4
R1	LR1	0.4

B.5 关于凹进型负极接触件的注意事项

IEC 60086-2 规定了电池负极极端从外包装套量起的最大凹进值。许多 R20、LR20、R14 和 LR14 电池的负极端是凹进去的。为了防止反向安装的电池形成电接触，有的电池在负极极端上涂了起保护作用的绝缘树脂。

注：上述的电池负极极端在形状和尺寸方面的特点应当在电器具负极接触件的设计之初就要予以考虑。三类常用接触件的相关注意事项见下。

a） 当采用弹簧卷作为电器具的负极接触件时，与电池接触的弹簧卷的直径应小于电池负极端接

触面的外径 d_6。

b) 当用金属片加工成形构成负极接触件时(见图 B.12),应当注意并参照表 B.3 所规定的尺寸 h_4 和 d_6。如图 B.12 所示,负极接触件上应当有一个突起或尖顶。该突起或尖顶要足够高,以适应电池极端上的任何一种凹进(尺寸 h_4)。无视此建议则可能会发生电池接触失败。

c) 当采用扁平的金属板作为电器具的负极接触件时,接触件上有一个或多个尖顶或突起是必要的,这样可以确保与电池形成接触。该突起应足够高,以适应电池负极极端上的任何一种凹进(尺寸 h_4),该突起应位于电池极端接触区(尺寸 d_6)内。

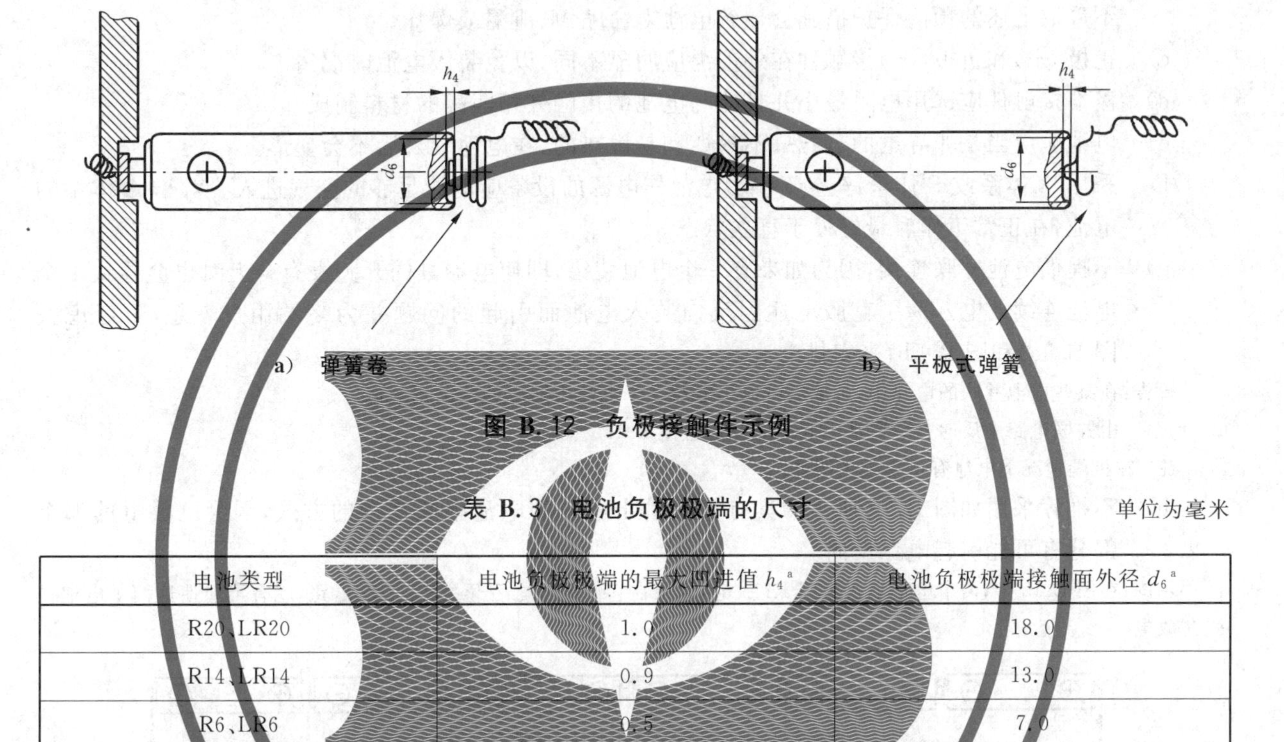

图 B.12 负极接触件示例

表 B.3 电池负极极端的尺寸

单位为毫米

电池类型	电池负极极端的最大凹进值 h_4[a]	电池负极极端接触面外径 d_6[a]
R20、LR20	1.0	18.0
R14、LR14	0.9	13.0
R6、LR6	0.5	7.0
R03、LR03	0.5	4.3
R1、LR1	0.2	5.0
[a] 参见 IEC 60086-2。		

必须强调的是,电池舱的尺寸不应当局限于某一电池厂的尺寸和公差,否则当更换装入不同来源的电池时就会有麻烦。

电池尺寸,尤其是正极极端和负极极端的尺寸,详见 IEC 60086-2:2011 中图 1a) 和图 1b) 及 IEC 60086-2:2011 中相关电池的规定。

B.6 防水的和不透气的电器具

使电池产生的氢气通过复合反应被消除或被允许逸出是很重要的,否则一个火星就有可能点燃残留的氢气/空气混合气体使电器具发生爆炸。在此类电器具的设计阶段就应当征询电池生产厂的意见。

B.7 在设计上要注意的其他事项

a) 只有电池的极端才能与电路形成物理接触。电池舱与电路之间应当是电绝缘的并且要妥善安排电池舱所处的位置,把由于电池泄漏可能造成的损坏和/或伤害的风险降至最低程度。

b) 许多电器具设计成可使用转换电源的(如电网电源加上电池电源),在原电池存储器上的应用上尤其是这样。在这种情况下,电器具的电路应设计成:

 1) 能防止对原电池充电,或

 2) 应加上保护原电池的元件,如二极管。这样,通过保护元件流经原电池的反向充电电流就不会超过电池生产厂的建议值。

 应根据原电池的类型及电化学体系来选择合适的并且不易发生元件故障保护电路。建议电器具的设计者在设计原电池存储器保护电路时,听取电池生产厂的意见。

 不采取上述的预防保护措施会导致电池寿命缩短、泄漏或爆炸。

c) 正极(+)和负极(-)接触件在外形上应明显不同,以免装入电池时混淆。

d) 极端接触件应选用电阻最小并且能与电池的接触件相匹配的材料制成。

e) 电池舱应当是非导电的、耐热、不易燃和易散热的,在电池装入后不会变形。

f) 采用A体系或P体系锌-空气(氧)电池作电源的设备应能让足够的空气进入。对于A体系的电池,在正常工作时最好处于直立状态。

g) 不提倡电池并联连接,因为如果有一个电池装错,即使电器具的开关没有合上时也会导致多个电池连续放电。为了克服上述因反向装入电池而引起的问题并为终端用户着想,可考虑按图B.5a)和图B.5b)来安排电池。

警告:在某些电池并联的电路中,其放电电流可能与一个电池短路时的情况相类似。

由并联电路中反向安装电池引起的潜在危险见B.1.3。

注:在极端情况下电池有可能发生爆炸。

h) 不推荐采用如图B.13所示的具有多种输出电压的电池串联连接的方式,因为已放电的那个部分有可能引起电压反向。

示例:在图B.13中,两个电池通过电阻R1放电,如果在它们放电之后开关转向R3电路,就有可能使这两个电池被强制放电。

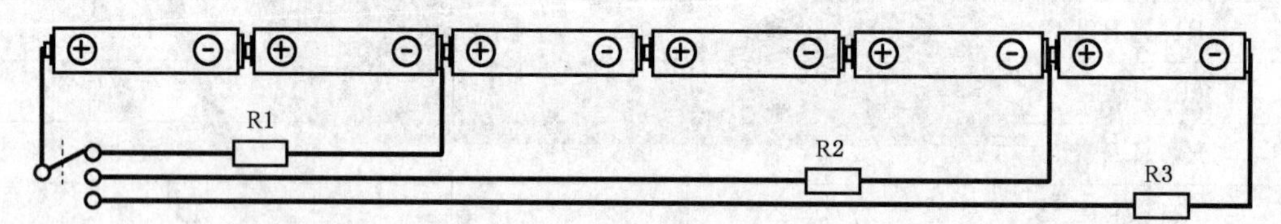

图B.13 具有分压性质的电池串联方式示例

强制放电导致电压反向的潜在危险:

1) 被强制放电的电池内部产生气体;

2) 发生泄放;

3) 电解质泄漏。

注:电池的电解质对人体组织是有害的。

附　录　C
（资料性附录）
安全警示图形标志

C.1　概述

本部分一直以来要求以文字形式声明电池的安全使用注意事项(警示说明),近年来,以图形形式作为产品安全信息的补充形式或可选形式成为了一种趋势。本附录的目的是：

1）　依据已长期使用的安全警示的文字内容建立并推荐统一的安全警示图形标志；
2）　使安全警示图形设计数量最小化；
3）　为使用安全警示图形标志替代文字传达产品安全警示声明打下基础。

C.2　安全图形

推荐的安全警示图形和警示说明见表C.1。

表C.1　安全警示图形

序号	安全警示图形	警示说明
1		不可充电
2		不可破坏电池
3		不可用火处理电池
4		不可错误方向装入电池
5		不可让儿童接触电池

表 C.1（续）

序号	安全警示图形	警示说明
6		不同类型或商标的电池不可混用
7		新旧电池不可混用
8		不可拆卸电池
9		不可让电池短路
10		正确方向装入电池
注：当图形印刷在有色或黑色背景上时，灰色的底纹能突显出白色的边界。		

C.3 使用说明

安全警示图形使用说明如下：

a) 图形应整洁清晰；

b) 若允许使用彩色，色彩应不影响信息的显示。当使用彩色时，图形 10 的背景应为蓝色，其他图形的圆圈和斜杠应为红色；

c) 对于某种特定类型或商标的电池而言，不一定要同时使用所有的图形。特别是图形 4 和图形 10 是相似的意思，选其一即可。

参 考 文 献

[1] GB/T 8897.3—2013 原电池 第3部分:手表电池

[2] GB 8897.4—2008 原电池 第4部分:锂电池的安全要求

[3] ISO/IEC Guide 51:1999 *Safety aspects—Guidelines for their inclusion in standards*

[4] IEC 60050-482:2004 *International Electrotechenical Vocabulary—Part 482:Primary and secondary cells and batteries*

ICS 29.220.10
K 82

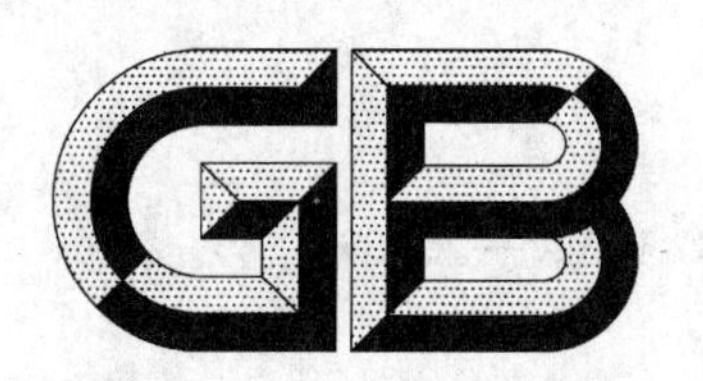

中华人民共和国国家标准

GB/T 10077—2008
代替 GB/T 10077—1988

锂原电池分类、型号命名及基本特性

Classification, designation nomenclature and basic specifications for lithium primary batteries

2008-06-18 发布　　　　2009-05-01 实施

中华人民共和国国家质量监督检验检疫总局
中国国家标准化管理委员会　发布

前 言

本标准代替 GB/T 10077—1988《锂电池最大外形尺寸和容量系列》。本标准与 GB/T 10077—1988 相比，主要技术性差异为：

——标准名称由原来的《锂电池最大外形尺寸和容量系列》改为《锂原电池分类、型号命名及基本特性》；

——本标准增加了锂原电池型号命名法；

——本标准增加了目前已生产或销售的锂原电池的型号规格，删除了已不生产或销售的型号规格。

本标准由中国轻工业联合会提出。

本标准由全国原电池标准化技术委员会(SAC/TC 176)归口。

本标准主要起草单位：力佳电源科技(深圳)有限公司、常州达立电池有限公司、国家轻工业电池质量监督检测中心、深圳市艾博尔新能源有限公司。

本标准参加起草单位：武汉力兴(火炬)电源有限公司、成都建中锂电池有限公司、武汉孚安特科技有限公司、武汉昊诚电池科技有限公司、广州市番禺华力电池有限公司。

本标准主要起草人：林佩云、王建、徐平国、黄德勇、刘燕、余章华、吴一帆、朱志刚、阮红林、张超明。

本标准所代替标准的历次版本发布情况为：

——GB/T 10077—1988。

锂原电池分类、型号命名及基本特性

1 范围

本标准规定了锂-氟化碳电池、锂-二氧化锰电池、锂-亚硫酰氯电池、锂-二硫化铁电池和锂-二氧化硫电池的分类、命名及基本特性。

本标准适用于上述锂电池的生产、检测和验收。

2 规范性引用文件

下列文件中的条款通过本标准的引用而成为本标准的条款。凡是注日期的引用文件,其随后所有的修改单(不包括勘误的内容)或修订版均不适用于本标准,然而,鼓励根据本标准达成协议的各方研究是否可使用这些文件的最新版本。凡是不注日期的引用文件,其最新版本适用于本标准。

GB/T 8897.1 原电池 第1部分:总则(GB/T 8897.1—2003,IEC 60086-1:2000,IDT)

GB 8897.2—2005 原电池 第2部分:外形尺寸和技术要求(IEC 60086-2:2001,MOD)

3 术语和定义

3.1

圆柱形电池 cylindrical battery

总高度等于或大于直径的圆柱形电池。电池外形用字母“R”表示。

3.2

扣式电池 button battery

总高度小于直径的圆柱形电池,形似纽扣或硬币。电池外形用字母“R”表示。

3.3

矩形电池 prismatic battery

各面成直角的平行六面体形状的电池。电池外形用字母“P”表示。

3.4

异形电池 abnormity battery

除圆柱形、扣式、矩形以外的其他形状的电池。电池外形用字母“P”表示。

3.5

放电量 service output

电池在规定的放电条件下的放电时间、容量或能量输出。

3.6

最小平均放电量 minimum average duration;MAD

样品电池应符合的最小的平均放电量。

注:按规定的方法进行放电检验,用以证明电池符合其适用的标准。

3.7

电池初始期 initial battery

电池生产后60天以内的期间。

3.8

标准环境条件　standard conditioning

指温度为20 ℃±2 ℃、湿度为60%±15%的环境条件。

4 锂原电池的分类

见表1。

表1 锂原电池的的分类

电池类别	电化学体系代码	负极	电解质	正极	标称电压/V	最大开路电压/V
锂-氟化碳电池	B	锂	有机电解质	氟化碳$(CF)_X$	3.0	3.7
锂-二氧化锰电池	C	锂	有机电解质	二氧化锰(MnO_2)	3.0	3.7
锂-亚硫酰氯电池	E	锂	非水无机物	亚硫酰氯($SOCl_2$)	3.6	3.9
锂-二硫化铁电池	F	锂	有机电解质	二硫化铁(FeS_2)	1.5	1.83
锂-二氧化硫电池	W	锂	有机、无机混合电解质	二氧化硫(SO_2)	2.8	3.0

5 锂原电池型号命名法

5.1 电池型号命名法按GB/T 8897.1。必要时,可在基本型号后加上修饰符来表示不同的电性能特征:用“S”和“M” 分别代表“容量型”和“功率型”。

5.2 电化学体系代码

见表1。

6 锂原电池的基本特性

6.1 锂-氟化碳电池

6.1.1 圆柱形锂-氟化碳电池

见表2。

表2 圆柱形锂-氟化碳电池的基本特性

型号	标称电压/V	最大开路电压/V	最大外形尺寸		放电条件			最小平均放电量(初始期)
			直径/mm	高度/mm	电阻/电流	每天放电时间	终止电压/V	
BR17335	3.0	3.7	17.0	33.5	0.1 kΩ	24 h	2.0	40 h
BR17345	3.0	3.7	17.0	34.5	900 mA	[a]	1.55	1 200 次

[a] 放电3 s,停放27 s,每天24 h。

6.1.2 扣式锂-氟化碳电池

见表3。

表 3 扣式锂-氟化碳电池的基本特性

型号	标称电压/V	最大开路电压/V	最大外形尺寸		放电条件			最小平均放电量(初始期)/h
			直径/mm	高度/mm	电阻/kΩ	每天放电时间/h	终止电压/V	
BR1225	3.0	3.7	12.5	2.5	30	24	2.0	395
BR2016	3.0	3.7	20.0	1.6	30	24	2.0	636
BR2020	3.0	3.7	20.0	2.0	15	24	2.0	490
BR2320	3.0	3.7	23.0	2.0	15	24	2.0	468
BR2325	3.0	3.7	23.0	2.5	15	24	2.0	696
BR3032	3.0	3.7	30.0	3.2	7.5	24	2.0	1 310

6.1.3 其他锂-氟化碳电池

见表 4。

表 4 其他锂-氟化碳电池的基本特性

型号	标称电压/V	最大开路电压/V	外形尺寸/mm	放电条件			最小平均放电量(初始期)
				电阻/电流	每天放电时间	终止电压/V	
BR-P2 (2BP4036)	6.0	7.4	参见 GB 8897.2—2005	0.2 kΩ	24 h	4.0	40 h
				900 mA	[a]	3.1	1 000 次

[a] 放电 3 s,停放 27 s,每天 24 h。

6.2 锂-二氧化锰电池

6.2.1 圆柱形锂-二氧化锰电池

见表 5。

表 5 圆柱形锂-二氧化锰电池的基本特性

型号	标称电压/V	最大开路电压/V	最大外形尺寸		放电条件			最小平均放电量(初始期)
			直径/mm	高度/mm	电阻/电流	每天放电时间	终止电压/V	
CR14250	3.0	3.7	14.5	25.0	3 kΩ	24 h	2.0	750 h
CR14250M	3.0	3.7	14.5	25.0	0.56 kΩ	24 h	2.0	110 h
CR14505	3.0	3.7	14.5	50.5	0.27 kΩ	24 h	2.0	130 h
CR14505S	3.0	3.7	14.5	50.5	1 kΩ	24 h	2.0	600 h
CR17345 (CR123A)	3.0	3.7	17.0	34.5	0.1 kΩ	24 h	2.0	40 h
					900 mA	[a]	1.55	1 400 次
CR17345S	3.0	3.7	17.0	34.5	1 kΩ	24 h	2.0	600 h
CR17450	3.0	3.7	17.0	45.0	1 kΩ	24 h	2.0	710 h
CR17505	3.0	3.7	17.0	50.5	5 Ω	24 h	2.0	1.8 h

表 5（续）

型号	标称电压/V	最大开路电压/V	最大外形尺寸		放电条件			最小平均放电量（初始期）
			直径/mm	高度/mm	电阻/电流	每天放电时间	终止电压/V	
CR15H270（CR2）	3.0	3.7	15.6	27.0	0.2 kΩ	24 h	2.0	48 h
					900 mA	[a]	1.55	840 次
2CR13252	6.0	7.4	13	25.2	30 kΩ	24 h	4.0	620 h

[a] 放电 3 s，停放 27 s，每天 24 h。

6.2.2 扣式锂-二氧化锰电池

见表 6。

表 6 扣式锂-二氧化锰电池的基本特性

型号	标称电压/V	最大开路电压/V	最大外形尺寸		放电条件			最小平均放电量（初始期）/h
			直径/mm	高度/mm	电阻/kΩ	每天放电时间/h	终止电压/V	
CR927	3.0	3.7	9.5	2.7	62	24	2.0	480
CR1025	3.0	3.7	10.0	2.5	68	24	2.0	630
CR1216	3.0	3.7	12.5	1.6	62	24	2.0	480
CR1220	3.0	3.7	12.5	2.0	62	24	2.0	700
CR1225	3.0	3.7	12.5	2.5	30	24	2.0	480
CR1616	3.0	3.7	16.0	1.6	30	24	2.0	480
CR1620	3.0	3.7	16.0	2.0	47	24	2.0	900
CR1632	3.0	3.7	16.0	3.2	15	24	2.0	550
CR2012	3.0	3.7	20.0	1.2	30	24	2.0	530
CR2016	3.0	3.7	20.0	1.6	30	24	2.0	675
CR2025	3.0	3.7	20.0	2.5	15	24	2.0	540
CR2320	3.0	3.7	23.0	2.0	15	24	2.0	590
CR2032	3.0	3.7	20.0	3.2	15	24	2.0	920
CR2330	3.0	3.7	23.0	3.0	15	24	2.0	1 320
CR2335	3.0	3.7	23.0	3.5	15	24	2.0	1 350
CR2430	3.0	3.7	24.5	3.0	15	24	2.0	1 300
CR2354	3.0	3.7	23.0	5.4	7.5	24	2.0	1 260
CR3032	3.0	3.7	30.0	3.2	7.5	24	2.0	1 250
CR2450	3.0	3.7	24.5	5.0	7.5	24	2.0	1 200
CR2477	3.0	3.7	24.5	7.7	4.7	24	2.0	1 300
CR11108	3.0	3.7	11.6	10.8	15	24	2.0	620

6.2.3 异形锂-二氧化锰电池

见表 7。

表 7　异形锂-二氧化锰电池的基本特性

型号	标称电压/V	最大开路电压/V	外形尺寸/mm	放电条件			最小平均放电量（初始期）
				电阻/电流	每天放电时间	终止电压/V	
CR-P2（2CP4036）	6.0	7.4	参见 GB 8897.2—2005	200 Ω	24 h	4.0	40 h
				900 mA	[a]	3.1	1 400 次
2CR5（2CP3845）	6.0	7.4	参见 GB 8897.2—2005	200 Ω	24 h	4.0	40 h
				900 mA	[a]	3.1	1 400 次

[a] 放电 3 s，停放 27 s，每天 24 h。

6.3　锂-亚硫酰氯电池

6.3.1　圆柱形锂-亚硫酰氯电池

见表 8。

表 8　圆柱形锂-亚硫酰氯电池的基本特性

型号	标称电压/V	最大开路电压/V	最大外形尺寸		放电条件			最小平均放电量（初始期）/h
			直径/mm	高度/mm	电阻/电流	每天放电时间/h	终止电压/V	
ER14250	3.6	3.9	14.5	25.0	2.0 mA	24	2.0	450
					1.6 kΩ			
ER14335	3.6	3.9	14.5	33.5	2.0 mA	24	2.0	700
					1.6 kΩ			
ER14505	3.6	3.9	14.5	50.5	5.0 mA	24	2.0	360
					0.68 kΩ			
ER14505M	3.6	3.9	14.5	50.5	10 mA	24	2.0	160
					0.33 kΩ			
					200 mA	24	2.0	5
ER17505	3.6	3.9	17.0	50.5	10 mA	24	2.0	280
					0.33 kΩ		2.0	
ER17505M	3.6	3.9	17.0	50.5	10 mA	24	2.0	260
					0.33 kΩ			
					200 mA	24	2.0	8
ER18G505	3.6	3.9	18.5	50.5	10 mA	24	2.0	300
					0.33 kΩ			
ER18G505M	3.6	3.9	18.5	50.5	10 mA	24	2.0	280
					0.33 kΩ			
					200 mA	24	2.0	10
ER26500	3.6	3.9	26.2	50.0	10 mA	24	2.0	700
					0.33 kΩ			

表 8(续)

型号	标称电压/V	最大开路电压/V	最大外形尺寸		放电条件			最小平均放电量(初始期)/h
			直径/mm	高度/mm	电阻/电流	每天放电时间/h	终止电压/V	
ER26500M	3.6	3.9	26.2	50.0	10 mA	24	2.0	600
					0.33 kΩ			
					400 mA	24	2.0	11
ER34615	3.6	3.9	34.2	61.5	30 mA	24	2.0	400
					0.11 kΩ			
ER34615M	3.6	3.9	34.2	61.5	30 mA	24	2.0	350
					0.11 kΩ			
					400 mA	24	2.0	21

6.3.2 矩形锂-亚硫酰氯电池

见表 9。

表 9 矩形锂-亚硫酰氯电池的基本特性

型号	标称电压/V	最大开路电压/V	尺寸/mm	放电条件			最小平均放电量(初始期)/h
				电阻/kΩ	每天放电时间/h	终止电压/V	
2EP3863	7.2	7.8	参见 GB 8897.2—2005	3.3	24	3.0	650

6.4 锂-二氧化硫电池

6.4.1 圆柱形锂-二氧化硫电池

见表 10。

表 10 圆柱形锂-二氧化硫电池的基本特性

型号	标称电压/V	最大开路电压/V	最大外形尺寸		放电条件			最小平均放电量(初始期)/h
			直径/mm	高度/mm	电阻/电流	每天放电时间/h	终止电压/V	
WR14505	2.9	3.0	14.5	50.5	61 Ω	24	2.0	20
WR17505	2.9	3.0	17.0	50.5	50 mA	24	2.0	30
WR20C590	2.9	3.0	20.2	59.0	180 mA	24	2.0	5
WR26500	2.9	3.0	26.2	50.0	22.4 Ω	24	2.0	28
WR26600	2.9	3.0	26.2	60.0	200 mA	24	2.0	20
WR34615	2.9	3.0	34.2	61.5	2 000 mA	24	2.0	3.4
WR38L50D	2.9	3.0	38.9	50.3	2 000 mA	24	2.0	4

6.5 锂-二硫化铁电池

6.5.1 圆柱形锂-二硫化铁电池

见表11。

表11 圆柱形锂-二硫化铁电池的基本特性

型号	标称电压/V	最大开路电压/V	最大外形尺寸		放电条件			最小平均放电量（初始期）
			直径/mm	高度/mm	电阻/电流	每天放电时间	终止电压/V	
FR14505	1.5	1.83	14.5	50.5				
FR10G445	1.5	1.83	10.5	44.5				

ICS 29.220.10
K 82

中华人民共和国国家标准

GB/T 20155—2006

电池中汞、镉、铅含量的测定

Determination of mercury, cadmium and lead in battery

2006-03-06 发布　　　　2006-11-01 实施

中华人民共和国国家质量监督检验检疫总局
中国国家标准化管理委员会　发布

前　言

本标准由中国轻工业联合会提出。

本标准由全国原电池标准化技术委员会(CSBTS/TC 176)归口。

本标准起草单位:国家轻工业电池质量监督检测中心。

本标准主要起草人:林佩云、刘燕、王尔贤。

本标准首次发布。

电池中汞、镉、铅含量的测定

1 范围

本标准规定了电池中汞、镉、铅含量的检测方法。

本标准适用于负极为锌的电池，如锌-二氧化锰电池、碱性锌-二氧化锰电池、锌-空气电池、锌-镍电池和锌-氧化银电池（以下统称为电池）中汞、镉、铅含量的测定。

测定范围：汞含量≥0.1 μg/g，镉含量≥2 μg/g；铅含量≥10 μg/g。

2 检验方法

除非另有说明，在分析中仅使用确认为分析纯的试剂和蒸馏水、去离子水或相当纯度的水。

2.1 电池中汞含量的测定——冷原子吸收光谱法

2.1.1 原理

电池解剖后，用硝酸和盐酸分解、过滤。分取部分滤液于汞蒸气发生器，加入氯化亚锡使汞离子还原为金属汞，汞蒸气导入测汞仪（或原子分光光度计）吸收管，汞原子对波长 253.7 nm 汞共振线有特征吸收，借此测量吸光度。

注：该方法适用于无汞和含汞的锌-二氧化锰电池、碱性锌-二氧化锰电池、锌-空气电池、锌-镍电池和含汞的锌-氧化银电池中汞含量的测定。

2.1.2 试剂

2.1.2.1 盐酸（ρ=1.19 g/mL）。

2.1.2.2 盐酸，1+1。

2.1.2.3 硝酸（ρ=1.42 g/mL）。

2.1.2.4 硝酸，1+99。

2.1.2.5 重铬酸钾溶液，50 g/L。

2.1.2.6 氯化亚锡（$SnCl_2 \cdot 2H_2O$）溶液，200 g/L。

称取 20 g 氯化亚锡加热溶于盐酸（2.1.2.2）中，冷却后再加入盐酸（2.1.2.2）至溶液总体积为 100 mL。

2.1.2.7 汞标准储存溶液，0.1 mg/mL。

称取 0.135 3 g 氯化汞（$HgCl_2$）溶于水，加入 66 mL 硝酸（2.1.2.3），移入 1 000 mL 容量瓶中，用水稀释至刻度，混匀。

2.1.2.8 汞标准溶液，0.1 μg/mL

分取 1.00 mL 汞标准储存溶液（2.1.2.7），置于 1 000 mL 容量瓶中，加入 3 mL 重铬酸钾溶液（2.1.2.5）、66 mL 硝酸（2.1.2.3），用水稀释至刻度，混匀。

2.1.3 仪器

测汞仪或原子吸收分光光度计（附汞测定装置和汞空心阴极灯）。

2.1.4 分析步骤

2.1.4.1 试料

将一个样品电池称重，精确至 0.1 g（小型扣式电池可称量数只电池，总量应达到 1 g 以上，精确至 0.001 g）。

2.1.4.2 空白试验

随同试料做空白试验。

2.1.4.3 **测定**

2.1.4.3.1 试料溶液配制

2.1.4.3.1.1 解剖样品电池，将电池的热缩膜和密封材料（如密封圈、密封剂等）弃去。将解剖过的电池放入 250 mL～1 000 mL 烧杯中，按表 1 的量加入水、分次加入硝酸（2.1.2.3），反应平静后加入盐酸（2.1.2.1），加热微沸 15 min（注意勿使乙炔黑等物溢出烧杯）。

表 1 电池型号与加入的试剂量

单位为毫升

电池型号	水	硝酸	盐酸	总体积
LR20	50	80	80	500
LR14、R20、R25	40	40	40	250
LR6、R14、4LR61 6LR61、R12	25	25	25	250
LR03、R6 6F22、LR1	20	15	15	100
R03、R1	20	8	8	100
扣式电池	20	8	8	100
注：其他型号的电池可依据电池原材料的量的多少，参考上述试剂量适当增减加入量。				

2.1.4.3.1.2 稍冷，用定性滤纸过滤，用硝酸（2.1.2.4）洗涤烧杯 3 次，洗涤滤纸和沉淀 5 次，滤液和洗液收集于容量瓶中（容量瓶体积参见表 1）。冷却后用水稀释至刻度，摇匀。

2.1.4.3.2 分取 0.01 mL～2 mL 试料溶液置于 25 mL 汞蒸气发生瓶中[0.1 mL 以下用微量吸管分取。分取溶液少于 0.5 mL 时，补加盐酸（2.1.2.2）5 滴]。

2.1.4.3.3 用水稀释至 9 mL 左右，加入 1 mL 氯化亚锡溶液（2.1.2.6），迅速盖紧汞蒸气发生瓶塞，读出最大吸光度；或用原子吸收分光光度计，在波长 253.7 nm 处测定汞的吸光度（以空白溶液作参比）。

2.1.4.3.4 从工作曲线上查出汞量。

2.1.4.4 **工作曲线绘制**

分取汞标准溶液（2.1.2.8）0.00 mL、1.00 mL、2.00 mL、3.00 mL 于一组汞蒸气发生器中，以下按 2.1.4.3.3 步骤进行测量（测量吸光度时以 0 μg 溶液调零）；以汞量为横坐标，吸光度为纵坐标，绘制工作曲线。

2.1.5 **结果计算**

2.1.5.1 汞（Hg）含量以质量分数 $w(\mathrm{Hg})$ 计，数值以微克每克（μg/g）表示，按下式计算：

$$w(\mathrm{Hg}) = \frac{m_1 V_1}{m V_2} \quad \cdots\cdots\cdots\cdots(1)$$

式中：

m_1——自工作曲线上查得的汞量的数值，单位为微克（μg）；

m——电池的质量的数值，单位为克（g）；

V_1——试料溶液总体积的数值，单位为毫升（mL）；

V_2——分取的试料溶液体积的数值，单位为毫升（mL）。

计算结果表示到两位有效数字。

2.1.5.2 汞含量高的扣式电池可采用公式（2）计算

汞（Hg）含量以质量分数 $w(\mathrm{Hg})$ 计，数值以毫克每克（mg/g）表示，按下式计算：

$$w(\mathrm{Hg}) = \frac{m_1 \times 10^{-3} \times V_1}{m V_2} \quad \cdots\cdots\cdots\cdots(2)$$

式中：

m_1——自工作曲线上查得的汞量的数值，单位为微克(μg)；

m——电池的质量的数值，单位为克(g)；

V_1——试料溶液总体积的数值，单位为毫升(mL)；

V_2——分取的试料溶液体积的数值，单位为毫升(mL)。

计算结果表示到两位有效数字。

2.2 电池中镉含量的测定——火焰原子吸收光谱法

2.2.1 原理

电池解剖后，用硝酸和盐酸分解、过滤。采用空气-乙炔火焰原子吸收分光光度计，在波长228.8 nm处，测量镉的吸光度。

2.2.2 试剂

2.2.2.1 盐酸，1+1。

2.2.2.2 硝酸，1+1。

2.2.2.3 镉标准储存溶液，1 mg/mL

称取金属镉(>99.9%)1 g，精确至0.1 mg，置于烧杯中，加硝酸(2.2.2.2)40 mL，盖上表面皿，加热至完全溶解，微沸驱除氮的氧化物，取下，冷却后移入1 000 mL容量瓶中，用水稀释至刻度，混匀。

2.2.2.4 镉标准溶液，100 μg/mL

分取镉标准储存溶液(2.2.2.3)10.00 mL，置于100 mL容量瓶中，加硝酸(2.2.2.2)5 mL，用水稀释至刻度，混匀。

2.2.3 仪器

原子吸收分光光度计，镉空心阴极灯。

2.2.4 分析步骤

2.2.4.1 试料

将一个样品电池称重，精确至0.1 g(小型扣式电池可称量数只电池，总量应达到1 g以上，精确至0.001 g)。

2.2.4.2 空白试验

随同试料做空白试验。

2.2.4.3 测定

2.2.4.3.1 试料溶液配制(按2.1.4.3.1配制)。

2.2.4.3.2 采用空气-乙炔火焰原子吸收分光光度计，在波长228.8 nm处，氘灯或塞曼效应法扣背景，测量镉的吸光度(以空白溶液作参比)。

2.2.4.3.3 从工作曲线上查出镉量。

2.2.4.4 工作曲线绘制

分取镉标准溶液(2.2.2.4)0.00 mL、1.00 mL、2.00 mL、3.00 mL、4.00 mL、5.00 mL于一组容量瓶中(容量瓶的体积按表1确定)，加入容量瓶体积数10%的硝酸(2.2.2.2)和10%盐酸(2.2.2.1)，用水稀释至刻度，摇匀。以下按2.2.4.3.2步骤进行测量(测量吸光度时以0 μg溶液调零)；以镉量为横坐标，吸光度为纵坐标，绘制工作曲线。

2.2.5 结果计算

镉(Cd)含量以质量分数$w(\mathrm{Cd})$计，数值以微克每克(μg/g)表示，按下式计算：

$$w(\mathrm{Cd}) = \frac{m_1}{m} \quad \cdots\cdots(3)$$

式中：

m_1——自工作曲线上查得的镉量的数值，单位为微克(μg)；

m——电池的质量的数值,单位为克(g)。

计算结果表示到两位有效数字。

2.2.6 仪器工作条件(供参考)

日本岛津 AA-670 型原子吸收分光光度计的工作条件见表 2。

表 2

元　素	波长/nm	灯电流/mA	光谱通带/nm	燃烧器高度/mm	空气流量/($L \cdot min^{-1}$)	乙炔流量/($L \cdot min^{-1}$)
镉	228.8	4	0.3	6	8	1.8

2.3 电池中铅含量的测定——火焰原子吸收光谱法

2.3.1 原理

电池解剖后,用硝酸和盐酸分解、过滤。采用空气-乙炔火焰原子吸收分光光度计,在波长 217.0 nm 处,测量铅的吸光度。

2.3.2 试剂

2.3.2.1 盐酸,1+1。

2.3.2.2 硝酸,1+1。

2.3.2.3 铅标准储存溶液,1 mg/mL

称取金属铅(>99.9%)1 g,精确至 0.1 mg,置于烧杯中,加硝酸(2.3.2.2)40 mL,盖上表面皿,加热至完全溶解,微沸驱除氮的氧化物,取下,冷却后移入 1 000 mL 容量瓶中,用水稀释至刻度,混匀。

2.3.2.4 铅标准溶液,200 μg/mL

分取铅标准储存溶液(2.3.2.3)20.00 mL,置于 100 mL 容量瓶中,加硝酸(2.3.2.2)5 mL,用水稀释至刻度,混匀。

2.3.3 仪器

原子吸收分光光度计,铅空心阴极灯。

2.3.4 分析步骤

2.3.4.1 试料

将一个样品电池称重,精确至 0.1 g(小型扣式电池可称量数只电池,总量应达到 1 g 以上,精确至 0.001 g)。

2.3.4.2 空白试验

随同试料做空白试验。

2.3.4.3 测定

2.3.4.3.1 试料溶液配制(按 2.1.4.3.1 配制)。

2.3.4.3.2 采用空气-乙炔火焰原子吸收分光光度计,在波长 217.0 nm 处,氘灯或塞曼效应法扣背景,测量铅的吸光度(以空白溶液作参比)。

2.3.4.3.3 从工作曲线上查出铅量。

2.3.4.4 工作曲线绘制

分取铅标准溶液(2.3.2.4)0.00 mL、2.00 mL、4.00 mL、6.00 mL、8.00 mL、10.00 mL、20.00 mL 于一组容量瓶中(容量瓶的体积按表 1 确定),加入容量瓶体积数 10% 的硝酸(2.3.2.2)和 10% 盐酸(2.3.2.1),用水稀释至刻度,摇匀。以下按 2.3.4.3.2 步骤进行测量(测量吸光度时以 0 μg 溶液调零);以铅量为横坐标,吸光度为纵坐标,绘制工作曲线。

2.3.5 结果计算

铅(Pb)含量以质量分数 $w(Pb)$ 计,数值以微克每克(μg/g)表示,按下式计算:

$$w(\mathrm{Pb}) = \frac{m_1}{m} \qquad \cdots\cdots(4)$$

式中：

m_1——自工作曲线上查得的铅量的数值，单位为微克(μg)；

m——电池的质量的数值，单位为克(g)。

当铅含量≥100 μg/g时，计算结果表示到三位有效数字；当铅含量＜100 μg/g时，计算结果表示到两位有效数字。

2.3.6 仪器工作条件(供参考)

日本岛津AA-670型原子吸收分光光度计的工作条件见表3。

表3

元　素	波长/nm	灯电流/mA	光谱通带/nm	燃烧器高度/mm	空气流量/($L \cdot min^{-1}$)	乙炔流量/($L \cdot min^{-1}$)
铅	217.0	7	0.3	6	8	1.8

ICS 29.220
K 82

中华人民共和国国家标准

GB 21966—2008/IEC 62281:2004

锂原电池和蓄电池在运输中的安全要求

Safety of primary and secondary lithium cells and batteries during transport

(IEC 62281:2004,IDT)

2008-06-18 发布　　2009-07-01 实施

中华人民共和国国家质量监督检验检疫总局
中国国家标准化管理委员会　发布

前　言

本标准的第4章、第5章、第6章、第9章为强制性条款，本标准规定的要求不适用于我国法规或相关法规(见7.3)中有规定可豁免时的情形。

本标准等同采用IEC 62281:2004《锂原电池和蓄电池在运输中的安全要求》。

本标准由中国轻工业联合会提出。

本标准由全国原电池标准化技术委员会(SAC/TC 176)归口。

本标准主要起草单位：国家轻工业电池质量监督检测中心、常州达立电池有限公司、力佳电源科技(深圳)有限公司、福建南平南孚电池有限公司、江苏出入境检验检疫局机电产品检测中心吴江电池产品检测实验室、深圳市艾博尔新能源有限公司。

本标准参加起草单位：武汉力兴(火炬)电源股份有限公司、广东出入境检验检疫局、成都建中锂电池有限公司、武汉孚安特科技有限公司、武汉昊诚电池科技有限公司、广州市番禺华力电池有限公司。

本标准主要起草人：林佩云、余章华、宋杨、徐平国、王建、张清顺、黄德勇、郭仁宏、王丽、朱志刚、阮红林、张超明。

本标准首次发布。

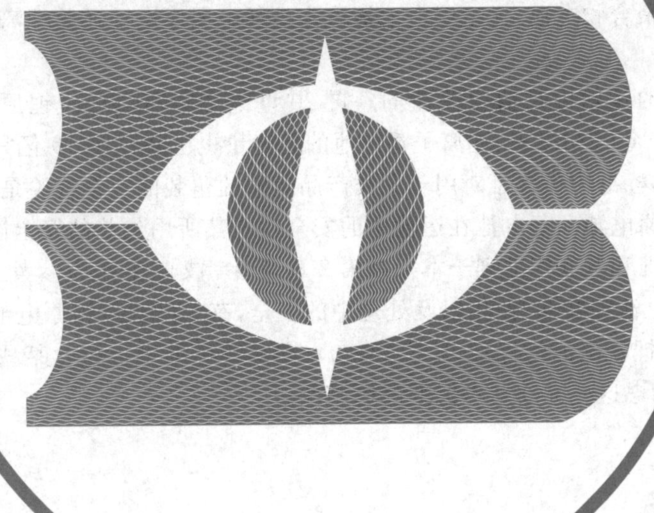

引　　言

在20世纪70年代，锂原电池首先被应用于军事领域。那时候，对锂原电池商品化的兴趣还不大，没有相关的工业标准。因此，虽然联合国危险货物运输专家委员会通常是参考引用工业标准作为检验标准，但由于没有相应的标准可以参考，于是专家委员会就在《试验与标准手册》中增加了一个有关锂原电池运输安全试验的章节。其间，随着对锂原电池和蓄电池商品化的兴趣不断增加，也出现了一些工业标准。但是已有的标准有多种，相互间不能完全协调，而且未必和运输有关，它们不适合作为联合国《规章范本》的参考标准。于是制定了新一类的安全标准，以协调有关锂原电池和蓄电池运输的检验和要求。

本标准适用于锂原电池和蓄电池，锂原电池和蓄电池中所含的锂可以是任何化学形式：锂金属、锂合金或锂离子。锂金属和锂合金原电池的电化学体系分别采用锂金属和锂合金作为负极。锂离子蓄电池的电化学体系则是在正极和负极中使用嵌入化合物(嵌入的锂以离子或准原子的形式存在于电极材料的晶格中)。

本标准也适用于锂聚合物电池，无论该电池被认定是锂金属原电池还是锂离子蓄电池，那只是取决于负极材料的性质。

锂原电池和蓄电池的运输史是值得关注的。自20世纪70年代以来，锂原电池的运输量超过了100亿只。自20世纪90年代初以来，锂离子蓄电池的运输量也已超过了10亿只。由于锂原电池和蓄电池运输量的提高，在本标准中包含了对用于此类产品运输的包装的安全检验是恰当的。

本标准专门针对锂原电池和蓄电池在运输中的安全性及其所用包装的安全性。其他有关锂原电池和蓄电池安全的国际标准和国家标准列于本标准第2章及参考文献中作为参考。这些国际标准和国家标准涉及锂原电池和蓄电池在装卸、使用以及处理中的安全，有专门针对锂原电池的标准(IEC 60086-4、GB 8897.4)和专门针对锂蓄电池的标准(IEC 62133)，在这些标准中也包含某些有关运输的检验方法和验收标准。将来，要考虑这些标准与本标准的协调性。

锂原电池和蓄电池在运输中的安全要求

1 范围

本标准规定了锂原电池和蓄电池的检验方法和要求，以确保电池在运输中(而非回收或处理中)的安全。本标准规定的要求不适用于我国法规或相关法规(见7.3)中有规定可豁免时的情形。

2 规范性引用文件

下列文件中的条款通过本标准的引用而成为本标准的条款。凡是注日期的引用文件，其随后所有的修改单(不包括勘误的内容)或修订版均不适用于本标准，然而，鼓励根据本标准达成协议的各方研究是否可使用这些文件的最新版本。凡是不注日期的引用文件，其最新版本适用于本标准。

GB 8897.4　原电池　第4部分：锂电池的安全要求(GB 8897.4—2002,IEC 60086-4:2000,IDT)

IEC 61960　含碱性或其他非酸性电解质的蓄电池——便携式锂蓄电池

3 术语和定义

本标准采用下列术语和定义。

3.1

总锂量　aggregate lithium content

一个电池中包含的所有单体电池的总的锂含量或相当的锂含量。

3.2

电池　battery

由以永久性电连接方式装配在一个外壳中的一个或多个单体电池组成，配有使用时所需的极端、标志和保护装置等。

3.3

扣式[单体]电池　button cell;coin cell

总高度小于直径的圆柱形单体电池，形似钮扣或硬币。

3.4

[单体]电池　cell

把化学能直接转变为电能的基本功能单元，由电极、电解质、容器、极端、通常还有隔离层组成。

3.5

单元电池　component cell

装入一个电池(battery)内的单体电池(cell)。

3.6

(蓄电池的)循环　cycle (of a secondary (rechargeable) cell or battery)

对蓄电池进行的、以相同顺序有规律重复进行的一组操作。

注：该操作可包含在规定条件下的一连串的放电后充电或充电后放电，过程中也可包含搁置。

3.7

圆柱形[单体]电池　cylindrical cell

总高度等于或大于直径的圆柱形状的电池。

3.8

放电深度　depth of discharge;DOD

电池中放出的容量占额定容量的百分比。

3.9

首次循环　first cycle

蓄电池在完成制造、化成和质量控制过程后的初次循环。

3.10

完全充电　fully charged

蓄电池放电深度为0%时的荷电状态。

3.11

完全放电　fully discharged

电池放电深度为100%的荷电状态。

3.12

大电池　large battery

总锂量超过500 g的电池。

3.13

单体大电池　large cell

锂含量或相当锂含量超过12 g的单体电池。

3.14

锂电池(原电池或蓄电池)　lithium cell(primary or secondary(rechargeable))

负极为锂或含锂的非水电解质电池。

注：锂电池可以是原电池或蓄电池，取决于设计所选择的特征。

3.15

锂含量　lithium content

在未放电时即完全荷电状态下金属锂电池或合金锂电池负极中锂的质量。

3.16

相当锂含量　lithium equivalent content

锂离子单体电池或电池中所含锂的相当量。

注：锂离子单体电池的相当锂含量可由下式得出：

$$m_e = 0.3\ g/Ah \times Q_r$$

式中：

m_e——一个锂离子单体电池中的相当锂含量；

Q_r——这个单体电池的额定容量。

锂离子电池的相当锂含量为该电池内所有单元电池的相当锂含量之和。

3.17

开路电压　open-circuit voltage

放电电流为零时电池的电压。

3.18

原电池　primary battery

由原电池单元电池构成的电池。

3.19

[单体]原电池　primary cell

按不可以充电设计的电池。

3.20

矩形(电池)　prismatic (cell or battery)

侧面和底部为矩形的电池或单体电池。

3.21

保护装置　protective devices

诸如保险丝,二极管或其他电的或电子的限流器,用以中断电流、在某一方向阻止电流或限制电路中的电流。

3.22

额定容量　rated capacity

在规定条件下测得的并由制造商标称的电池的容量值。

3.23

蓄电池　secondary (rechargeable) battery

由蓄电池单元电池构成的电池。

3.24

[单体]蓄电池　secondary (rechargeable) cell

按可充电设计的电池。

3.25

小电池　small battery

由小的单体电池组成的电池,其总锂量不超过 500 g。

3.26

单体小电池　small cell

含锂量或相当锂含量不超过 12 g 的单体电池。

3.27

(电池)类型　type (for cells or batteries)

电池特定的电化学体系和外形设计。

3.28

未放电　undischarged

原电池放电深度为 0%时的荷电状态。

4　安全要求

4.1　总则

锂电池按其化学成分(电极、电解质的不同)和内部结构(板式、卷绕式)来分类。锂电池有各种形状。在电池的设计阶段就必须考虑有关安全方面的问题,同时要意识到安全问题存在很大的差异性,这是由其特定的锂体系、功率输出形式和电池结构所决定的。

以下的安全设计概念通用于所有的锂电池:

a) 通过设计防止温度异常升高超过制造商所规定的临界值。

b) 通过设计(例如通过限制电流)来控制电池内温度升高。

c) 锂电池应设计成能释放内部过大的压力,即能避免电池在运输情况下发生爆裂。

d) 锂电池应设计成在正常的运输和预期的使用条件下能防止短路。

e) 锂电池内包含多个单体电池或包含以并联方式连接的一连串单体电池时,应采用有效的方法(或许是必备的方法,例如二极管、保险丝等)来防止危险的反向电流。

4.2　包装

锂电池应适当包装以防止在正常的运输条件下发生外部短路。

注:有关危险物品包装的其他要求见联合国《规章范本》第 6.1 章[1],同时参见本标准 7.3 中提到的规则。

---

1)　参见参考文献。

5 型式检验、抽样和重新检验

5.1 型式检验

锂电池有以下差异时：

a) 电极或电解质的质量差大于 0.1 g 或超过质量的 20%，或者

b) 存在某种会明显影响检测结果的差异，

则认为属于不同的类型，应进行所要求的检验。

5.2 电池组（Assembly of batteries）

总锂量超过 500 g 的电池组在下列情况下无需检验：

a) 它是由已经通过了各项检验的电池（battery）以电连接方式组合在一起的，以及

b) 它配备了具有以下功能的系统：

- 能监控该电池组；
- 能防止该电池组中的电池之间发生短路和过放电；
- 能防止该电池组发生任何过热或过充电现象。

5.3 抽样

每个不同类型的电池都应随机抽取，样品数量见表 1。

表 1 型式检验所需的电池和单体电池的数量

<table>
<tr><td colspan="7">原电池</td></tr>
<tr><td rowspan="3">用于 T-1～T-5 检验的样品数</td><td colspan="2">单体电池</td><td colspan="4">电池</td></tr>
<tr><td>未放电的</td><td>完全放电的</td><td colspan="2">未放电的</td><td colspan="2">完全放电的</td></tr>
<tr><td>10 个</td><td>10 个</td><td colspan="2">4 个[a]</td><td colspan="2">4 个[a]</td></tr>
<tr><td rowspan="3">用于 T-6 检验的样品数</td><td colspan="2">单体电池</td><td colspan="4">电池</td></tr>
<tr><td>未放电的</td><td>完全放电的</td><td colspan="2">未放电的</td><td colspan="2">完全放电的</td></tr>
<tr><td>5 个（圆柱形电池）
10 个（矩形电池）</td><td>5 个（圆柱形电池）
10 个（矩形电池）</td><td colspan="2">5 个单元电池（圆柱形单元电池）
10 个单元电池（矩形单元电池）</td><td colspan="2">5 个单元电池（圆柱形单元电池）
10 个单元电池（矩形单元电池）</td></tr>
<tr><td rowspan="3">用于 T-8 检验的样品数</td><td colspan="2">单体电池</td><td colspan="4">电池</td></tr>
<tr><td>未放电的</td><td>完全放电的</td><td colspan="4" rowspan="2">电池无需检验，但其单元电池应已通过该项检验。</td></tr>
<tr><td>[b]</td><td>10 个</td></tr>
<tr><td colspan="7">蓄电池</td></tr>
<tr><td rowspan="3">用于 T-1～T-5 检验的样品数</td><td colspan="2">单体电池</td><td colspan="4">电池</td></tr>
<tr><td>首次循环
完全充电的</td><td>首次循环
完全放电的</td><td>首次循环
完全充电的</td><td>首次循环
完全放电的</td><td>50 次循环后
完全充电的</td><td>50 次循环后
完全放电的</td></tr>
<tr><td>10 个</td><td>10 个</td><td>4 个[a]</td><td>4 个[a]</td><td>4 个[a]</td><td>4 个[a]</td></tr>
<tr><td rowspan="3">用于 T-6 检验的样品数</td><td colspan="2">单体电池</td><td colspan="4">电池</td></tr>
<tr><td>首次循环
50%的放电深度</td><td>50 次循环后
完全放电的</td><td colspan="2">首次循环
50%的放电深度</td><td colspan="2">50 次循环后
完全放电的</td></tr>
<tr><td>5 个（圆柱形电池）
10 个（矩形电池）</td><td>5 个（圆柱形电池）
10 个（矩形电池）</td><td colspan="2">5 个单元电池（圆柱形单元电池）
10 个单元电池（矩形单元电池）</td><td colspan="2">5 个单元电池（圆柱形单元电池）
10 个单元电池（矩形单元电池）</td></tr>
</table>

表 1（续）

<table>
<tr><td colspan="5">蓄电池</td></tr>
<tr><td rowspan="3">用于 T-7 检验的样品数</td><td colspan="2">单体电池</td><td colspan="2">电池</td></tr>
<tr><td colspan="2" rowspan="2">[b]</td><td>首次循环
完全充电的</td><td>50 次循环后
完全充电的</td></tr>
<tr><td>4 个</td><td>4 个</td></tr>
<tr><td rowspan="3">用于 T-8 检验的样品数</td><td colspan="2">单体电池</td><td colspan="2">电池</td></tr>
<tr><td>首次循环
完全放电的</td><td>50 次循环后
完全放电的</td><td colspan="2" rowspan="2">电池无需检验，但其单元电池应已通过该项检验。</td></tr>
<tr><td>10 个</td><td>10 个</td></tr>
<tr><td colspan="5">原电池或蓄电池的包装</td></tr>
<tr><td>用于 P-1 检验的样品数</td><td colspan="4">1 个用于运输的包装</td></tr>
<tr><td colspan="5">[a] 在检验电池时，除非它们的单元电池或由这些单元电池组成的电池先前已经检验过，那么被检电池的数量应当这样确定：这些电池中所包含的单元电池的数量至少应等于该检验项目所要求检测的单体电池的数量。
示例 1：假如检验一个内含 2 个单元电池的电池，那么检验所需的电池数为 5，如果这些单元电池或由这些单元电池组成的电池先前已检验过，那么所需检验的电池数为 4。
示例 2：假如检验内含 3 个单元电池的电池，那么检验所需的电池数为 4。
[b] 不适用。</td></tr>
</table>

5.4 重新检验

如果某种类型的锂原电池或蓄电池不能满足检验要求，那么在重新检验这种类型的电池之前先要采取措施，纠正造成电池不合格的缺陷。

6 检验方法和要求

6.1 通则

6.1.1 安全注意事项

> **注意：**
> **应按有适当防护措施的规程进行检验，否则有可能造成人身伤害。**
> **应由有资格有经验的技术人员在采取适当的防护措施下进行检验。**

6.1.2 环境温度

除非另有规定，检验应在(20±5)℃的环境温度下进行。

6.1.3 参数测量误差

所有控制值的准确度（相对规定值而言）和测量值准确度（相对实际参数而言）应在以下误差范围内：

a) 电压：±1%；

b) 电流：±1%；

c) 温度：±2℃；

d) 时间：±0.1%；

e) 尺寸：±1%；

f) 容量：±1%。

以上的误差由测量仪器、所采用的测量技术以及检验过程中所有其他的误差综合组成。

6.1.4 预放电和预循环

当要求在检验之前预放电时，原电池应使用能获得其额定容量的电阻性负载放电至相应的放电深度，或按制造商规定的电流放电至相应的放电深度。

当要求在检验之前预放电时，蓄电池应按制造商规定的能获得最佳性能和安全的充放电条件进行充放电循环。

6.2 检验结果判别标准评价

6.2.1 移位

在检验中发生一个或多个被检电池从包装中脱出，无法保持其原先方位；或发生不能排除电池会出现外短路或受压变形的情况。

6.2.2 变形

在检验中电池外形尺寸的变化超过10%。

6.2.3 短路

电池在检验后开路电压低于检验前开路电压90%的情况。

此要求不适用于完全放电态的受检电池。

6.2.4 过热

在检验中电池外壳温度升高到170 ℃以上。

6.2.5 泄漏

在检验中电池以非设计预期的形式漏出电解质、气体或其他物质。

6.2.6 质量损失

在检验中电池质量的损失量超过表2所给出的质量损失最大极限值。

电池的质量损失 $\Delta m/m$ 按下式计算：

$$\Delta m/m = \frac{m_1 - m_2}{m_1} \times 100\%$$

式中：

m_1——检验前电池的质量；

m_2——检验后电池的质量。

表2 质量损失最大极限值

电池质量 m	质量损失最大极限($\Delta m/m$)/%
$m \leqslant 1$ g	0.5
1 g$<m\leqslant 5$ g	0.2
$m>5$ g	0.1

6.2.7 泄放

在检验中，电池通过专门设计的功能部件泄出气体以释放内部过大的压力。气体中可能裹挟着各种物质。

6.2.8 着火

在检验中被检电池发出火焰。

6.2.9 破裂

在检验中，由于单体电池的容器或电池外壳的机械损伤导致气体排出或液体溢出，但无固体喷出。

6.2.10 爆炸

在检验中，源自电池任何部件的固体物质穿破离电池25 cm的网罩。网罩的网线为直径0.25 mm

的退火铝线;网格密度为6~7根铝线/cm。

6.3 检验及要求一览表

运输检验、误用检验、包装检验项目和要求见表3。

表3 运输检验、误用检验、包装检验项目和要求

项目分类及代号		项目名称	要求
运输检验	T-1	高空模拟	无质量损失、不泄漏、不泄放、不短路、不破裂、不爆炸、不着火
	T-2	热冲击	无质量损失、不泄漏、不泄放、不短路、不破裂、不爆炸、不着火
	T-3	振动	无质量损失、不泄漏、不泄放、不短路、不破裂、不爆炸、不着火
	T-4	冲击	无质量损失、不泄漏、不泄放、不短路、不破裂、不爆炸、不着火
	T-5	外部短路	不过热、不破裂、不爆炸、不着火
	T-6	重物撞击	不过热、不爆炸、不着火
误用检验	T-7	过充电	不爆炸、不着火
	T-8	强制放电	不爆炸、不着火
包装检验	P-1	跌落	不移位、不变形、无质量损失、不泄漏、不泄放、不短路、不过热、不破裂、不爆炸、不着火
T-1~T-5按顺序在同一个电池上进行检验。 检验结果判别标准详见6.2。			

6.4 运输检验

6.4.1 检验T-1:高空模拟

a) 目的

模拟低压环境下的空运。

b) 检验步骤

在环境温度下,被检电池应在不大于11.6 kPa的压力下至少放置6 h。

c) 要求

在检验中电池应无质量损失、不泄漏、不泄放、不短路、不破裂、不爆炸、不着火。

6.4.2 检验T-2:热冲击

a) 目的

通过温度循环的方法来评价电池的整体密封性以及内部的电连接状况。

b) 检验步骤

被检电池应在75 ℃的检验环境中至少存放6 h,然后在−40 ℃的检验环境中至少存放6 h。不同温度间的转换时间应不超过30 min。每个被检电池进行10个循环后,在环境温度下至少存放24 h。

对于大电池,在各检验温度下存放的时间应为12 h而非6 h。

用做过高空模拟检验的电池来进行该项检验。

c) 要求

在检验中电池应无质量损失、不泄漏、不泄放、不短路、不破裂、不爆炸、不着火。

6.4.3 检验T-3:振动

a) 目的

模拟民用飞机在运输中的振动。本检验条件基于ICAO[2](国际民用航空组织)所规定的振动范围。

b) 检验步骤

2) 参见参考文献。

以能如实传递振动但不致电池变形的方式将被检电池牢牢地固定在振动设备的振动平台上。按表4的规定对被检电池进行正弦波振动。在三个相互垂直固定的方位上每个方位各进行12次循环，每个方位循环时间共计3 h。其中的一个方位应垂直于电池的极端面。

用做过热冲击检验的电池进行该项检验。

表4 振动波形(正弦曲线)

频率范围		振动幅度	对数扫描循环时间 (7 Hz-200 Hz-7 Hz)	轴向	循环次数
从	至				
$f_1=7$ Hz	f_2	$a_1=1\ g_n$	15 min	X	12
f_2	f_3	$s=0.8$ mm		Y	12
f_3	$f_4=200$ Hz	$a_2=8\ g_n$		Z	12
返回至 $f_1=7$ Hz				总计	36

注：振动幅度是位移或加速度的最大绝对值。例如0.8 mm的位移幅度相当于1.6 mm的峰峰值位移。

表中：

f_1、f_4——下限、上限频率；

f_2、f_3——交越点频率($f_2\approx17.62$ Hz，$f_3\approx49.84$ Hz)；

a_1、a_2——加速度幅度；

s——位移幅度。

c) 要求

在检验中电池应无质量损失、不泄漏、不泄放、不短路、不破裂、不爆炸、不着火。

6.4.4 检验T-4:冲击

a) 目的

模拟运输中的粗暴装卸。

b) 检验步骤

用能支撑被检电池所有固定面的刚性支座将被测电池固定在检测设备上。每只被检电池在三个相互垂直固定的方位上每个方位各经受3次冲击、共计18次。各次冲击的参数见表5。

表5 冲击参数

电池类型	波形	峰值加速度	脉冲持续时间	每个半轴冲击次数
小电池	半正弦	150 g_n	6 ms	3
大电池	半正弦	50 g_n	11 ms	3

用做过振动检验的电池进行该项检验。

c) 要求

在检验中电池应无质量损失、不泄漏、不泄放、不短路、不破裂、不爆炸、不着火。

6.4.5 检验T-5:外部短路

a) 目的

模拟导致外部短路的条件。

b) 检验步骤

在被检电池的外壳温度稳定在55 ℃后，在此温度下对电池进行外部短路，外电路的总阻值应小于0.1 Ω，持续短路至电池外壳温度回落到55 ℃后至少再继续短路1 h。

继续观察被检样品6 h。

用做过冲击检验的电池进行该项检验。

c) 要求

电池在检验之中以及在 6 h 的观察期内应不过热、不破裂、不爆炸、不着火。

6.4.6 检验 T-6:重物撞击

a) 目的

模拟电池内部短路。

注:在过去有关电池安全检验的讨论中,IEC 已对该重物撞击检验进行了评估。就指定使用和可预见的误用而言,该检验不适用于模拟电池内部短路的情形。但同时,IEC 赞成进行内部短路检验,因此 IEC 保留研究一种更适合的检验方法的权利。

b) 检验步骤

将被检的单体电池或单元电池放在一平板上,在电池中央横放一根直径为 15.8 mm 的钢棒,使一 9.1 kg 的重物从 61 cm±2.5 cm 的高度落在此钢棒上。

圆柱形或矩形电池在经受重物撞击时,其纵轴应平行于平板,同时又垂直于放在电池上中央位置的钢棒的纵轴。矩形电池还应绕其纵轴旋转 90°,以保证其宽、窄两面均经受重物撞击。扣式电池在经受重物撞击时,其扁平面应平行于平板,钢棒横放在电池的中心。

每个单体电池或单元电池只经受一次重物撞击。

在重物撞击之后应继续观察被检样品 6 h。

用未做过其他运输检验的单体电池或单元电池进行该项检验。

c) 要求

电池在检验之中以及在 6 h 的观察期内应不过热、不爆炸、不着火。

6.5 误用检验

6.5.1 检验 T-7:过充电

a) 目的

评价蓄电池耐过充电的能力。

b) 检验步骤

以两倍于制造商所推荐的最大持续充电电流对电池充电。试验的最小电压为:

1) 当制造商推荐的充电电压不超过 18 V 时,试验的最小电压应为 2 倍于电池的最大充电电压或为 22 V,取二者中较小者。
2) 当制造商推荐的充电电压超过 18 V 时,试验的最小电压应不低于最大充电电压的 1.2 倍。该检验应在环境温度下进行。充电至少应当持续 24 h。在过充电结束后观察被检电池 7 d。

c) 要求

电池在检验之中以及 7 d 的观察期内应不爆炸、不着火。

6.5.2 检验 T-8:强制放电

a) 目的

评价原电池或蓄电池耐强制放电的能力。

b) 检验步骤

电池在环境温度下与 12 V 直流电源串联连接,以电池制造商规定的最大持续放电电流作为初始电流强制放电。

将一个大小和功率合适的负载电阻与被检电池以及直流电源串联以获得规定的放电电流。

每个电池强制放电的时间应等于其额定容量除以其初始放电电流。在强制放电结束后观察被检电池 7 d。

c) 要求

电池在检验之中以及 7 d 的观察期内应不爆炸、不着火。

6.6 包装检验

6.6.1 检验 P-1:跌落

a) 目的

评价在粗暴装卸下包装抗损的能力。

注：危险物品包装的其他检验参见联合国《规章范本》的 6.1.5[3)]，亦可参见本标准 7.3 中提到的规则。

b) 检验步骤

将一个要交付运输的装有电池的包装（典型的最终外包装，而非装货的货盘）从 1.2 m 高处落到水泥地上，外包装的任意一角应先触地。

用未做过其他运输检验的单体电池或电池进行该项检验。

c) 要求

在检验中电池应不移位、不变形、无质量损失、不泄漏、不泄放、不短路、不过热、不破裂、不爆炸、不着火。

6.6.2 本条款无内容。

6.7 相关技术规范中应给出的信息

若相关的技术规范引用本标准，当适用时，应给出以下参数：

	条款和/或次条款
a) 制造商规定的原电池预放电的电流值；	6.1.4
b) 制造商规定的蓄电池能获得最佳性能和安全性的充放电条件；	6.1.4
c) 制造商推荐的最大持续充电电流；	6.5.1
d) 制造商推荐的充电电压；	6.5.1
e) 最大充电电压；	6.5.1
f) 制造商规定的最大持续放电电流。	6.5.2

6.8 评价与报告

发出的检验报告应包含下列内容：

a) 检验机构的名称和地址；

b) 申请者的名称及地址(适用时)；

c) 检验报告的唯一性标识；

d) 检验报告的日期；

e) 包装制造商；

f) 包装设计类型描述(例如：大小、材料、填充物、厚度等)，包括制造方法(例如：吹塑法)，可包括图样和/或照片；

g) 包装的最大容量；

h) 受检电池的特征(见 4.1)；

i) 检验情况描述及检验结果，包括 6.7 提及的参数；

j) 报告签发者的签名及身份；

k) 关于该待运输的包装已受检并符合本标准相关要求以及若使用其他包装方法或组件本报告无效的声明。

7 安全信息

7.1 包装

包装的目的是避免在运输、装卸和堆放过程中的机械损伤。尤其重要的是，包装能防止电池在粗暴装卸时被挤压并防止电池因意外造成的外短路和极端被腐蚀情况的发生。电池被挤压或外部短路会导致电池泄漏、泄放、破裂、爆炸或着火。

---

3) 参见参考文献。

为了安全起见，建议在运输时锂电池应使用原有的包装或符合4.2和6.6.1要求的包装。

7.2 电池箱的装卸

应小心装卸电池箱。粗暴装卸会导致电池短路或损坏，从而致使电池泄漏、破裂、爆炸或着火。

7.3 运输

7.3.1 通则

锂电池国际运输规则是在联合国危险货物运输专家委员会的建议下制定的[4]。

运输规则经常修改，因此运输锂电池时应参考下列空运、海运和陆运规则的最新版本。

7.3.2 空运

由国际民航组织(ICAO)发布的《危险货物航空安全运输技术导则》和由国际航空运输协会(IATA)发布的《危险品规则》都对锂电池运输制定了规则[5]。

7.3.3 海运

由国际海事组织(IMO)发布的《国际海运危险货物规则》规定了锂电池的海运规则[6]。

7.3.4 陆运

有关锂电池公路运输和铁路运输的规则都是建立在一国或多国规则基础上的。同时，越来越多的运输规则采用了联合国的《规章范本》，建议在货运之前要查阅当地国家详细的运输规则。

7.4 陈列和贮存

a) 电池应贮存在通风、干燥和凉爽的环境中。

高温或高湿有可能导致电池性能下降和/或电池表面腐蚀。

b) 电池箱堆叠的高度不可超过制造商规定的高度。

假如太多的电池箱堆叠在一起，最下层箱中的电池有可能受损并导致电解质泄漏。

c) 勿将电池陈列或贮存在阳光直射或遭受雨淋之处。

当电池受潮时，电池的绝缘性能会降低，有可能发生电池自放电和腐蚀；高温会导致电池性能下降。

d) 电池应保存在原包装中。

若拆开包装将电池混在一起，电池有可能短路或损坏。

8 运输中的包装和装卸须知

8.1 隔离

如包装被挤坏、戳穿、撕裂而露出里面的物品时不能启运。应将此类包装隔离并征询托运人的意见。如果可行的话，要安排对货物进行检查，重新包装。

9 标志

9.1 锂原电池和蓄电池的标志

锂原电池的标志应符合GB 8897.4的要求。锂蓄电池的标志应符合IEC 61960的要求。

9.2 包装和货运单据上的标志

每个提交运输的包装箱应标明以下信息(除非相关规则中有规定可免除外)：

- 内装锂电池；
- 应小心装卸；
- 如有损坏，应进行隔离检查，重新包装；
- 联系电话(以便询问)。

---

4) 参见参考文献。

5) 参见参考文献。

6) 参见参考文献。

图 1 是一个标志示例。

图 1 锂原电池或锂蓄电池包装箱标志示例

随附运输的文件(如航运收据,发票)中应有托运人的说明,或者在现有文件上附上一个标签,表明:

- 内装锂电池;
- 应小心装卸;
- 如有损坏,应进行隔离检查,重新包装;
- 联系电话(以便询问)。

参 考 文 献

[1] IEC 60050-482 国际电工词汇——第 482 部分:原电池和蓄电池.

[2] GB/T 2423.10/IEC 60068-2-6 环境试验 第二部分:试验方法 试验 Fc 和导则:振动(正弦).

[3] GB/T 2423.5/IEC 60068-2-27 环境试验 第二部分:试验方法 试验 Ea 和导则:冲击.

[4] IEC 62133 含碱性或其他非酸性电解质的蓄电池——便携式密封单体蓄电池和由这些单体蓄电池组成的电池的安全要求.

[5] ISO/IEC 指南 51 安全方面——标准中涉及安全方面内容的编写指南.

[6] 国际航空运输协会(IATA),魁北克:《危险品规则》(每年修订).

[7] 国际民航组织(ICAO),蒙特利尔:《危险货物航空安全运输技术导则》.

[8] 国际海事组织(IMO),伦敦:《国际海运危险货物规则》.

[9] 联合国:《危险货物运输建议 规章范本》.第 12 版.每两年修订一次.

[10] 联合国:《危险货物运输建议——试验与标准手册》.第 3 版.第 1 号修订件:锂电池.

ICS 29.220.10
K 82

中华人民共和国国家标准

GB 24462—2009

民用原电池安全通用要求

General safety requirements for civilian used primary battery

2009-10-15 发布　　　　2010-12-01 实施

中华人民共和国国家质量监督检验检疫总局
中国国家标准化管理委员会　发布

前言

本标准的第5章、第6章为强制性的，其余为推荐性的。

本标准的的附录A和附录B为资料性附录。

本标准由中国轻工业联合会提出。

本标准由全国原电池标准化技术委员会(SAC/TC 176)归口。

本标准主要起草单位：国家轻工业电池质量监督检测中心、中银(宁波)电池有限公司、福建南平南孚电池有限公司、广州市虎头电池集团有限公司、吴江出入境检验检疫局、四川长虹新能源科技有限公司、嘉兴恒威电池有限公司、嘉善宇河电池有限公司。

本标准主要起草人：林佩云、忻乾康、黄星平、刘煦、宋杨、王胜兵、汪海、律永成。

民用原电池安全通用要求

1 范围

本标准规定了民用原电池的分类、安全性能要求、标志，民用原电池选购、使用、更换和处理指南，电器具的电池舱安全设计指南。

本标准适用于民用的各类水溶液电解质原电池（碱性和非碱性锌-二氧化锰电池、锌-氧化银电池、锌-羟基氧化镍电池、碱性和中性锌-空气电池）以及各类锂原电池（锂-氟化碳电池、锂-二氧化锰电池、锂-亚硫酰氯电池、锂-二硫化铁电池、锂-二氧化硫和锂-氧化铜电池等）的生产、检测和验收。

本标准为安全使用和处理原电池提供指导；为电器具设计者设计电池舱提供指导。

2 规范性引用文件

下列文件中的条款通过本标准的引用而成为本标准的条款。凡是注日期的引用文件，其随后所有的修改单（不包括勘误的内容）或修订版均不适用于本标准，然而，鼓励根据本标准达成协议的各方研究是否可使用这些文件的最新版本。凡是不注日期的引用文件，其最新版本适用于本标准。

GB/T 8897.2—2008 原电池 第2部分：外形尺寸和电性能要求

GB/T 8897.3 原电池 第3部分：手表电池

GB 8897.4 原电池 第4部分：锂电池的安全要求

GB 8897.5 原电池 第5部分：水溶液电解质电池的安全要求

3 术语和定义

下列术语和定义适用于本标准。

3.1

[单体]原电池 primary cell

按不可以充电设计的、直接把化学能转变为电能的电源基本功能单元。由电极、电解质、容器、极端、通常还有隔离层组成。

3.2

原电池 primary battery

装配有使用所必需的装置（如外壳、极端、标志及保护装置）的、由一个或多个单体原电池构成的电池。

3.3

水溶液电解质原电池 primary battery with aqueous electrolyte

含水溶液电解质的原电池。

3.4

非水溶液电解质原电池 primary battery with non aqueous electrolyte

其液体电解质中既不含水也无其他活性质子（H^+）来源的原电池。

3.5

小电池 small battery

主要指 GB/T 8897.2—2008 中的第三类和第四类电池。

4 原电池的分类

4.1 水溶液电解质原电池

水溶液电解质原电池包括碱性和非碱性锌-二氧化锰电池、锌-氧化银电池、锌-羟基氧化镍电池、碱性和中性锌-空气电池等。

4.2 非水溶液电解质原电池

非水溶液电解质原电池包括锂-氟化碳电池、锂-二氧化锰电池、锂-亚硫酰氯电池、锂-二硫化铁电池、锂-二氧化硫和锂-氧化铜电池等。

5 民用原电池安全性能要求

5.1 水溶液电解质原电池

碱性和非碱性锌-二氧化锰电池、锌-氧化银电池、锌-羟基氧化镍电池、碱性和中性锌-空气电池应进行 GB 8897.5 规定的各项安全性能检验,电池应符合要求。

5.2 非水溶液电解质原电池

锂-氟化碳电池、锂-二氧化锰电池、锂-亚硫酰氯电池、锂-二硫化铁电池、锂-二氧化硫和锂-氧化铜电池等各类锂原电池应进行 GB 8897.4 规定的各项安全性能检验,电池应符合要求。

6 标志

6.1 通则

除小电池外,每个电池上均应标明以下内容:

a) 型号;

b) 生产时间(年和月)和保质期,或建议的使用期的截止期限;

c) 正负极端的极性(适用时);

d) 标称电压;

e) 制造厂或供应商的名称和地址;

f) 商标;

g) 执行标准编号;

h) 安全使用注意事项(警示说明);

i) 含汞量(“低汞”或“无汞”)(适用时)。

6.2 小电池的标志

小电池标志的相关要求如下:

a) 当电池的外表面过小不足以标出 6.1 规定的各项内容时,应在电池上标明 6.1a)型号和 6.1c)极性,6.1 中所示的所有其他标志应标在电池的直接包装上;

b) 在小电池的直接包装上还应标明防止误吞小电池的警告;

c) 扣式电池的生产时间(年和月)可用编码表示,编码方法见 GB/T 8897.3。

7 民用原电池的选购、使用、更换和处理指南

7.1 选购

应购买最适合于预期用途的、尺寸和类型合适的电池。

当不能获得指定牌号、尺寸和类型的电池时,可根据表明电化学体系和尺寸的电池型号来选择替代电池。

7.2 使用

当正确使用时,原电池是安全可靠的电源,但如果误用或滥用,电池则有可能发生泄漏,在极端情况

下还会发生爆炸和着火,从而导致电器具损坏和人身伤害。

在使用原电池时应注意以下事项:

a) 注意电池和电器具上“+”和“-”标志,将电池正确地装入电器具。

在电池装入电器具的电池舱之前,应检查电池和电器具的接触部件是否清洁、电池极性方向是否正确。必要时用湿布擦净,待干燥后再装入电池。

装电池时,极性(“+”和“-”)方向的正确性极为重要。应仔细阅读电器具的说明书(电器具应附有说明书),使用说明书推荐的电池;否则有可能发生电器具故障、电器具和/或电池的损坏。

如果电池反装,电池有可能被充电或短路,从而导致电池过热、泄漏、泄放、破裂、爆炸、着火和人身伤害。

b) 不要让电池短路。

当电池的正极(+)和负极(-)相互连接时,电池就短路了。因此不要将电池短路,例如不要将电池放在装有钥匙或硬币的口袋里,以避免电池发生短路。

c) 不要对原电池充电。

不能对原电池充电。充电会使电池内部产生气体和/或热量,导致泄漏、泄放、爆炸、着火和人身伤害。

d) 不要让电池强制放电。

当电池被外电源强制放电时,电池电压将被强制降至设计值以下,使电池内部产生气体,可能导致泄漏、泄放、爆炸、着火和人身伤害。

e) 应立即从电器具中取出电能耗尽的电池并妥善处理。

如果放过电的电池长时间留在电器具中,有可能发生电解质泄漏,导致电器具的损坏和/或人身伤害。

f) 不要使电池过热。

电池过热,可能会导致泄漏、泄放、爆炸、着火和人身伤害。

g) 不要直接焊接电池。

焊接的热量可能会导致电池泄漏、泄放、爆炸、着火和人身伤害。

h) 不要拆解电池。

拆解、接触电池内的部件是有害的,可能导致人身伤害或着火。

i) 不要使电池变形。

不能用挤压、穿刺或其他方式破坏电池,否则会导致电池泄漏、泄放、爆炸、着火和人身伤害。

j) 外壳损坏的锂原电池不能与水接触。

金属锂遇水会产生氢气、着火、爆炸和/或造成人身伤害。

k) 不要让儿童接触电池。

尤其是要将易被吞下的小电池放在儿童拿不到的地方,误吞电池应马上就医。

l) 无成人监护时不能让儿童更换电池。

m) 不要密封或改装电池。

对电池密封或改装后,电池的安全泄放装置有可能被堵塞而引起爆炸并造成人身伤害。

n) 不用的电池应存放在原始包装中,远离金属物体。假如包装已打开,不要将电池混在一起。

去掉包装的电池容易和金属物体混在一起,使电池发生短路,导致泄漏、泄放、爆炸、着火和人身伤害。

o) 如果长时间不使用电池,应将电池从电器具中取出(应急用途除外)。

立即从已不能正常工作的电器具或预计长期不用的电器具(如收音机、照相机等)中取出电池是有益的。虽然现在市场上的大部分原电池具有良好的耐泄漏性,但是已部分放电或完全放电的电池比未用过的电池容易泄漏。

p） 勿在严酷的条件下使用电器具，比如将电器具放在散热器旁或置于停放在阳光下的汽车里等。

q） 确保在电器具使用后关闭电源。

r） 电池应贮存在阴凉、干燥以及避免阳光直射的地方。

7.3 更换

应同时更换一组电池中所有的电池，新购电池不应和已部分耗电的电池混用。不要将新旧电池、不同型号或品牌的电池混用。不同品牌、不同型号的电池或新旧电池混用时，由于存在电压或容量的差异，可能会使某些电池过放电或强制放电，从而导致泄漏、泄放、爆炸、着火和人身伤害。

7.4 处理

在不违背我国相关法规的情况下，原电池可作为公共垃圾处理。

不要用焚烧方式处理电池。焚烧电池产生的热量可能会导致电池爆炸、着火和人身伤害。焚烧锂原电池时，电池中的锂会剧烈燃烧，锂电池在火中会爆炸。锂电池燃烧后的产物是有毒的、有腐蚀性。除了可采用被认可的可控制的焚烧炉外，不能焚烧电池。

锂原电池处理的注意事项详见 GB 8897.4。

水溶液电解质原电池处理的注意事项详见 GB 8898.5。

8 电器具电池舱的安全设计

合理地设计电器具的电池舱可以大大减少或消除电池故障，从而避免因电池舱设计不周引发的电池故障而造成的电器具损坏或使用者的人身伤害。

8.1 技术联系

建议生产以原电池作电源的电器具公司与电池行业保持紧密联系，从设计开始就应考虑现有的各种电池的性能。只要有可能，应尽量选择 GB/T 8897.2—2008、GB/T 8897.3 以及我国的其他原电池国家标准和行业标准中已有型号的电池。

8.2 设计电池舱时应考虑的重要因素

在设计电池舱时应考虑以下因素：

a） 电池舱应当方便好用，电池舱应设计成使电池易于装入而不易掉出。

b） 电池舱应设计成能防止幼儿接触到电池，供儿童使用的电器具的电池舱应坚固耐敲击。

c） 设计电池舱及其正负极接触件的结构和尺寸时，应当使符合我国国家标准和行业标准的原电池可以装入。尺寸不应当局限于某一电池厂的电池，否则当要更换装入不同来源的电池时就会有麻烦。即使有的电池制造厂或其他国家的标准规定的电池公差比本标准要小，电器具的设计者也决不能忽视我国国家标准和行业标准规定的公差。

d） 电池舱上应永久而清晰地标明所用电池的类型、正负极性（＋和－）的正确排列及电池装入的方向。引起麻烦的最常见原因之一，就是一组电池中有一个电池倒置，可能导致电池泄漏、爆炸、着火。为了把这种危害性降到最小程度，电池舱应设计成一旦有电池倒置就不能形成电路。

e） 尽管电池的耐漏性能有了很大的改善，但泄漏偶尔还会发生。当无法将电池舱与电器具完全隔开时，应将电池舱安排在适合的位置，使电器具因电池泄漏而受损的可能性降到最小。

f） 电器具的电路应设计成当电池的电压降至电池生产企业推荐的电压值时电器具就不能工作。低于此电压的电池继续放电会使电池内发生不利的化学反应而导致泄漏。

g） 在设计电器具上与电池相接触的接触件时，应选用电阻小的材料制成，应当注意到接触件的外形、结构和材料应与电池的极端相匹配，使之能形成良好的电接触。即使是使用 GB/T 8897.2—2008 等标准允许的极限尺寸的电池也应如此。设计电池舱负极接触件的结构时应注意允许电池负极端有凹进。

h） 只有电池的极端才能和电路形成物理接触。电器具上与电池相连的接触件或电器具电路上的任何部分都不能和电池的外壳相接触。否则要冒发生短路的风险。

i) 许多电器具设计成可使用转换电源的(电网电源加上电池电源),在这种情况下,电器具的电路应设计成:

1) 能防止电网电源对原电池充电,或

2) 装有保护原电池的元件(如二极管)。

这样,通过保护元件流经原电池的充电(漏电)电流就不会超过电池生产厂的建议值。

j) 利用电池正极(+)和负极(—)极端形状和尺寸的不同来设计电池舱,防止电池倒置。电池舱的正极(+)和负极(—)接触件在外形上应明显不同,以避免装入电池时出错。

k) 电池舱应当是非导电的、耐热、不易燃和易散热的,在电池装入后不会变形。

l) 采用中性锌-空气电池(A 体系)或碱性锌-空气电池(P 体系)作电源的电器具应允许有足够的空气进入电池舱。对于 A 体系的电池,在正常工作时最好处于直立状态。

m) 不提倡电池舱采用并联形式连接电池,因为在并联情况下如果有电池装反就会具备充电条件,导致电池被充电。

n) 强烈建议电器具的设计者们在设计电器具时参阅 GB 8897.4 和 GB 8897.5,对安全性作全面的考虑。

8.3 电池舱设计指南

防止电池反向安装的方法、防止电池短路的方法、电器具内电池排列的首选方式以及防水的和不透气电器具电池舱设计指南参见附录 A。

用锂电池作电源的电器具设计者指南参见附录 B。

附 录 A
（资料性附录）
电器具电池舱设计指南

A.1 背景

以电池作电源的电器具技术的日益发展，促使原电池在电化学性能和结构两方面趋于成熟，电池的容量和放电能力得以提高。由于原电池技术的不断发展、进步以及人们对“电池可以满足安全和高性能两方面的需求”的认可，有关“电池因滥用而导致电器具故障的情形大多数是由于使用者偶然误用而造成”的说法已经被人们所接受。

下列内容可以帮助以电池作电源的电器具的设计者们了解如何才能大大减少或消除电池故障。

A.1.1 电池舱设计不佳导致电池故障

电池舱设计不良可导致电池反向装入或使电池短路。

A.1.2 由于电池反向引起的潜在危险

在由三个或更多的电池串联组成的电路中（如图 A.1 所示），如果有一个电池反向，就存在下列潜在的危险：

a) 该反向电池被充电；

注：充电电流受外电路/负载的限制。

b) 该反向电池内部产生气体；

c) 该反向电池发生泄放；

d) 该反向电池的电解质泄漏。

注：电池的电解质对人体组织是有害的。

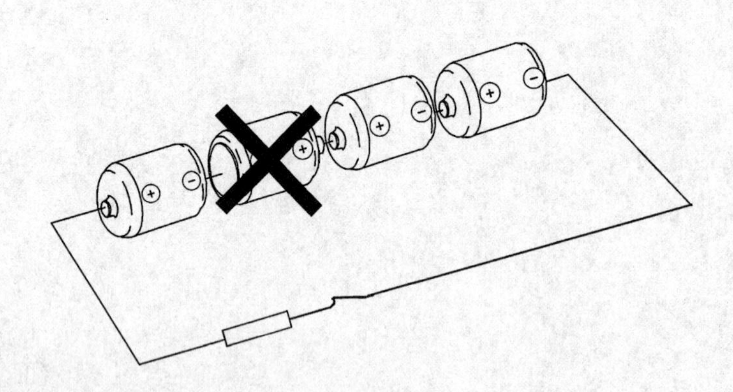

图 A.1 示例：串联连接时有一个电池反向

A.1.3 由短路引起的潜在危险

电池短路会存在下列潜在的危险：

a) 大电流通过导致热量产生；

b) 产生气体；

c) 发生泄放；

d) 电解质泄漏；

e) 产生的热量损坏绝缘的外包装（如造成外包装收缩）。

注：电池的电解质对人体组织有害，产生的热量有可能引起灼伤。

A.2 电器具设计指南

A.2.1 首先考虑的有关电池的关键因素

该指南主要针对尺寸范围从 R1～R20 的圆柱形电池，所涉及的电池体系一般是碱性和非碱性锌-二氧化锰体系。虽然这两个体系是可以互换的，但是这两个体系的电池决不能放在一起使用。

在电池舱设计的初期阶段，就应当注意到这两个体系下述的外形差异和允许的设计特征：

a) 碱性锌-二氧化锰电池的正极端与电池外壳相连。

b) 非碱性锌-二氧化锰电池的正极端与电池外壳绝缘。

c) 这两种类型的电池都有绝缘的外包装，可以是纸、塑料或其他非导电的材料。外包装偶尔也可能是金属的(导电性的)，但此时它是与电池的基本单元相绝缘的。

d) 在设计构成电器具的负极接触件时，应当注意到有些电池的负极端可能是凹进去的，因此为了确保能形成良好的电接触，电器具应避免采用完全扁平的接触件。

e) 无论在什么环境下，电池的连接件或电器具电路上的任何部分都不能和电池的外包装相接触。如果电池舱的设计允许发生上述情况，则要冒发生短路的风险。

注：例如，当装入电池时，用作负极连接件的螺旋状的(非圆柱形的)弹簧应当被均匀地压下而不是架在电池的外壳上(不建议电器具与电池正极的接触采用弹簧连接件)。

A.2.2 其他要考虑的重要因素

还应考虑以下因素：

a) 建议生产以电池作电源的电器具公司与电池行业保持密切的联系。在电器具设计之初就应考虑现有的各种电池的性能。只要有可能，就应选择 GB/T 8897.2—2008、GB/T 8897.3 以及我国的其他原电池国家标准和行业标准中已有型号的电池。

b) 电池舱应设计成使电池易于装入而不易掉出。

c) 电池舱应设计成能防止幼儿易于接触到电池。

d) 尺寸不应当局限于某一电池厂的电池，否则当要更换装入不同来源的电池时就会有麻烦。在设计电池舱时应考虑到 GB/T 8897.2—2008 等标准所规定的电池尺寸和公差；

e) 清晰地标明所用电池的类型、极性(＋和－)的正确排列及电池装入的方向。

f) 虽然电池的耐泄漏性能已得到极大改善，但偶尔仍会发生泄漏。如果电池舱无法与电器具完全隔开时，应将其置于适当的位置，使电器具因电池泄漏而损坏的可能性降至最小。

g) 电器具的电路应设计成当每个电池的电压降至 0.7 V 时，即串联电池的总电压降至 $0.7\times n_s$ 时(n_s 为串联连接的电池数)电器具就不能工作。低于此电压的电池继续放电会使电池内发生不利的化学反应而导致泄漏。

A.3 防止电池反向安装的措施

为了解决由于电池反向安装而带来的问题，在电池舱的设计阶段就应当考虑要确保电池不会装错，或者即使装错也无法形成电接触。

A.3.1 正极接触件的设计

对于 R03、R1、R6、R14、R20 这些尺寸的电池，建议按图 A.2 和图 A.3 所示设计电池舱，同时还要采取措施防止电池在电池舱中不必要的移动。

注：电池的接触件应加以保护以防止发生短路。

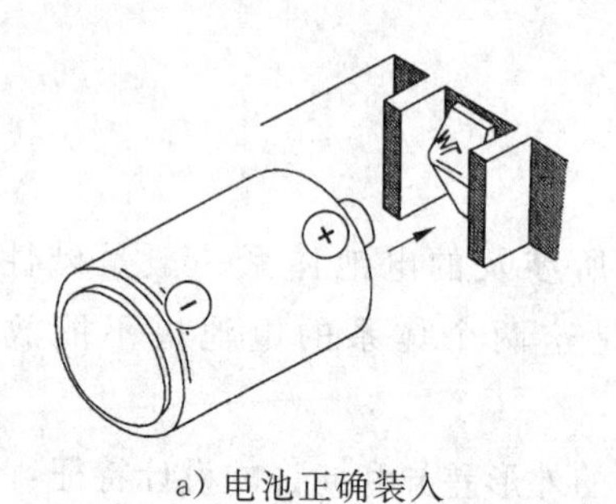

a) 电池正确装入

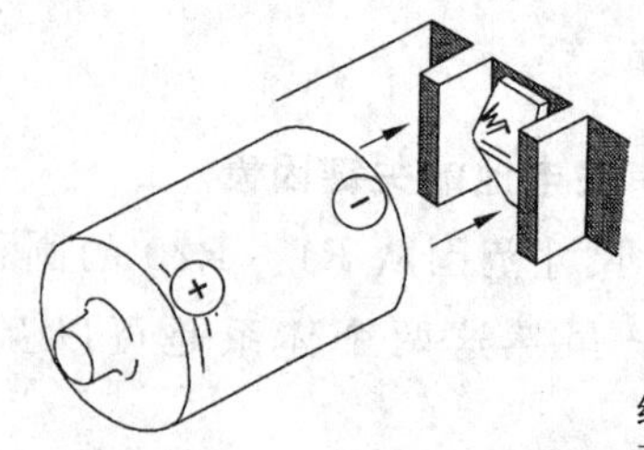

b) 电池错误装入

图 A.2　正极接触件隐藏在凸榛之间

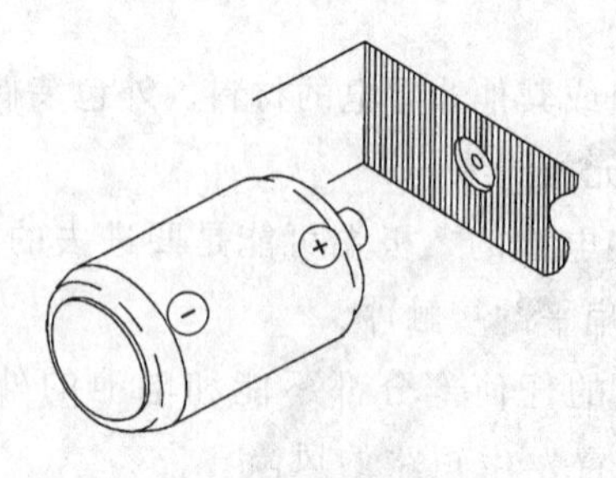

a) 电池正确装入

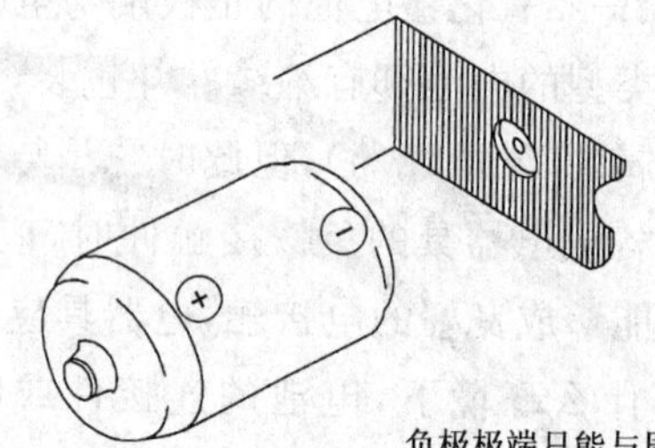

b) 电池错误装入

图 A.3　正极接触件凹隐在周围的绝缘体中

A.3.2　负极接触件的设计

对于 R03、R1、R6、R14、R20 这些尺寸的电池，建议按图 A.4 所示设计电池舱。

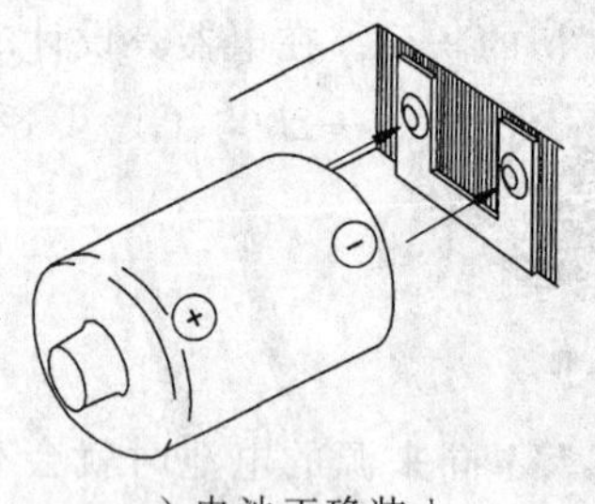

a) 电池正确装入

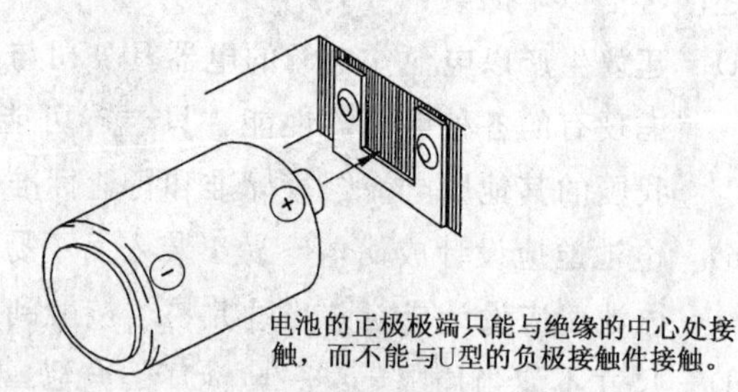

b) 电池错误装入

图 A.4　U 型的负极接触件使得电池的正极不能与之形成接触

A.3.3　设计时应考虑电池的朝向

为了避免反向装入电池，建议所有的电池应朝向一致，图 A.5a)和图 A.5b)为两个示例。

图 A.5a)展示的是电池在电器具中安置的首选方式，而图 A.5b)是一个可选方式。

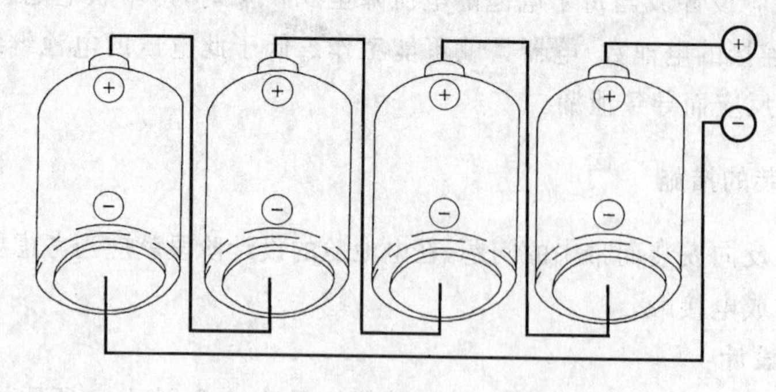

注：正极接触保护应如图 A.2 或图 A.3 所示。

a) 首选的电池朝向

图 A.5　电器具内电池排列的首选方式

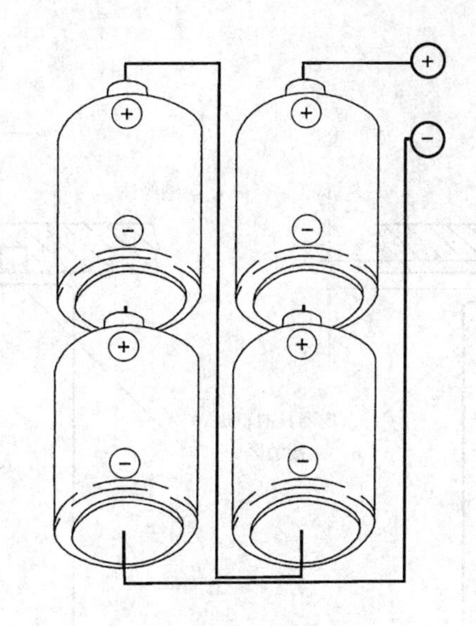

b) 可选的电池朝向

注 1：正极接触保护应如图 A.2 或图 A.3 所示，负极接触保护应如图 A.4 所示。

注 2：图 A.5b)的排列方式只能实际用于 R14 和 R20 尺寸的电池，因为其他尺寸电池的负极区(相应规范中的尺寸 *C*)较小。

图 A.5(续)

A.3.4 尺寸

表 A.1 列出了有关电池极端尺寸的临界值和电器具正极接触件尺寸的推荐值。参照图 A.6 并依据表 A.1 所示的尺寸所设计的正极接触件，当电池反向装入、电池的负极极端遭遇电器具的正极接触件时，就会出现“安全断开”的情形，即不会形成电接触。

表 A.1 电池极端尺寸及图 A.6 所示的电器具正极接触件的推荐尺寸 单位为毫米

相关电池	电池负极极端的尺寸	电池正极极端的尺寸		图 A.6 所示的电器具正极接触件的推荐尺寸	
	C[a] (最小值)	*F*[a] (最大值)	*G*[a] (最小值)	*X*	*Y*
R20、LR20	18.0	9.5	1.5	9.6～11.0	0.5～1.4
R14、LR14	13.0	7.5	1.5	7.6～9.0	0.5～1.4
R6、LR6	7.0	5.5	1.0	5.6～6.8	0.4～0.9
R03、LR03	4.3	3.8	0.8	3.9～4.2	0.4～0.7
R1、LR1	5.0	4.0	0.5	4.1～4.9	0.1～0.4

[a] 见 GB/T 8897.2—2008。

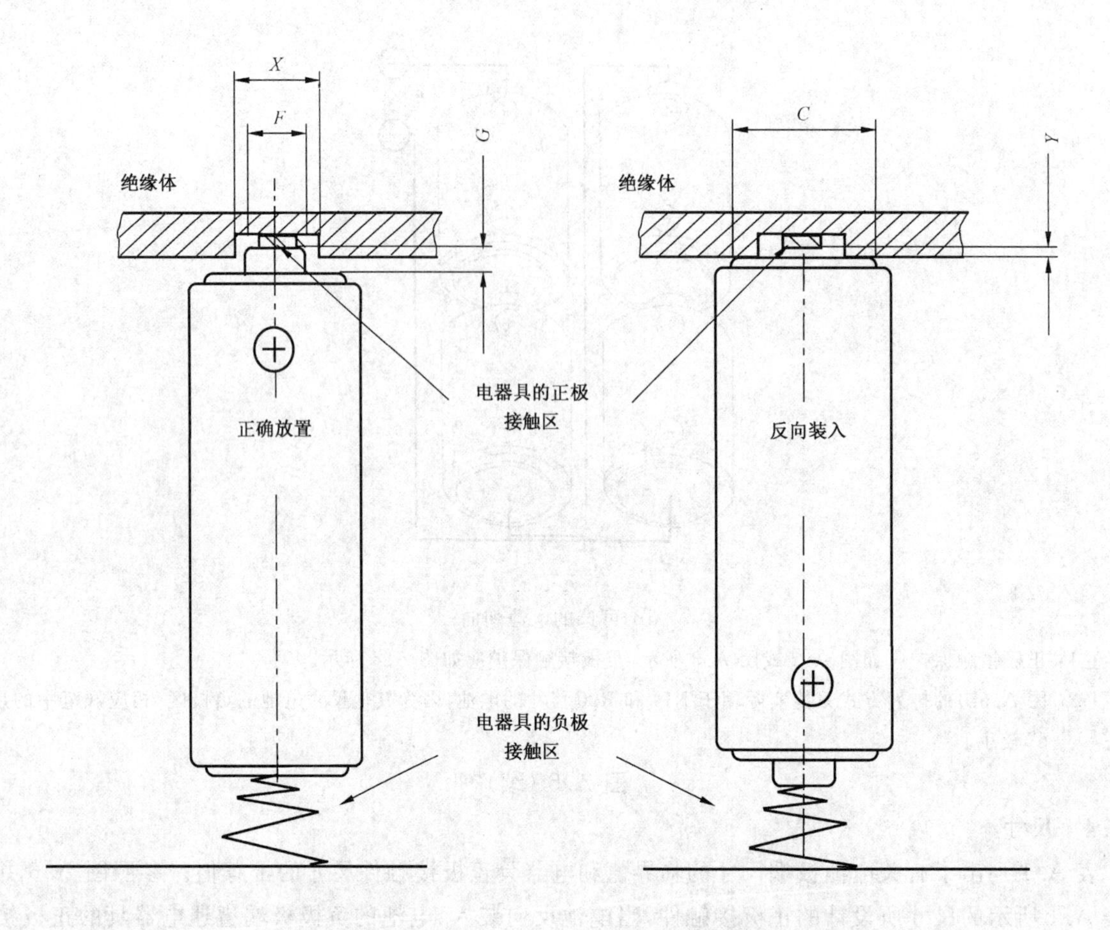

a) 正确装入电池　　b) 错误装入电池

注：电器具的正极接触件凹隐在周围的绝缘体中。

图 A.6　电器具正极接触件设计结构示例以及正极接触件的推荐尺寸

该凹孔的直径应大于电池正极极端的直径(*F*)但应小于电池负极极端的直径(*C*)。图 A.6a)中电池的安装是正确的。在图 A.6b)中电池是反向安装的，在这种情况下，电池的负极极端只能与四周的绝缘体相接触，从而避免形成电接触。

图 A.6 中的字母符号的说明见下：

C：电池负极端接触面的外径。

F：突起的电池正极端的直径。

G：电池正极端突起面与其次高部分之间的距离。

X：作为正极接触件的凹孔的直径，*X* 应大于 *F* 但小于 *C*。

Y：作为正极接触件的凹孔的深度，*Y* 应当小于 *G*。

A.4　防止电池短路的方法

A.4.1　防止因电池外包装套损坏而短路的方法

就碱性锌-二氧化锰电池而言，包着绝缘外套[见 A.2.1c)]的钢壳具有和正极相同的电压。如果该层绝缘外套被电器具中导电线路的任何一处割裂或刺破的话，就可能发生如图 A.7 所示的短路(应当注意的是，如果电器具遭受物理性滥用，如受到非正常的振动、跌落等，上述这种物理性损伤则有可能进一步加重)。

注 1：由短路造成的各种潜在的危险见 A.1.3 中的说明。

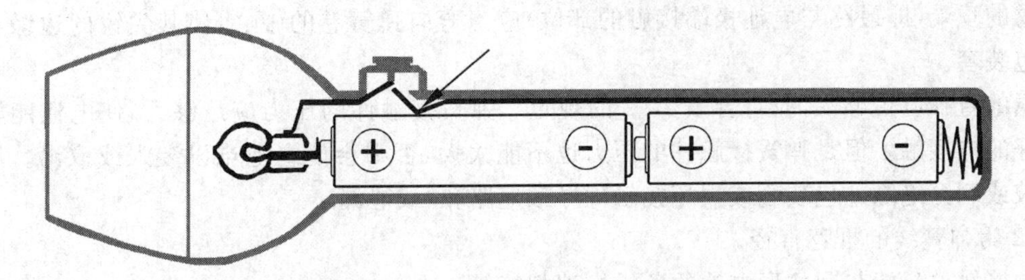

图 A.7 短路示例:开关刺穿绝缘外套

注 2：虽然图 A.7 所举的例子一般指碱性锌-二氧化锰电池体系,但在该附录中提到电池都是可以互换的(见 A.2.1)。

预防措施:如图 A.8 所示放置绝缘材料可以防止开关损坏电池外包装套。

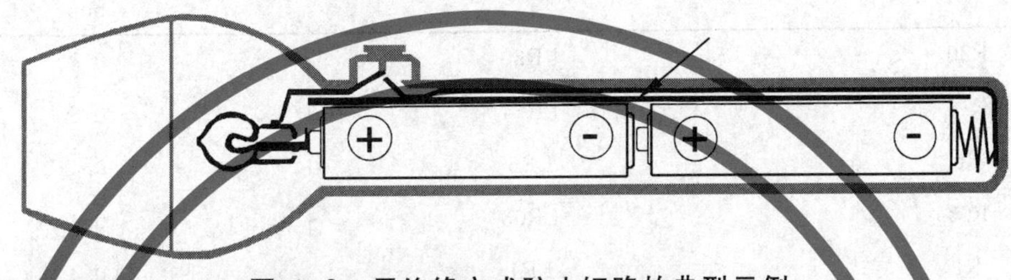

图 A.8 用绝缘方式防止短路的典型示例

为避免短路,电器具电路中的任何部分(包括用来固定电池接触件的可导电的铆钉和螺丝等)都不能和电池的外壳接触。

A.4.2 当采用弹簧卷作为接触件连接电池时防止电池外部短路的方法

如图 A.9 所示放置电池时(先放入正极端),有可能使负极(—)弹簧接触件扭曲变形,继而在电池完全装入时(如图 A.10 所示)割破或刺穿电池的绝缘外包装套。

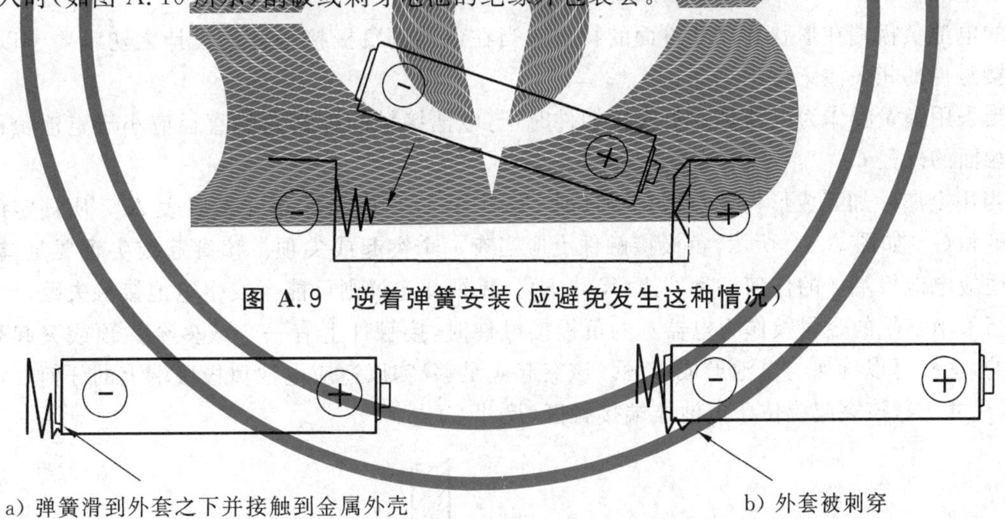

图 A.9 逆着弹簧安装(应避免发生这种情况)

图 A.10 弹簧扭曲变形的示例

预防措施:为了避免发生如图 A.10 所示的情形,建议电池舱的设计应使得当电池正确装入(负极先进)时能如图 A.11 所示的那样均匀地压住弹簧卷。图 A.11 中负极连接件上方的绝缘导板起到了能确保如此实施的作用。

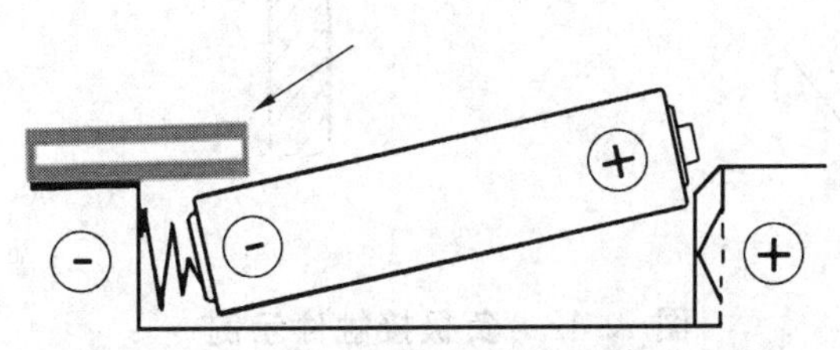

图 A.11 装入电池时的保护措施示例

弹簧卷的顶端(即最终与电池极端接触的部位)应当弯向弹簧卷的中心,使其尖锐的边缘不会碰到电池的外包装套。

弹簧线的直径应足够大,应符合表A.2的规定。弹簧接触件的压力应足够大,使电池能始终形成并保持良好的电接触。但是弹簧接触件的压力也不能太大,否则会使电池难以装入或取出。压力过大有可能割破或刺穿绝缘外包装套或损坏接触件导致短路和/或泄漏。

表A.2为弹簧线的推荐直径。

弹簧卷接触件只能与圆柱形电池的负极极端相接触。

表 A.2 弹簧线的最小直径

电池类型		弹簧线最小直径 mm
R20	LR20	0.8
R14	LR14	0.8
R6	LR6	0.4
R03	LR03	0.4
R1	LR1	0.4

A.5 关于凹进型负极接触件的注意事项

GB/T 8897.2—2008规定了电池负极端从外包装套量起的最大凹进值。有些R20、LR20、R14和LR14电池的负极端是凹进去的。为了防止反向安装的电池形成电接触,有的电池在负极端上涂了起保护作用的绝缘树脂。

上述的电池负极端在形状和尺寸方面的特点应当在电器具负极接触件的设计之初就要予以考虑。三类常用接触件的相关注意事项见下:

a) 当采用弹簧卷作为电器具的负极接触件时,与电池接触的弹簧卷的直径应小于电池负极端接触面的外径 C。

b) 当用金属片加工成形构成负极接触件时(见图A.12),应当注意并参照表A.3所规定的尺寸 E 和 C。如图A.12所示,负极接触件上应当有一个突起或尖顶。该突起或尖顶要足够高,以适应电池极端上的任何一种凹进(尺寸 E)。无视此建议则可能会发生电池接触失败。

c) 当采用扁平的金属板作为电器具的负极接触件时,接触件上有一个或多个尖顶或突起是必要的,这样可以确保与电池形成接触。该突起应足够高,以适应电池负极极端上的任何一种凹进(尺寸 E),该突起应位于电池极端接触区(尺寸 C)内。

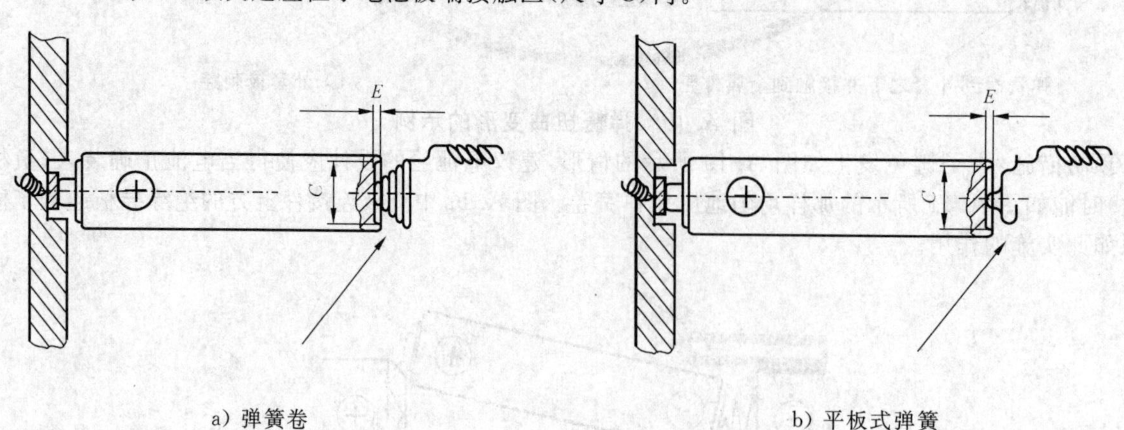

a) 弹簧卷　　　　b) 平板式弹簧

图 A.12 负极接触件示例

表 A.3 电池负极极端的尺寸

电池类型	电池负极极端的最大凹进值 E^{a}	电池负极极端接触面外径 C^{a}
R20、LR20	1.0	18.0
R14、LR14	0.9	13.0
R6、LR6	0.5	7.0
R03、LR03	0.5	4.3
R1、LR1	0.2	5.0
[a] 见 GB/T 8897.2—2008。		

应强调的是，电池舱的尺寸不应当局限于某一电池厂的尺寸和公差，否则当更换装入不同来源的电池时就会有麻烦。

电池尺寸，尤其是正极极端和负极极端的尺寸，详见 GB/T 8897.2—2008 的图 1a）和图 1b）及其中相关电池的规定。

A.6 防水的和不透气的电器具

使电池产生的氢气通过复合反应被消除或被允许逸出是很重要的，否则一个火星就有可能点燃残留的氢气/空气混合气体使电器具发生爆炸。在此类电器具的设计阶段就应当征询电池生产厂的意见。

A.7 在设计上要注意的其他事项

在设计电池舱时还应注意以下事项：

a） 只有电池的极端才能与电路形成物理接触。电池舱与电路之间应当是电绝缘的并且要妥善安排电池舱所处的位置，把由于电池泄漏可能造成的损坏和/或伤害的风险降至最低程度。

b） 许多电器具设计成可使用转换电源的（如电网电源加上电池电源），在原电池存储器上的应用上尤其是这样。在这种情况下，电器具的电路应设计成：

  1） 能防止对原电池充电，或

  2） 应加上保护原电池的元件，如二极管。这样，通过保护元件流经原电池的充电（漏电）电流就不会超过电池生产厂的建议值。

  应根据原电池的类型及电化学体系来选择合适的并且不易发生元件故障保护电路。建议电器具的设计者在设计原电池存储器保护电路时，听取电池生产厂的意见。

  不采取上述的预防保护措施会导致电池寿命缩短、泄漏或爆炸。

c） 正极（+）和负极（−）接触件在外形上应明显不同，以免装入电池时混淆。

d） 极端接触件应选用电阻最小并且能与电池的接触件相匹配的材料制成。

e） 电池舱应当是非导电的、耐热、不易燃和易散热的，在电池装入后不会变形。

f） 采用 A 体系或 P 体系锌-空气（氧）电池作电源的设备应能让足够的空气进入。对于 A 体系的电池，在正常工作时最好处于直立状态。

g） 不提倡电池并联连接，因为如果有一个电池装错，即使电器具的开关没有合上时也会导致多个电池连续放电。为了克服上述因反向装入电池而引起的问题并为终端用户着想，可考虑按图 A.5a）和图 A.5b）来安排电池。

注 1：在某些电池并联的电路中，其放电电流可能与一个电池短路时的情况相类似。

由并联电路中反向安装电池引起的潜在危险见 A.1.2。

注 2：在极端情况下电池有可能发生爆炸。

h） 不推荐采用如图 A.13 所示的具有多种输出电压的电池串联连接的方式，因为已放电的那个部分有可能引起电压反向。

示例：在图 A.13 中，两个电池通过电阻 R1 放电，如果在它们放电之后开关转向 R3 电路，就有可能使这两个电池强制放电。

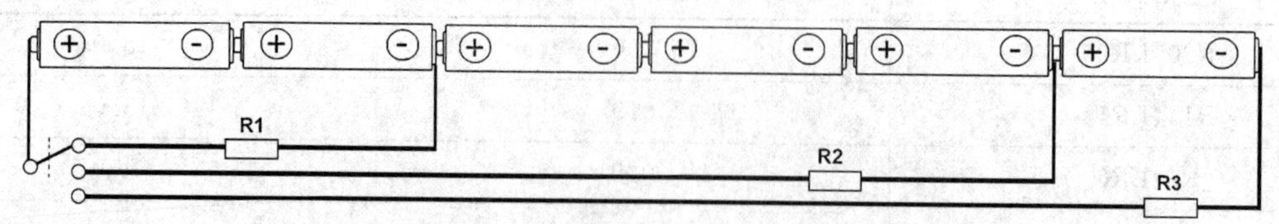

图 A.13 具有分压性质的电池串联方式示例

强制放电导致电压反向的潜在危险：

1） 被强制放电的电池内部产生气体；

2） 发生泄放；

3） 电解质泄漏。

注：电池的电解质对人体组织是有害的。

附 录 B
（资料性附录）
用锂电池作电源的电器具设计者指南

表 B.1 是供用锂电池作电源的电器具设计者使用的指南（也可参见附录 A 电池舱设计指南）。

表 B.1 电器具设计指南

项 目	分项目	建议	不听从建议可能会引起的后果
(1) 当锂电池作为主电源使用时	(1.1) 选择合适的电池	为电器具选择最合适的电池，注意电池的其他电性能	电池可能过热
	(1.2) 确定使用的电池数（串联或并联[a]）及使用方法	a) 含多个单体电池的电池（2CR5，CR-P2，2CR13252 及其他），只使用一个电池	若串联电池的容量不相同，低容量电池会被过放电，可能导致电池电解液泄漏、过热、破裂、爆炸或着火
		b) 圆柱形电池（CR17345，CR11108 及其他），使用的电池数：三个以下	
		c) 扣式电池（CR17345，CR11108 及其他），使用电池数：三个以下	
		d) 使用的电池超过 1 个时，在同一电池舱内不可使用不同类型的电池	
		e) 电池并联使用时[a]，要有防止被充电的保护措施	若并联电池的电压不相同，低电压的电池会被充电，可能导致电池电解液泄漏、过热、破裂、爆炸或着火
	(1.3) 电池电路的设计	a) 电池电路应和其他任何电源分开	电池被充电时，可能会导致电解液泄漏、过热、破裂、爆炸或着火
		b) 应在电路中配置如熔断丝那样的保护装置	电池短路可能会导致电解液泄漏、过热、破裂、爆炸或着火
(2) 当锂电池作为后备电源使用时	(2.1) 电池电路的设计	电池应该用于单独的电路中，使电池不会被主电源强制放电或充电	电池可能会被过放电至反性或被充电，从而发生电解液泄漏、过热、破裂、爆炸或可能着火
	(2.2) 存储器备份设备用电池电路的设计	电池和主电源相连时有可能被充电，应采用一个由二极管和电阻组成的保护电路。在预期的电池寿命期间，二极管漏电电流的总量应低于电池容量的 2%	电池被充电时会导致电解液泄漏、过热、破裂、爆炸或可能着火

表 B.1（续）

<table>
<tr><th>项　目</th><th>分项目</th><th>建议</th><th>不听从建议可能会引起的后果</th></tr>
<tr><td colspan="2" rowspan="7">(3) 电池夹具和电池舱</td><td>a) 电池舱应设计成当电池倒装时电路就开路。电池舱上应清晰永久地标明电池的正确方向</td><td>若不采取措施防止电池倒装，可能发生的电池电解液泄漏、过热、破裂、爆炸或着火会损坏电器具</td></tr>
<tr><td>b) 电池室应设计成只允许规定尺寸的电池能装入并形成电接触</td><td>电器具可能会损坏或无法工作</td></tr>
<tr><td>c) 电池室应设计成允许产生的气体排出</td><td rowspan="3">由于气体的产生使电池内压过高时，电池舱有可能受损</td></tr>
<tr><td>d) 电池室应设计成能够防水</td></tr>
<tr><td>e) 电池室应设计成在密封的情况下能防爆</td></tr>
<tr><td>f) 电池舱应和电器具产生热量的相隔离</td><td>过热可能会使电池变形、电解液泄漏</td></tr>
<tr><td>g) 电池室应被设计成不易被儿童打开</td><td>儿童可能会取出并吞下电池</td></tr>
<tr><td colspan="2" rowspan="4">(4) 电接触件和极端</td><td>a) 电接触件和极端的材料及形状应合适，使之能形成并保持有效的电接触</td><td>接触不良时电接触件会产生热量</td></tr>
<tr><td>b) 应设计辅助电路防止电池倒装</td><td>电器具可能会被损坏或无法工作</td></tr>
<tr><td>c) 电接触件和极端应设计成能防止电池倒装</td><td>电器具可能会损坏。电池可能发生电解液泄漏、过热、破裂、爆炸或着火</td></tr>
<tr><td>d) 应避免直接焊接电池</td><td>电池可能会泄漏、过热、破裂、爆炸或着火</td></tr>
<tr><td rowspan="2">(5) 标明必要的注意事项</td><td>(5.1) 标在器具上</td><td>电池舱上应清晰地标明电池的方向(极性)</td><td>电池倒装后被充电会导致电解液泄漏、过热、破裂、爆炸或着火</td></tr>
<tr><td>(5.2) 写在使用手册上</td><td>应写明正确使用电池的注意事项</td><td>可能会因不正确使用电池发生事故</td></tr>
<tr><td colspan="4">[a] 在设计电池舱时应避免电池并联连接。但如果确实需要并联连接，应听取电池制造商的意见。</td></tr>
</table>